ダニエル・ベルヌーイ　　　　　　　オズボーン・レイノルズ

ローマ時代の水道橋（於：セゴビア／撮影：玉井信行）

ケーソンの曳航：浮体の安定（提供：本州四国連絡橋公団）

取水堰（於：都江堰／撮影：有田正光）

魚嘴分水工（於：都江堰／撮影：玉井信行）

ラジアルゲート：ゲートにかかる圧力（於：庄川合口ダム／撮影：玉井信行）

取水堰（於：二ヶ領用水宿河原堰／撮影：池谷毅）

円筒分水工（於：二ヶ領用水久地円筒分水／撮影：玉井信行）

跳水：運動量保存則（於：黒河塘発電所／撮影：玉井信行）

魚道とさかな：生態水理（提供：JR東日本，於：信濃川宮中ダム）

水圧鉄管とサージタンク：管路流（東電佐久発電所／撮影：玉井信行）

■大学土木■

水理学

改訂2版

玉井 信行・有田 正光　共編
浅枝 隆・有田 正光・池谷 毅・佐藤 大作・玉井 信行　共著

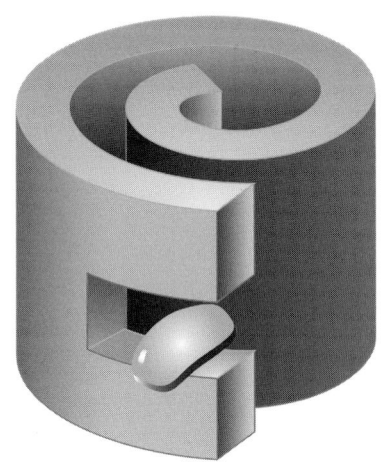

Ohmsha

本書を発行するにあたって，内容に誤りのないようできる限りの注意を払いましたが，本書の内容を適用した結果生じたこと，また，適用できなかった結果について，著者，出版社とも一切の責任を負いませんのでご了承ください．

本書は，「著作権法」によって，著作権等の権利が保護されている著作物です．本書の複製権・翻訳権・上映権・譲渡権・公衆送信権（送信可能化権を含む）は著作権者が保有しています．本書の全部または一部につき，無断で転載，複写複製，電子的装置への入力等をされると，著作権等の権利侵害となる場合があります．また，代行業者等の第三者によるスキャンやデジタル化は，たとえ個人や家庭内での利用であっても著作権法上認められておりませんので，ご注意ください．

本書の無断複写は，著作権法上の制限事項を除き，禁じられています．本書の複写複製を希望される場合は，そのつど事前に下記へ連絡して許諾を得てください．

(社)出版者著作権管理機構
(電話 03-3513-6969，FAX 03-3513-6979，e-mail：info@jcopy.or.jp)

JCOPY ＜(社)出版者著作権管理機構 委託出版物＞

改訂にあたって

　旧版を世に問うたのは1997年であり，河川法が改正され，その目的の中に「河川環境の整備と保全」が加えられた年であった．それ以降は，生物多様性の保全と地球温暖化の緩和が人類の生存に必要であるという認識が広まった．また，日本列島は人智を超える災害が発生する場であることを，我々は2011年に実感させられた．

　こうした時代にあっても水理学を学ぶ重要性はいささかも減じてはいない．それを考える起点として，水理学の体系が依って立つ原理を我々はどのようにして獲得してきたか，を歴史的に辿ってみた．また，本書では，生態水理学の章を加えた．川や水路は植生や魚が生息する場として注目され，応用生態工学という境界領域も進展している．こうした新分野を，一次元解析を得意とする水理学の様式と融合させ，植生の影響を理論的に論じた教科書は初めてである．

　さらに，教室と実務の距離を近くする講義材料を提供することが改訂のもう一つの目的である．現実味を高めた演習問題を充実させ，実務経験が豊富な著者を加えるなどの工夫をしている．

　旧版は学部学生に学んでもらう20世紀の水理学をまとめたが，改訂版は21世紀の水理学教科書を目指している．編集作業では有田正光氏の熱心な協力を得た．同氏の努力に厚く感謝するとともに，オーム社出版部の皆さんにも大変お世話になったことを記録に留めたい．

2014年10月

葉山にて　　玉　井　信　行

まえがき

　最近数年間は河川生態環境工学や河川計画支援システムの樹立にもっぱら心を注いでいたので，水理学という単独の切り口を取り扱うのは久し振りであった．短い期間で完成させるためもあって，日ごろ付合いのあった若い著者達に執筆の応援を頼むこととした．

　本書において各執筆者に依頼した基本は，考え方を重視する本としたい，という点にある．物理的な直観を大切にし，それによって水理学が理解できることを目指した．数式はその直観をあとで確かめるものである．

　本書では「ポイント」，「思い出そう」，「もっと詳しく知ろう」などという囲み記事をつくった．これらは，その章で学んだことを取りまとめたり，高校で習った物理との関係を示したり，より高度な段階へ進む指針を示すものである．新鮮な眼で見直して，理解をより深めてほしい．こうした囲み記事では，数式より言葉を重視した．大学に在学している間に，自分の考えを論理的に言葉で伝える訓練もしてほしいものである．

　編集作業では有田正光氏が熱心に協力してくれた．同氏の努力なくしては，このような整った本にならなかったことを記し，感謝したい．またオーム社出版部の皆さんにも大変お世話になったことを記録に留めたい．

1997年9月

　　　　　　　　　　　　　　　　　　　本郷にて　　玉　井　信　行

目　　次

第 1 章　序　　論

1. 水理学の歴史 …………………………………… 2
2. 次元と単位 ……………………………………… 10
3. 水の性質とふるまい …………………………… 14
　演 習 問 題 …………………………………… 20

第 2 章　静 水 力 学

1. 静　水　圧 ……………………………………… 22
2. 平面に働く静水圧 ……………………………… 27
3. 曲面に作用する静水圧 ………………………… 33
4. マノメータ ……………………………………… 39
5. 浮力と浮体 ……………………………………… 40
6. 相対的静止 ……………………………………… 49
　演 習 問 題 …………………………………… 56

第 3 章　質量の保存則（連続の式）とエネルギーの保存則（ベルヌーイの定理）

1. 質量の保存則（連続の式） …………………… 60
2. エネルギーの保存則（ベルヌーイの定理） … 61
　演 習 問 題 …………………………………… 75

第 4 章　運動量の保存則

1. 基 礎 原 理 …………………………………… 80

2　運動量保存則の応用 ……………………………………………… 85
　　　演 習 問 題 ……………………………………………………………… 95

第 5 章　流れと抵抗

　　1　境界層の概念 ……………………………………………………… 98
　　2　形状抵抗と表面抵抗 ……………………………………………… 99
　　3　揚　　力 ………………………………………………………… 110
　　4　管内流の摩擦抵抗 ……………………………………………… 111
　　　演 習 問 題 ……………………………………………………………… 122

第 6 章　管水路の流れ

　　1　基礎方程式 ……………………………………………………… 124
　　2　摩擦損失係数 …………………………………………………… 126
　　3　円管路の形状損失水頭 ………………………………………… 130
　　4　単線管水路の水理 ……………………………………………… 137
　　5　サイフォン ……………………………………………………… 144
　　6　水　　車 ………………………………………………………… 147
　　7　ポ ン プ ………………………………………………………… 150
　　8　分岐・合流管路 ………………………………………………… 152
　　9　管 路 網 ………………………………………………………… 154
　　　演 習 問 題 ……………………………………………………………… 156

第 7 章　開水路の流れ

　　1　開水路流れの分類 ……………………………………………… 160
　　2　開水路流れの基礎（矩形断面，エネルギー損失なし）……… 161
　　3　水面形の方程式の基礎（矩形断面水路・エネルギー損失なし）
　　　……………………………………………………………………… 166
　　4　水面形の方程式（エネルギー損失あり）…………………… 168
　　5　マニングの平均流速公式と水面形の方程式 ………………… 175

|6| 通水能力の高い断面形 ………………………………………… 180
　　演習問題 ……………………………………………………… 184

第8章　生態水理学

|1| 植物群落が形成されている水路の流れ ……………………… 188
|2| 魚類の遊泳能力と遊泳速度の継続時間 ……………………… 193
|3| 生物の生息域の評価法：PHABSIM …………………………… 195
　　演習問題 ……………………………………………………… 196

第9章　次元解析と相似則

|1| 次元解析 ………………………………………………………… 198
|2| 相似則 …………………………………………………………… 200
　　演習問題 ……………………………………………………… 205

演習問題略解・ヒント ……………………………………………… 206

引用文献 ……………………………………………………………… 226

参考文献 ……………………………………………………………… 227

索　　引 ……………………………………………………………… 228

執筆者（分担）一覧

章・節	担当者
第1章　序論	
1・1　水理学の歴史	玉井　信行
1・2　次元と単位	有田　正光
	佐藤　大作
1・3　水の性質とふるまい	有田　正光
	佐藤　大作
第2章　静水力学	池谷　毅
第3章　質量の保存則（連続の式）とエネルギーの保存則（ベルヌーイの定理）	有田　正光
	佐藤　大作
第4章　運動量の保存則	池谷　毅
第5章　流れと抵抗	有田　正光
	佐藤　大作
第6章　管水路の流れ	有田　正光
	佐藤　大作
第7章　開水路の流れ	浅枝　隆
第8章　生態水理学	浅枝　隆
第9章　次元解析と相似形	浅枝　隆
特別協力：第7章　開水路の流れ	岩崎　和巳

序論

第 1 章

　ここでは，まず，水理学の歴史について述べ，これにより，水理学を学ぶ意義を知る．そのあとで水理学を学ぶうえで基礎となる次元と単位，水理学で扱う対象である水の性質とふるまいについて勉強する．

1 水理学の歴史

1 古代の水利用と学術

水と市民生活の関係は古い．我々は日々の生活や農作業・手工業のために古くから，川・湧水・井戸などに水源を求め水の恵みを利用してきた．水なしでは生きていけないのである．こうした水利用は現代においても形を変えて続いている．現代では，流速，流量，水位などの用語を当たり前のように使っているが，例えば，古代の人は川や水の状態をどのように理解し，利用していたのであろうか．代表的な例を通して，これを考えてみよう．

（a） ナイル川と水位

エジプトはナイルの賜と言われている．ナイル川の水位が季節的に上昇し，田畑に水と栄養分に富んだ土砂を運んできたと考えられている．ナイル川の水かさが，いつ，どの程度に達するかを知ることは古代エジプト農業にとって最も重要な課題であったことは容易に想像できる．

ナイル川の水位を知るために用いられた道具は，ナイロメーターと呼ばれており，その原初的な仕掛けは図1・1に示されている．ナイル川の川べりに護岸を作り，その陸地側に階段を設け，壁面に標尺の目盛りを彫りこんだ石を埋め込むのである[1]．この観測所で，日ごとに水面の位置を記録すれば，永年にわたるナイル川の水面の位置の変化を知ることができる．永年の記録を蓄積すれば，年によりどのように変化するか，季節により水面はどれだけ上下するかを知ることができる．

ナイロメーターは紀元前約3000年のファラオの時代からエジプトの各地に配置されていたといわれており，その当時から，現代風に言えば「水位」の概念は理解されていたと言える．また，護岸を隔てていても水が通る道を開けておけば，観測所内部の水面はナイル川と同じであることも直感的に知られていたと考えてよい．これは，定式化はされていなかったが，連

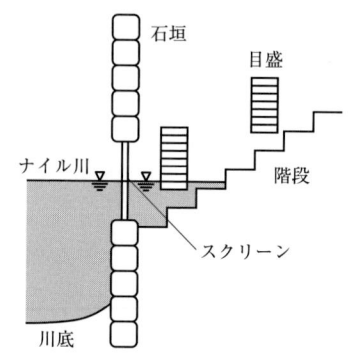

図1・1 ナイロメーター模式図

通管の原理を用いていたことになる．

(b) ローマの水道と流量

　ローマの水道水源はほとんどが湧水であり，湧水が利用できないときには井戸が掘られた．そしてこれを水道橋によってローマその他の都市に導水したのである．時には，いくつかの水源から水を貯水池に集める．この貯水池は沈澱池としても機能する．貯水池の隣に三つの配水池が設置され，別々の目的に用いられていた[2]．中央の配水池からは，配管により市中のすべての小さな池と噴水に導水され，第2の配水池からは公共歳入を得るために浴場に導水された．公共用水が不足することを避けるために，個人の住宅には第3配水池から導水され，配水を受ける者は水の使用量に応じて水道の維持保全のために料金の負担を求められた．一番古い水道はアッピア水道で，紀元前312年に建設され，延長約16.6 kmでローマに導水している[3]．水道橋の流量に関してはフロンティヌス(Frontinus)によってまとめられており，用いられた流量単位は，「キナリア(quinaria)」であるが，それは現在の用語で言えば流量ではなく，1キナリアは5/4ディジット（約2.38 cm）を直径とする円の面積であった[2]．フロンティヌスは流量の計測は，水路の材料，構造（大きさや勾配）などが同じような場所であり，かつ，水がかなり流れている場所で行うべきであるとしている[2]．観測場所の選定にこのような配慮を払って計量を行えば，その場所での流速はほぼ同じであると期待できるとしても，計測しているのはあくまで流水断面積であり，流量ではなかった．したがって，ローマ人が使用していた流量概念は実際の水量の大小ではなく，水道（橋）の規模を定量化する指標である，と結論できる．そしてこの指標を，水道料の課金を決める際に用いていたと考えられる．

　一つの思考実験を考えてみよう．水道水路に管路が連結されている箇所を考える．そして，水路の部分と管路の部分の両方で，流量を計量するのである．フロンティヌスは，水道水路においては，分派や利用者による盗水がなければ，流量は同一である（連続の関係が成り立つ）ことは理解していた[2]．上に述べた思考実験では，ローマ流にいえば，水路部分のキナリアは管路部分のキナリアより大きい．流水断面積はこうした大小関係を持っているからである．しかし，流量の連続性から考えれば，両者の「キナリア」は同じでなくてはならない．したがって，「キナリア」は流量の単位としては不都合であることに気が付いたはずである．ローマ人は，流量，流速，流水断面積，勾配，抵抗などが相互に関係するこ

とをおぼろげに感じてはいた[2]が，さらに遡って科学的根拠を求めることには興味を示さなかった．数世紀にわたるローマの世界ではこうした議論は生じなかった．ギリシャ人は哲学と数学に興味を示し科学を進展させ，ローマ人は実用に興味を示し壮大な土木施設，建築物を築き，法体系を整備した，と言われる二つの時代の特徴は，水理学の世界にも現れている．

もっと詳しく学ぼう

辰巳用水
現在も金沢市を流れる辰巳用水は，日本で初めて約 3 km を超えるトンネルが用いられた全長約 11 km の用水であり，1632（寛永 9）年に完成した．兼六園から金沢城までの間は，3.4 m の標高差を持つ逆サイフォンを用いて，堀を越えて犀川の水を引水していたことで有名である．しかし，この場合も流量を算定して設計されたという記録は見当たらない．これは江戸における玉川上水も同様であった．なお，1843（天保 14）年ころから兼六園付近では，木管から石管に取換えられた．石管には直径 18 cm の円筒がくり抜かれていた．

発掘された辰巳用水の石管（板屋神社遥拝所，撮影：玉井信行）

引用文献：青木治夫，辰巳用水の土木技術第 1 章〜第 3 章 pp. 335-390 および第 8 章 pp. 432-435, 加賀辰巳用水第 4 部，辰巳ダム関係文化財等調査団（1983）

（c）都江堰における水と土砂の流れ

都江堰（Du Jiang Yan）は中華人民共和国四川省都江堰市西部の岷江にある．紀元前 3 世紀，戦国時代の秦国の蜀郡の太守李冰（Li Bing）が，洪水に悩む人々を救うために紀元前 256 年から紀元前 251 年にかけて原形となる堰を築造した．都江堰は以後も改良や補修を加えられ，2300 年後の現在もなお機能する古代水利施設である．2000 年には道教の聖地である青城山とともにユネスコの世界遺産に登録された．

李冰は岷江を横断する堰を作らず，川を二分する堤防（中之島）を作った．二分された川は，外江，内江と呼ばれ，外江は元来の自然の川で雨季に洪水を流す機能を持ち，内江は李冰とその部下たちが開削した水路で，灌漑用水を成都平野

に導水する．灌漑面積は1990年代に1000万畝（中国語でムー，1/15ヘクタール，1000万畝は66万ヘクタールとなる）を超え，2008年に1026万畝と報じられている[4]．

都江堰における，三つの基本構造物は，魚嘴（分水工），飛沙堰（排水工），宝瓶口（導水工）である（**図1・2**参照）．「魚嘴」は中之島の最上流端に設置された魚の嘴の形状をした3次元的な構造物であり，現在は石とコンクリートで築かれている．春の水量が少ない時期は60％を内江へ分水して農業用水を確保し，春や夏の増水時には逆に60％を外江へ流し，内江および用水路があふれるのを防ぐ．水位に応じて分流の割合が自動的に変化することが，魚嘴およびその周辺の河床管理の素晴らしいところである．この分流比率は記念の石碑に示されている[5]が，ここには土砂の分流比率も述べられており，この数値は内江20％に対し，外江80％である．土砂は濁流が渦巻く洪水時に圧倒的に多いので，石碑の記述は洪水時のものである．2008年5月12日の四川大地震の震央は，都江堰から数十kmしか離れていなかったが，都江堰では「魚嘴」部分にひび割れが入り，二王廟などの寺院群が倒壊するなどの甚大な被害が出たが，堰の機能には大きな影響はなく，2000年を超える技術の確かさを実証した．

次に，「飛沙堰」は，堰の中ほどにある入口が幅200mほどの開口部であり，その幅一杯に河床から高さ2mの堰が作られている．渇水時に川面が低くなった時には，内江の水は飛沙堰に阻まれて全量灌漑水路へ入る．洪水時に魚嘴を過ぎて内江に入った流れは，飛沙堰の向かい側にある虎頭岩が水刎ねの役割をし，増水した流れは湾曲しながら飛沙堰の方向に向かう．そして，湾曲する流れに働く遠心力によって，土砂の大半が本流側に排出される．それと同時に，水が灌漑水路の入口（宝瓶口）からあふれた時や増水の時は，流れは幅が広くなっている宝瓶口の手前で滞留し回転し，飛沙堰を乗り越えて本流へと流れる．このようにして，宝瓶口（灌漑水路への入口）で水路へ流入する土砂は，岷江を流れてきた土砂総量のわずか8％に抑えられている[6]．

「宝瓶口」は玉壘山の断崖に切り開かれた狭い導水路で，ここで内江から用水路へ水が導かれ，ここから入れない余った水は飛沙堰を乗り越え本流へ排出される．内江から水路へ向かう部分の幅は約70mあるが，水路部での幅は約14mしかなく，ここで瓶の口のように狭くなることからこの名がついた．宝瓶口の反対側（外江側）には，さらに下流に延びる中之島と「人字堤」と呼ばれる堤防が

続き，用水路に流入し切れない余水を外江に導く．

都江堰は主要な三つの施設それぞれが巧みに設計されていると共に，それらの複合的な配置も極めて理に適った見事なものである．李冰は式を用いることはなかったが，湾曲部では含砂量が少ない表層の流れが凹岸に向かい，含砂量が大きな底層の流れが凸岸に向かうことを理解していたと考えられる．都江堰は湾曲部に設置されており，その凹岸側に内江が設けられている．飛沙堰に向かう流れも虎頭岩を利用して流れの曲りをより強くして，外江への排砂機能をより強化している．宝瓶口の幅が狭いのでここに流入する前に流れが滞留し，それによって増水時の流れを飛沙堰ならびにその下流に設けら

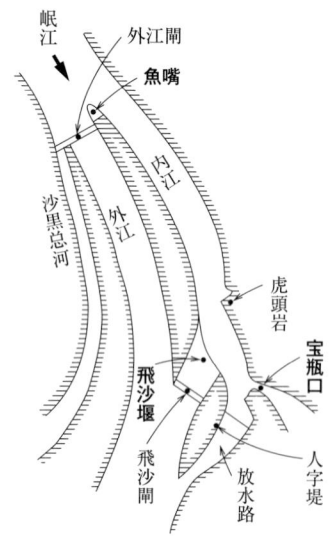

図 1・2　都江堰の平面概況図

れ人字堤で守られた放水路に導くことができている．都江堰は，川における水と土砂の動きの本質を理解した上で，既存の自然条件を大きく変えることなく，自然条件を最大限に活用し，2300 年後の今日も成都平原の人々の生活を支えている．まさに，世界遺産に相応しい水利施設であるといえる．

2　現代の水理学への道

ローマの時代以降，水理学はどのような発展したのであろうか．この項では紙数も限られているので詳細は省き，Rouse と Ince の著作を基にして，その系譜のみを辿ってみる．ローマに続く時代は，スコラ哲学の時代（中世）ということができる．この時代では，地球が宇宙の中心であること（いわゆる，天動説）が信じられ，学問は宗教により規定された世界を超えることができず，大きな進展は見られなかった．

こうした観念的な科学から実験（観察）的科学へと変化の芽が見られたのは 15 世紀であり，こうした流れを絵画，彫刻だけでなく，音楽，自然哲学，解剖学，植物学，地学，力学，工学および建築などの広範な分野において明白に示したのはレオナルド・ダ・ヴィンチ（1452—1519）である．彼は「流量の連続原理」を

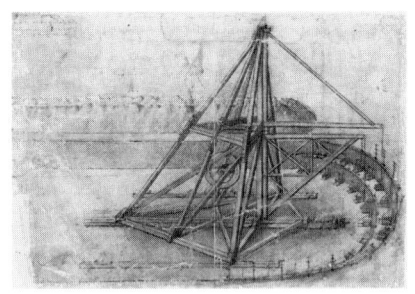

図 1・3 レオナルドによる運河掘削機械[8]

明白に示し，また，これを連通管で結ばれた二つの水槽に適用して，水圧器の原理も発見している[7]．彼はミラノ公に軍事技術者として仕え，また，ボルジア家の主任技術者としてイタリア中部で運河や港湾の計画立案および建設に従事している．また，晩年はフランシス1世に招かれ，ロアール川とソーヌ川を結ぶ運河を設計している[7]．レオナルドはまさに万能の人であり，土木技術者でもあったのである．図 1・3 にレオナルドによって描かれた運河用の掘削機械の素描を示す．

ガリレオ・ガリレイ（1564－1642）は物体の自由落下に関する実験で有名であり，実験や観察を通してその理由を発見するという現代の科学に通ずる流れを前進させた．ガリレオは 1612 年に静水力学の論文を発表したが，水理学への彼の貢献は，実験科学として力学を確立させたことによる間接的なものであった[7]．レオナルドの誕生からガリレオの没年までに約 200 年が経過している．その間に，この二人の影響を受けて世界で最初の水理学のイタリア学派が形成された．

ベネデット・カステリ（1577－1644）はガリレオの弟子の一人であり，その師の静水力学理論が攻撃されたときに，その弁護を引き受けたのは彼であった．彼は自身の主要な成果を，1628 年に「水流測定論」として著わした．その結果，彼はしばしばイタリア水理学派の始祖と言われる．この書には，次の三つの命題が含まれている[9]．

"同じ川のいくつかの断面は，たとえ断面自身が等しくなくとも，等しい時間内に等量の水を流出する．川の二つの断面を与えた場合，第1の断面を通過する水量の，第2の断面を通過する水量に対する比は，第1，第2断面の面積比，ならびに第1，第2

断面の流速比に比例する．等量の水を通過させる二つの不等断面を与えた場合，断面積は流速に反比例する．"

　この時代には，カステリの弟子であるエバンゲリスタ・トリチェリ（1608—1647）が噴流の観察から流出速度の経験則や気圧計を発見し，「流出の原理」が解析の道具に加えられ，静水力学の基本となる大気の重量が認められていた．また，フランスのディジョン付近の修道院に居たエドム・マリオット（1620—1684）は，イタリア学派に属さなかった最初の水理学者であり，噴流の衝撃力に関する五つの規則を発表した．そのうちの一つは「運動量の原理」に一致している．しかしながら，この時代には未だ数学と力学が十分に発達していなかったので，観察結果は経験則に留まっており，水理現象の定式化には至らなかった[9]．
　数学と力学が画期的に進歩したのは17世紀後半から18世紀初頭に掛けた時代である．この時代には，ルネ・デカルト（1596—1650），ブレーズ・パスカル（1623—1662），クリスチャン・ホイヘンス（1629—1695），アイザック・ニュートン（1642—1727），ゴットフリート・ウィルヘルム・フォン・ライプニッツ（1646—1716）らが活躍し，古典数学と力学が完成された[10]．
　数学と力学の進展に応じて，水理学の理論が現代の様式に到達したのは18世紀である．中でもダニエル・ベルヌーイ（1700—1782）とレオンハルト・オイラー（1707—1783）の貢献が顕著である[11]．流体力学の基礎はダニエル・ベルヌーイによって築かれたといわれることが多い．その理由は，彼が1738年の論文で静水力学から水理学に及ぶさまざまな話題を包括的に扱い，その題名をラテン語で「流体力学（hydrodynamica）」と命名したことに依っている．
　ベルヌーイは，また，ベルヌーイの定理でも有名であるが，彼の著書の中には，現在彼の名で呼ばれている定理は記述されていない．この物語の詳細は，第3章"もっと詳しく学ぼう"「ダニエル・ベルヌーイとベルヌーイの定理」で述べる．現在につながる流体力学の基礎を完成させたのはレオンハルト・オイラーである．彼の論文は1775年に発表され，非粘性流体の運動方程式は今日でも彼が提出したものとほとんど同じである．オイラーは圧力の等方性と質量の保存則のみを前提として外力の成分と単位質量の平行六面体上の流体の圧力を表す式を導いたのち，これらを対応する方向の加速度と等置した．それにより現在もオイラーの式と呼ばれる，流体要素に関する加速度の式を導いた．オイラーの式は流体に

おける力と加速度の関係を表すものであるので，運動量の定理と呼ぶこともできる．オイラーの式をエネルギーの次元に変換してゆくと，ベルヌーイの定理を導くことができる．このように，流体運動を分析する三原理，すなわち，質量保存則（連続の式），運動量保存則（オイラーの式），エネルギー保存則（ベルヌーイの式）はオイラーに至って完成したのである[11]．

3　地球温暖化と水理学・水工学

　IPCC（気候変動に関する政府間パネル）が2013年9月に発表した第5次報告では，21世紀の末には，地球の気温は最大で4.8℃上昇するという予測値が採用されている．

　米国元副大統領アル・ゴア氏は，書籍と映画「不都合な真実」による地球温暖化防止に関する啓蒙活動が認められ，IPCCと共同で2007年のノーベル平和賞を受賞している．地球温暖化問題は，水資源や農業生産への影響などから国境をまたぐ紛争の原因となる恐れがあり，世界の平和と関連していることが受賞の理由である．地球温暖化と，それによって惹き起される気候変動は，水問題，すなわち水理学，水工学に深く関係している．

　水理現象としては海水の温度上昇により海水の体積が膨張し，海面が上昇する．また，温暖化により陸の氷が溶け出して海の氷（氷山）となり，海面が上昇する．地球上の水の97.4%は海水であり，残る淡水の内の約70%は氷河などの氷である．氷の体積は地球上の水の中ではたいへん大きな割合を占めているので，この体積の増減は海面高さの変化に大きな影響を持つのである[12]．また，海面付近の海水温が上昇すると，海面からの水蒸気の蒸発が盛んになり，台風の勢力が増大する．最近の大きな台風被害の際にはこうした原因が指摘されている．

　2000年代に入ってから，局地的な豪雨（新聞・テレビなどの報道では，ゲリラ豪雨とも呼ばれている）が数多くの被害を発生させている．局地的な異常気象やそれに伴う土砂害は，科学的な予報がたいへん難しい自然現象であるが，これも温暖化の影響ではないかと心配されている．

　上に述べたような異常気象と温暖化との関係は，まだ明確には分かっていないが，水工学に携わる技術者は「温暖化は，不都合な真実ではあるが，事実として存在している」と考えて，対策を練る必要がある．21世紀において，市民生活を安全に保つためには，水理学・水工学を理解した土木技術者が求められている．

2 次元と単位

1 物理量と次元

質量,時間,速度,加速度,力など多くの物理量を表す場合,ほかの物理量の組み合わせでは表せない**基本物理量**と呼ばれる適当な物理量を選ぶと,これらを用いて**組立物理量**と呼ばれる残りのすべての物理量を表すことができる.ある物理量を基本物理量のべき乗積 $A^l B^m C^n$ (A, B, C は基本物理量) で表すとき,l,m,n を次元,$A^l B^m C^n$ を次元式という.なお,次元の表現には LMT 系と LFT 系がある.LMT 系では基本物理量に長さ L,質量 M,時間 T を LFT 系では基本物理量に長さ L,力 F,時間 T を採用する.

(a) 絶対単位系と工学単位系(重力単位系)

絶対単位系は LMT 系の,工学単位系(重力単位系)は LFT 系の単位系である.

その中で,長さに〔cm〕,質量に〔g〕,時間に〔秒(s)〕,力 F に 1 g の質量に作用する重力 1 gf を使用した単位系を CGS 単位系と呼んでいる.一方,長さに〔m〕,質量に〔kg〕,時間に〔s〕,力 F に 1 kg の質量に作用する重力 1 kgf を使用した単位系を **MKS 単位系**と呼んでいる.これらをまとめて**表 1·1** に示す.

(b) SI 単位系(国際単位系)

単位系を国際的に統一したものに SI 単位がある.**SI 単位**(International System of Unit)では絶対単位系の MKS 単位系と同様に,質量 M に〔kg〕,長さ L に〔m〕,時間 T に〔s〕を用いたものである.なお,SI 単位系では補助単位とし

表 1·1 単位系

単位系		長さ L	質量 M	時間 T	力 F
絶対単位系	CGS	cm	g	s	—
	MKS	m	kg	s	—
工学単位系	CGS	cm	—	s	gf
	MKS	m	—	s	kgf

＊gf および kgf はそれぞれグラムフォースもしくはグラム重,およびキログラムフォースもしくはキログラム重と読む.

てCGS単位系の〔g〕，〔cm〕などの使用が認められている．下記の〔dyn〕，〔erg〕はCGS単位系の表現であり，補助単位である．

SI単位系では力Fはニュートン〔N〕，圧力Pはパスカル〔Pa〕，仕事Wはジュール〔J〕，仕事率Dはワット〔W〕である．1Nとは1kgの質量に1m/s^{2}の加速度を与えるための力である（CGS系で用いられる1dyn（ダイン）は1gの質量に1cm/s^{2}の加速度を与えるための力であり，1N=10^{5}dyn．1Paは1m^{2}当たり1Nの力が働く場合の圧力，1Jは1Nの力で1mを移動させる仕事の大きさ（仕事W）である（1erg（エルグ）は1dynの力で1cm移動させるための仕事）．また，単位時間当たりの仕事が仕事率であり，1秒間に1Jの仕事をする場合，仕事率は1Wと呼ぶ．以下に，本書では原則としてSI単位を用いる．

> **例題1・1** 次元を求める問題
> エネルギーの持つ次元式と単位を求めよ．

（解）
ある物体をfの力をかけ続けてlの距離だけ動かしたときの仕事量はflであり，これによってその物体の得たエネルギーはflである．したがって，エネルギーの次元式は$[FL]$もしくは$[MLT^{-2}L]$であり，単位は例えば〔kg・m^2/s^2〕で表せる．

> **POINT** 質量と重量を人の体重で考えると
> 体重60kgの人がいるとしよう．この60kgというのは質量であり，また，地球上で測った場合には，60kgfの重さである．これは地球の重力加速度$g=9.8$m/s^{2}が作用した場合の重さである．ところが，引力が地球の1/4である月面上にこの人が立った場合，質量の60kgは変化しないが，重さは15kgfになる．

（c）諸量の単位と次元

表1・2に水理学でよく使用される諸量の単位と次元式を整理して示す．
水理学では一般にSI単位が使用されるが，工学単位もしばしば使用される．これは，一定の質量に対する地上における重量を実感として知っているからである．表1・3にSI単位系と工学単位系の換算を示す．

表 1・2　水理学で使用される諸量の単位と次元

物理量	LMT 系			LFT 系	
	CGS 単位	SI 単位	次元式	工学単位（MKS）	次元式
質量 M	g	kg	$[M]$	kgf·s^2/m	$[L^{-1}FT^2]$
長さ L	cm	m	$[L]$	m	$[L]$
時間 T	s	s	$[T]$	s	$[T]$
速度 v	cm/s	m/s	$[LT^{-1}]$	m/s	$[LT^{-1}]$
加速度 α	cm/s^2	m/s^2	$[LT^{-2}]$	m/s^2	$[LT^{-2}]$
運動量 m	g·cm/s	kg·m/s	$[LMT^{-1}]$	kgf·s	$[FT]$
力 F	dyn ($=$g·cm/s^2)	N ($=$kg·m/s^2)	$[LMT^{-2}]$	kgf	$[F]$
圧力 p	dyn/cm^2 ($=$g/(cm·s^2))	Pa($=$N/m^2 $=$kg/(m·s^2))	$[L^{-1}MT^{-2}]$	kgf/m^2	$[L^{-2}F]$
仕事・エネルギー W	erg ($=$g·cm^2/s^2)	J($=$N·m $=$kg·m^2/s^2)	$[L^2MT^{-2}]$	kgf·m	$[LF]$
仕事率 D	erg/s ($=$g·cm^2/s^2)	W($=$J/s $=$kg·m^2/s^2)	$[L^2MT^{-2}]$	kgf·m/s	$[LFT^{-1}]$
密度 ρ	g/cm^3	kg/m^3	$[L^{-3}M]$	kgf·s^2/m^4	$[L^{-4}FT^2]$
単位体積重量 γ	dyn/cm^3 ($=$g/(cm^2·s^2))	N/m^3 ($=$kg/(m^2·s^2))	$[L^{-2}MT^{-2}]$	kgf/m^3	$[L^{-3}F]$
粘性係数 μ	g/(cm·s) ($=$P：ポアーズ)	kg/(m·s) ($=$Pa·s)	$[L^{-1}MT^{-1}]$	kgf·s/m^2	$[L^{-2}FT]$
動粘性係数 $\nu=\mu/\rho$	cm^2/s ($=$St：ストークス)	m^2/s	$[L^2T^{-1}]$	m^2/s	$[L^2T^{-1}]$
角度 θ	rad(ラジアン)	rad	—	—	—
角速度 ω	rad/s	rad/s	$[T^{-1}]$	1/s	$[T^{-1}]$

表 1・3　SI 単位系と工学単位系の換算

物理量	SI 単位	工学単位（MKS）	換　算
力 F	N	kgf	1〔kgf〕$=$9.8〔N〕
圧力 p	Pa($=$N/m^2)	kgf/m^2	1〔kgf/m^2〕$=$9.8〔Pa〕
仕事 W	J($=$N·m)	kgf·m	1〔kgf·m〕$=$9.8〔J〕
仕事率 D	W($=$J/s)	kgf·m/s	1〔kgf·m/s〕$=$9.8〔W〕

思い出そう　力，重さ（重力，重量），質量

重さ（重力）とは物が地球の万有引力で引っ張られた時にその物体が落下しないように支えるのに必要な力である．地球の質量を M，物体の質量を m，相互間の距離（ここでは簡単のために重心間の距離を考える）を r，比例定数を G とすると，地球が物体を引っ張る力である重力（重さ）F は，$F=-GMm/r^2$（離れる向きを正とするので，引力の場合には負となり $-$（マイナス）がつく）で与えられる．

地球上で物を支える場合，重心間の距離に比べて支えている位置の差はほんのわずかであり，r はほとんど変化しないので $GM/r^2=g$（一定）となるが，この g は重力加速度と呼ばれ，MKS で表すと，$9.8\,\mathrm{m/s^2}$ である．

g は緯度，経度，高さによって異なるが，我国では $g=980\,\mathrm{cm/s^2}=9.8\,\mathrm{m/s^2}$ を使用する．厳密にはパリの値：$g=980.665\,\mathrm{cm/s^2}$ が国際標準値として定められている．

思い出そう　仕事と仕事率

地球上で $10\,\mathrm{kg}$ の質量の物を $10\,\mathrm{m}$ 持ち上げれば，その物に対して外部から $980\,\mathrm{J}$（$=\mathrm{N\cdot m}$）の仕事を行ったことになる．また，その結果，その物は $980\,\mathrm{J}$ のエネルギーを得たことになる．このように外部から力を及ぼしてある物の状態を変化させることを**仕事**と呼ぶ．また，それを単位時間当たりの量にしたものを**仕事率**と呼ぶ．すなわち，持ち上げるのに 10 秒かかっていたとすれば，仕事率は $98\,\mathrm{W}\,(=\mathrm{J/s})$ である．

POINT

SI 単位を使うには次の以下の補助単位や接頭語がしばしば用いられる．

SI 補助単位

量	記号	名称
平面角	rad	ラディアン
立体角	sr	ステラディアン

SI 接頭語

単位に乗じられる倍数	接頭語の記号	読み方	単位に乗じられる倍数	接頭語の記号	読み方
10^{18}	E	エクサ	10^{-1}	d	デシ
10^{15}	P	ペタ	10^{-2}	c	センチ
10^{12}	T	テラ	10^{-3}	m	ミリ
10^{9}	G	ギガ	10^{-6}	μ	マイクロ
10^{6}	M	メガ	10^{-9}	n	ナノ
10^{3}	k	キロ	10^{-12}	p	ピコ
10^{2}	h	ヘクト	10^{-15}	f	フェムト
10	da	デカ	10^{-16}	a	アト

3　水の性質とふるまい

1　基本的な特性

(a) **密度と単位体積重量・比重**

単位体積当たりの水の質量を水の密度 ρ，重量を単位体積重量 $\gamma(=\rho g)$ という．ρ は大気圧の作用下で 4℃（厳密には 3.98℃）で最大値 ρ_4（4℃の水の密度）$\fallingdotseq 1\,\mathrm{g/cm^3}=1\,000\,\mathrm{kg/m^3}$ をとる．このときの単位体積重量 γ は，$\gamma=\rho g=1\,000$〔$\mathrm{kgf/m^3}$：工学単位〕$=1\,000\,\mathrm{kg/m^3}\times 9.8\,\mathrm{m/s^2}=9\,800\,\mathrm{N/m^3}=9.8\,\mathrm{kN/m^3}$ となる．

水の密度 ρ の水温 t による変化（大気圧作用下）を**表 1·4** 中に示す（同表中に水銀の密度も合わせて示している）．なお，水理学では ρ もしくは t が与えられていない場合には一般に $\rho=\rho_4\,(=1\,000\,\mathrm{kg/m^3})$ と置く．

表 1·4　温度による水と水銀の密度の変化

温度〔℃〕	水の密度〔$\mathrm{kg/m^3}$〕	水銀の密度〔$\mathrm{kg/m^3}$〕
0	999.84	13 595.1
4	1 000.00	13 585.2
10	999.70	13 570.5
15	999.10	13 558.2
20	998.20	13 545.9
25	998.04	13 533.6

ρ の別の表現として比重 σ がある．σ は任意の温度の水の密度 ρ を ρ_4 で割ったものであり，$\sigma=\rho/\rho_4$ で定義される無次元数である．なお，水理学では ρ もしくは t が与えられていない場合には一般に $\sigma=1$ と置く．

（b）表面張力および毛管現象

液体の分子は互いに引き合い，表面積を小さくしようとする力（分子間力という），つまり表面張力が働く．例えば，蓮の葉の上に落ちた水滴が球状になるのは表面張力の作用による．一方，液体中に細い管（毛管）を入れると壁面の固体分子と液体分子にも表面張力が作用し，管内の液体は上昇もしくは下降する．これを毛管現象と呼ぶ（**図1・4参照**）．

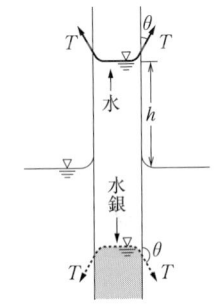

図1・4 毛管現象

ここで，管径 d の毛管中を毛管現象によって上昇する水柱の高さ h を求めることを考えると，表面張力 T の鉛直分力 $\pi d T \cos\theta$ と管内の水の重量 $\rho g d^2 h \pi/4$ の釣合いから h は求められて次式となる．

$$h=\frac{4T\cos\theta}{\rho g d} \tag{1・1}$$

もっと詳しく学ぼう

分子には分子同士を引き付け合う分子間力（ファン・デル・ワールス力とも言う）が働く．水分子は酸素原子に水素原子が二つ結合した形になっているが，酸素原子は－，水素原子は＋に帯電している（図参照）．このため，酸素原子と他の水分子の＋に帯電した水素原子が引き付け合うが（これを水素結合という），その結果，水の表面積を収縮する働きとなる．これが表面張力の源である．

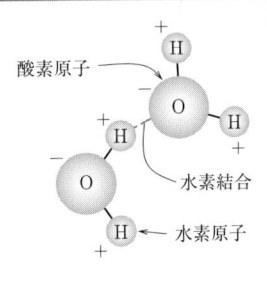

各種液体の表面張力の値 T を**表1・5**に，固体壁面に対する液体の接触角 θ をそれぞれ**表1・6**に示す．なお，式(1・1)の誘導については演習問題を参照されたい．

表 1・5　表面張力 T の値

物　質	水				水銀	エチルアルコール	トルエン
温　度〔℃〕	0	10	15	20	25	20	20
表面張力〔dyn/cm〕	75.62	74.20	73.48	72.75	482.1	22.27	28.53

* 1dyn（ダイン）は 1 g の質量に 1 cm/s² の加速度を与えるための力，1 N＝10⁵ dyn

表 1・6　各壁面に対する水面の接触角

接触物質	接触角〔$\theta °$〕
水とガラス	8〜9
水とよく磨いたガラス	0
水と表面の滑らかな鉄	5〜6
水銀とガラス	140

|例題1・2|　毛管現象

　図 1・4 のように水中に細いよく磨いたガラス管を鉛直に立てたとき，毛管現象によって管内の水が水面より 1.00 cm 上昇（h＝1 cm）した．ガラス管の直径 d を求めよ．ただし，水温 t は 20℃ とする．
（解）
　水の密度 ρ は表 1・4 より t＝20℃ は ρ＝0.998 g/cm³，表面張力 T は T＝72.75 dyn/cm である．また，接触角 θ は表 1・6 より水とよく磨いたガラスは θ＝0° である．よって d は

$$h = \frac{4T\cos\theta}{\rho g d} \implies d = \frac{4T\cos\theta}{\rho g h} = \frac{4 \times 72.75 \times 1}{0.998 \times 980 \times 1} \text{ cm} = 0.298 \text{ cm}$$

（c）　圧縮率，非圧縮性流体

　流体は厳密には圧縮性を持っており高い圧力が作用すると体積が減少して密度が増す．水の場合は大気圧に相当する外力 98 kPa を掛けても圧縮率は 20℃ で約 45×10^{-6} であることから，水は通常，非圧縮性として取り扱ってよい．

（d）　水の変形自在性とパスカルの原理

　水が剛体と異なる最も大きな違いは，水が自在に変形することであり，このためさまざまな点で剛体と異なる性質を持っている．その一つが，「密閉された液体の一部に圧力を加えると，その圧力は増減することなく液体の各部に伝わる」というものである．これをパスカルの原理と呼ぶ．なお，2-1 節[3]でパスカルの原理をピストンに作用する圧力・断面積・力の関係に応用する．

1・3 水の性質とふるまい

> **思い出そう** パスカルの原理
>
> 　変形しない剛体と水を含めた流体との間では周囲に及ぼす力が異なる．すなわち，下図のように剛体と流体をゴムの袋で覆った場合を考える．面 A の断面にかかっている力は，剛体でも流体でもその上の重力の和である．面 A より下が剛体の場合には，自分自身と上に載った物体の重さの合計が底面で下向きに加わる（図(b)参照）．面 A より下が流体の場合には，自在に変形できるので，面 A で押すとゴム袋全体に圧力が加わる（図(a)参照）．そのために，あらゆる向きに圧力が加わる．これはパスカルの原理と呼ばれている（第2章参照）．
>
>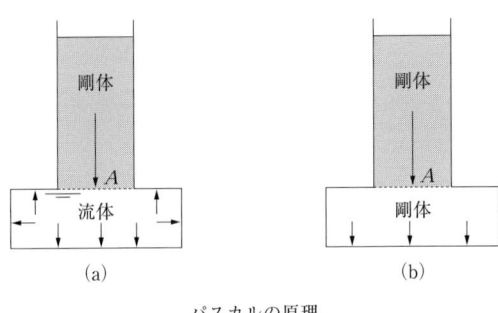
>
> パスカルの原理

(e) 粘性と粘性せん断応力

　水を含めて現実の流体は，流体中の不規則な分子運動（ブラウン運動）に基因して，べとつきやすさ，つまり粘性をもっている．粘性は流体の相互運動を妨げるように働く．ここで，**図1・5**に示すような流速分布をもつ流れの中の微小ユニットを考える．このとき，粘性によって微小ユニットの上下面に次式で定義される粘性によるせん断応力（**粘性せん断応力** τ_v という）が働く．

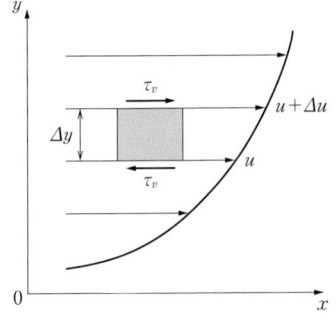

図 1・5 流れの中に作用する粘性せん断応力 τ_v

$$\tau_v = \mu \frac{du}{dy} \qquad (1・2)$$

　ここに，μ は**粘性係数**と呼ばれ，単位は CGS 単位で〔g/(cm・s)〕である．な

お，〔g/(cm·s)〕はPと書いてポアーズと呼ぶ．

式(1·2)は速度が遅い流れ（1-3節2に述べられる層流の場合）に当てはまる式である．流れが速くなり，乱流状態になった場合の取扱いは，第5章"もっと詳しく学ぼう"「乱流におけるせん断応力と混合距離理論」において述べられている．

μを流体の密度ρで割ったν〔cm^2/s〕$=\mu/\rho$は**動粘性係数**と呼ばれ，水理学でよく使用される．なお，設問中にνの値が与えられていない場合は$\nu \fallingdotseq 0.01\ cm^2/s$（水温20℃の値）がよく使用される．表1·7に水温と粘性係数μ，動粘性係数νの関係を整理して示す．

表 1·7 粘性係数μと動粘性係数ν

温度〔℃〕	粘性係数$\mu(\times 10^{-2})$〔g/(cm·s)〕	動粘性係数$\nu(\times 10^{-2})$〔cm^2/s〕
0	1.781	1.785
5	1.518	1.519
10	1.307	1.306
15	1.139	1.139
20	1.002	1.003
25	0.890	0.893
30	0.798	0.800
40	0.653	0.658
50	0.547	0.553
60	0.466	0.474
70	0.404	0.413
80	0.354	0.364
90	0.315	0.326
100	0.282	0.294

> **POINT** **完全流体・粘性流体と各種の粘性特性をもつ流体**
>
> 粘性のない仮想的な流体を**完全流体**（もしくは**理想流体**），粘性が無視できない現実の流体を**粘性流体**と呼ぶ（水は粘性流体）．完全流体では流れに伴うエネルギー損失は生じないが，粘性流体ではエネルギー損失が生ずる．なお，完全流体の数学的記述は簡単であるため，現実の問題の取扱いでもしばしば完全流体が仮定される．
>
> 式(1·2)で粘性せん断応力が表される流体を**ニュートン流体**と呼び，水はニュートン流体である．一方，同式に従わない流体（**非ニュートン流体**という）も種々存在し，その特性に応じて，ビンガム流体，ダイラタント流体，擬塑性流体などと呼ばれている．なお，完全流体ではdu/dyによらず$\tau_\nu=0$である．

2　層流と乱流

（a）層流と乱流

円管中の流れが極めて遅い場合，水中に放流された染料は水の分子運動によってわずかに拡がるものの，大略，流れ方向に染料は乱れずそのまま流れていく．このような流れを**層流**と呼ぶ．（**図 1・6 参照**）．

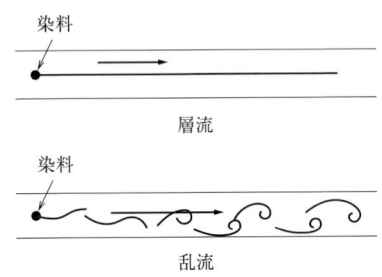

図 1・6　層流と乱流の流れ方の違い

一方，管内の水の流れが速くなると，分子運動のほかにも水の粒子が自在な運動を始める．これにより，染料は乱れるが，このような流れを乱流と呼んでいる（図 1・6 参照）．また，層流と乱流の中間的な流れを遷移流と呼んでいる．

このような流れの変化の様子は，レイノルズが円管流の実験で初めて観察したものである．レイノルズの実験によれば，円管流の場合は $Re = u_m d / \nu$（レイノルズ数という，u_m は管内平均流速，d は管の内径，ν は流体の動粘性係数）が $Re \leq 2\,000$ で層流，管の入り口の形状にも依存するが，ほぼ $Re \geq 4\,000$ で乱流，その中間的な Re 数で遷移流となることが明らかとされている．なお，レイノルズの実験については第 5 章 "もっと詳しく学ぼう"「レイノルズの実験，層流・乱流」で述べる．

（b）層流と乱流において生ずる応力

層流中では水の分子運動によって粘性が生じ，式（1・2）で示すような粘性せん断応力が働くことは既述した．一方，乱流中では水の分子だけでなく水が塊となって複雑な動きを始める．このときには，それまで分子運動によって生じていた進行方向の運動を妨げる働きを今度は自在に運動する水の塊が行うようになる．これによって生ずる力は，流れがある程度以上速くなると分子運動によって生じ

ていたものよりも格段に大きくなる．この進行方向の運動を妨げる働きも粘性に似せて**渦動粘性**もしくは**乱流粘性**と呼び，また，この力を**渦動粘性応力**（レイノルズ応力もしくは**乱流粘性応力**）と呼ぶ．このように乱流になると分子運動による粘性せん断応力のほかに渦動粘性応力が働くようになり，しかも，これは粘性せん断応力に比べるときわめて大きい．そのため，通常，乱流では粘性せん断応力を省略して取扱うことが可能である．なお，乱流におけるせん断応力と渦動粘性については第5章"もっと詳しく学ぼう"「乱流におけるせん断応力と混合距離理論」でより詳しく述べる．

演　習　問　題

1. $\rho = 0.99973 \text{ g/cm}^3$ の流体の密度をSI単位および工学単位系で表すとどうなるか．
2. 地球の温暖化による海水面の上昇の問題を考える．サンプルとして水温が水深とともに線形に減少して，水深 2 000 m で 4℃ となる場合を考える．また，このときの表層の平均水温は 10℃ であると仮定する．ここで，海面水温が 4℃ 上昇し，その上昇幅が水深とともに線形に減少し，2 000 m でゼロとなると仮定した場合（上層平均水温上昇は 2℃）の，海水の膨張による海面上昇高を求めよ．ただし，水の体膨張率は，摂氏 4℃ で 0, 10℃ で 0.088×10^{-3} である．
3. 比重 $\sigma = 1.03$ の塩水の密度 ρ をSI単位系で求めよ．ただし，4℃ の純水の密度を $\rho_4 = 1.00 \times 10^{-3} \text{ kg/m}^3$ とする．
4. 図1・4のように，液体中に管径 d の細い管を立てた際の毛管高 h を表す式(1・1)を誘導せよ．
5. 図のように，距離 h だけ離れた二つの平板間を水が層流で流れている．平板間の流速 u の分布は，代表流速 U_0 を用いて次式のように表される．

$$u = U_0 \frac{y}{h}\left\{1 - \left(\frac{y}{h}\right)\right\} \cdots ①$$

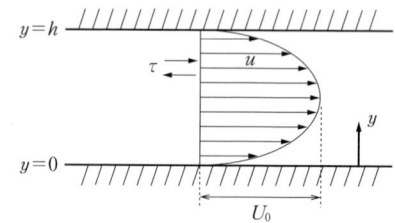

ここに，y は下の平板からの距離であるとき，任意の y におけるせん断応力 τ の表現式（文字式）を式①より求めよ．

静水力学

第2章

　水中や水に接するような構造物の設計に当たっては，その構造物に作用する水の力を正確に見積もる必要がある．本章では，最も基本的な静止した流体による力について考える．

1 静水圧

1 静水圧と絶対圧力・ゲージ圧力

静止した水中では，摩擦力は作用しないので，圧力のみが作用する．この圧力は**静水圧**（hydrostatic pressure）と呼ばれる．静水圧は，次の二つの重要な性質をもっている．

① 考えている面に垂直に作用する．
② 水中の任意の点であらゆる方向から等しい水圧が作用する．
　（圧力が方向によらず等しいので，静水圧の**等方性**と呼ばれる）

図 2·1 に示すように，水面から鉛直下方に計った深さ z の位置に，体積 $dxdydz$ の微小ユニットを考える．この微小ユニットの上面に，鉛直下向きに作用する静水圧の強さ（単位面積に働く水圧）を p_T と書くと，微小ユニットの下面には，上向きに静水圧 $p_T + (dp_T/dz)dz$ が働く．よって，微小ユニットに作用する鉛直方向の力の釣り合い式は

$$p_T \cdot dxdy - \left(p_T + \frac{dp_T}{dz}dz\right)dxdy + W = 0 \tag{2·1}$$

ここに，W は微小ユニットに作用する重力であり，$W = \rho g dxdydz$ である．これを，式(2·1) に代入することにより

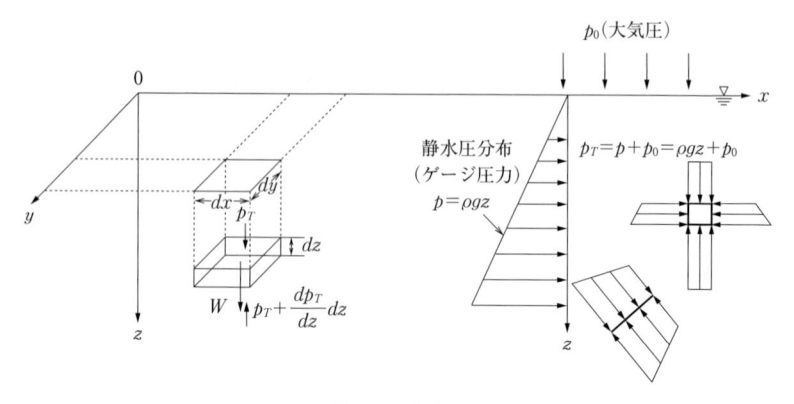

図 2·1 静水圧

$$\frac{dp_T}{dz} = \rho g \tag{2・2}$$

式(2・2)をzについて積分すると，p_Tとして

$$p_T = \rho g z + \text{const.} \tag{2・3}$$

式(2・3)中のconst.は，水面（$z=0$）での水圧が大気圧p_0に等しい条件（$p_T = p_0$）より，const.$= p_0$となるため，最終的にp_Tは

$$p_T = \rho g z + p_0 \tag{2・4}$$

ここで，p_Tは真空の状態を基準（ゼロ）とした圧力であり，**絶対圧力**と呼ばれる．

POINT　水平方向の力の釣り合い

静水状態では水平方向に変化が無い．よって，図2・1の微小ユニットの水平方向の相対する面には等しい圧力が反対方向に作用して釣り合っている．よって，鉛直方向の力の釣り合いのみを考え，圧力の分布を求めた．

POINT　静水圧の等方性の理由

図のように，水中に奥行1（単位幅），底面幅dx，側面高さdz，斜面長lの三角柱を考える．この三角柱の斜面からpが作用したとする．側面からp_x，底面からp_zの圧力が作用すると考える．このとき，三角柱に作用する力の水平方向の釣り合いは

$$-pl\sin\theta + p_x dz = 0 \quad ①$$

$dz = l\sin\theta$を代入すると，$p_x = p$を得る．
一方，鉛直方向の力の釣り合い式は，三角柱の重量が$\rho g dx dz/2$であることを考え

$$pl\cos\theta - p_z dx + (1/2)\rho g dx dz = 0 \quad ②$$

$dx = l\cos\theta$, $dz = l\sin\theta$を代入すると

$$p - p_z + (1/2)\rho g l \sin\theta = 0 \quad ③$$

今，三角柱が無限に小さい場合（$l \to 0$）を考えると，$p = p_z$となり，最終的に，$p = p_x = p_z$が得られる．これにより，静水圧の等方性が証明される．

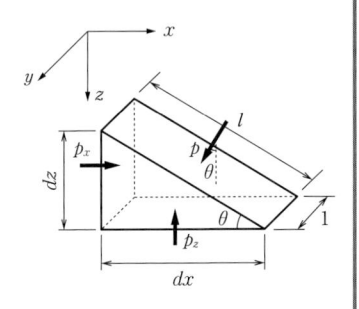

水理学で扱う問題は，地球上の大気圧 p_0 が作用している場合がほとんどであるため，絶対圧力 p_T から大気圧 p_0 を引いた圧力 p が使用されることが多い．すなわち，

$$p = p_T - p_0 = \rho g z \tag{2・5}$$

この圧力 p は**ゲージ圧力**と呼ばれている．

式(2・5)より，ゲージ圧力で表される静水圧は，静水面 ($z=0$) で $p=0$ となり，深さ z に比例して増加する**三角形分布**となることがわかる（図 2・1 参照）．本書では，特に断らない限り，圧力にはゲージ圧力 p を用いる．

【POINT】　**圧力の単位と液柱高で表した圧力**

圧力の単位は，SI 単位系では，$[\mathrm{Pa}]=[\mathrm{N/m^2}]$ で表される（第 1 章参照）．工学の分野では，以下のように液柱高で圧力を表すことがある．

深さ h の点での圧力（ゲージ圧力）は式(2・5)より，$p=\rho g h$ で示される．この式を $h=p/\rho g$ と変形すると，h は圧力 p と等価な液柱高を表している．h は圧力水頭あるいは圧力ヘッドと呼ばれる．水柱 ($\rho=1\,000\,\mathrm{kg/m^3}$) の高さを m 単位で表したとき $[\mathrm{mH_2O}]$，また，水銀柱 ($\rho=13\,600\,\mathrm{kg/m^3}$) の高さを mm 単位で表したとき $[\mathrm{mmHg}]$ などと表現される．

【POINT】　**大気圧の大きさ**

大気圧 p_0 は，地上における大気層の単位面積当たりの空気の重さであり，気象状態，標高により変化する．大気圧の標準値 p_{0s} は，パリと同緯度の平均海水位における平均気圧として，101.325 kPa と定義されている．圧力ヘッドで表せば $10.34\,\mathrm{mH_2O}$ である．

【POINT】　**絶対圧力とゲージ圧力の関係**

ゲージ圧力は，絶対圧力から大気圧を引いた量であるので，絶対圧力が大気圧より大きいときは，ゲージ圧力は正の値をとり**正圧**と呼ばれる．これに対して，絶対圧力が真空状態から大気圧までの圧力を取る場合は，ゲージ圧力は負の値となり，**負圧**と呼ばれる．絶対圧力，大気圧，ゲージ圧力の関係を下図に示す．

図 圧力のグラフ：ゲージ圧 p（正圧）、ゲージ圧 p（負圧）、絶対圧力 p_T、大気圧 $p_0 \fallingdotseq 101.3\,\mathrm{kN/m^2}$、横軸 時間

絶対圧力とゲージ圧力

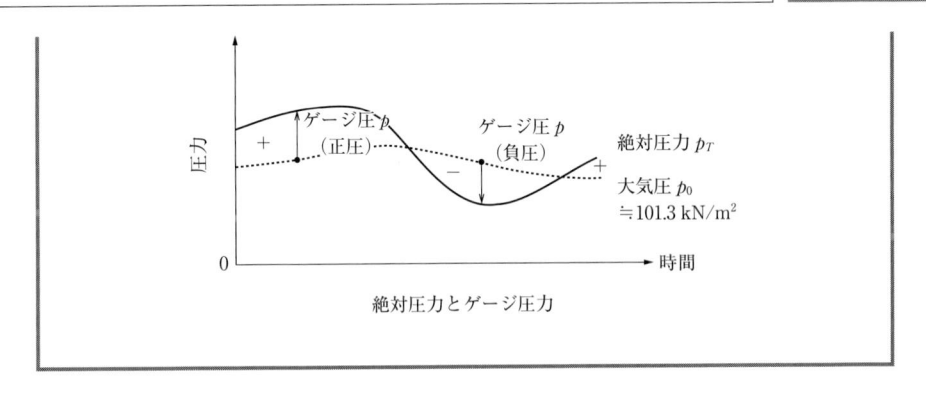

|例題 2·1|　**絶対圧力・ゲージ圧力・大気圧**

　水深 h の水路底で圧力を計測した．大気圧を p_0 とするとき，計測される圧力を絶対圧力 p_T，および，ゲージ圧力 p で表せ．ただし水深 $h=10\,\mathrm{m}$，密度 $\rho=1\,000\,\mathrm{kg/m^3}$，重力加速度 $g=9.8\,\mathrm{m/s^2}$，大気圧 $p_0=1\,000\,\mathrm{hPa}$ とする．

(解)

　式(2·4)，式(2·5) より次のように求められる．

$$p_T = \rho g h + p_0 = 1\,000 \times 9.8 \times 10 + 1\,000 \times 100 = 198\,000\,\mathrm{Pa} = 1\,980\,\mathrm{hPa}$$

$$p = \rho g h = 1\,000 \times 9.8 \times 10 = 98\,000\,\mathrm{Pa} = 980\,\mathrm{hPa}$$

2　水槽内の静水圧と圧力分布

　図 2·2 に片側に錘を載せたピストンをもつ水槽中の静水圧とその分布を示す．同図に示すように静水圧 p は，静水面からの深さ z だけで決まるので，同一の高さにある点には，同じ大きさの静水圧が作用する．すなわち，水深 $h_1(z=h_1)$ の点 A，B には同じ大きさの静水圧 $p_A = p_B = \rho g h_1$ が，同様に $z = h_1 + h_2$ の点 C，

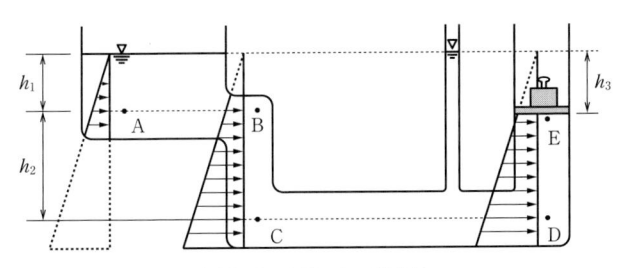

図 2·2　水槽の中の静水圧

Dには，$p_C=p_D=\rho g(h_1+h_2)$の静水圧が作用する．錘の重量によって降下したピストンの下面のE点の静水圧p_Eは，同点の左側水槽の静水面からの水深で定まり$p_E=\rho g h_3$となる．また，水槽に連結して細管を鉛直に立てると細管内の水面の位置は，他の水面の位置に一致する．

3 パスカルの原理とその応用

液体は剛体と異なり自在に変形できるので，「閉じた容器の中の水の1か所に圧力をかけると水中のすべての点に同じ値の圧力が伝達される」という性質を持っている．これは**パスカルの原理**と呼ばれる．

図 2·3(a)のように断面積 A_1, A_2 を有する U 字管に水を入れ，静水面に質量のないピストン①，②をおいた場合を考える．このとき圧力は静水圧分布となり，ピストン下面の圧力はゼロである．

ここで，図2·3(b)に示すように，左右のピストン①，②の上にそれぞれ重量 W_1, W_2 の錘を載せて釣り合ったとする．このとき，ピストン①の底面に作用する水圧の合計の力 P_1 は水圧と受圧面積の積として

$$P_1=p_1A_1 \tag{2·6}$$

また，ピストン①に作用する力の釣り合いから次式を得る．

$$P_1=W_1 \tag{2·7}$$

式(2·6)，(2·7)からピストン①の下面の水圧 p_1 は，$p_1=P_1/A_1=W_1/A_1$となる．パスカルの原理から加えられた圧力はすべての点に伝達されるので，ピスト

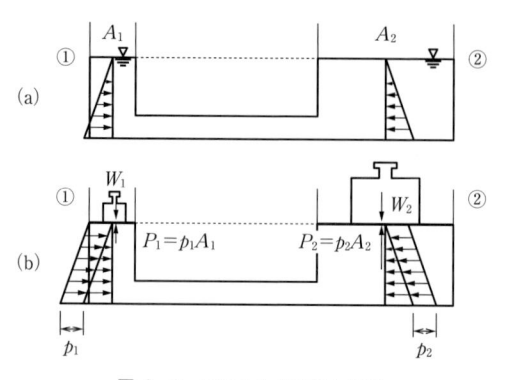

図 2·3 パスカルの原理と応用

ン②の底面に作用する圧力 p_2 は p_1 に等しく，次式で与えられる．
$$p_2 = p_1 = W_1/A_1 \qquad (2\cdot 8)$$

また，ピストン②の底面に作用する水圧による力 P_2 は $P_2 = W_2 = p_2 A_2$ であるから，$W_2/A_2 = W_1/A_1$ であり，W_2 は次式で与えられる．
$$W_2 = W_1 A_2 / A_1 \qquad (2\cdot 9)$$

式(2・9)は，小さな断面 A_1 のピストンに軽い錘 W_1 を載せることによって，大きな断面 A_2 のピストン上に重い錘 W_2 を支えられることを示している．パスカルの原理は油圧ジャッキなど工学の幅広い分野で応用されている．

2 平面に働く静水圧

1 鉛直平板に働く静水圧

図2・4に示すように水中に鉛直に設置された面積 A の平板に作用する静水圧について考える．はじめに平板全体に作用する水圧の合計の力である全静水圧 P を求める．静水圧は $p = \rho g z$ で示されるので，微小面積 $dA = b(z) dz$ に作用する水圧による力を dP と書くと，平面の片側に作用する全静水圧 P は
$$P = \int dP = \int \rho g z b(z) dz = \rho g \int_A z dA = \rho g h_G A \qquad (2 \cdot 10)$$

ここに，h_G は平板の図心 G の深さであり，断面一次モーメント $\int_A z dA$ を用いて次式で定義される．

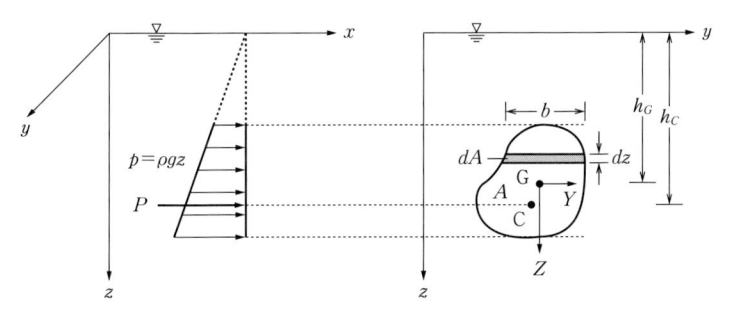

図 2・4 鉛直平板に働く静水圧

$$h_G = (1/A)\int_A z\,dA \qquad (2\cdot 11)$$

式(2·10)より平板に作用する全静水圧 P は，平板の図心 G の水深 h_G での静水圧と平板の面積 A の積であることがわかる．

次に，全静水圧 P の作用点 C の深さ h_C（平板に作用する分布荷重 p を集中荷重 P に置き換えた場合の作用位置，図2·4参照）を求める．ここで，y 軸まわりのモーメント M_y（力の大きさ×腕の長さ）を考える．全静水圧によるモーメントは Ph_C と書くことができるが，これは，各微小部分に働く静水圧の y 軸まわりのモーメントの合計に等しいので

$$M_y = Ph_C = \int z\,dP = \int \rho g z^2 b(z)\,dz = \rho g \int_A z^2\,dA = \rho g I \qquad (2\cdot 12)$$

ここに，$I = \int_A z^2\,dA$ は平板の y 軸まわりの断面二次モーメントである．

ここで，平板の図心 G を通る $Y-Z$ 座標を考えると，$z = h_G + Z$ であるから，断面二次モーメント I は次式のように書くことができる．

$$I = \int_A z^2\,dA = \int_A (h_G + Z)^2\,dA = h_G^2 \int_A dA + 2h_G \int_A Z\,dA + \int_A Z^2\,dA \qquad (2\cdot 13)$$

上式において，$\int_A dA = A$，$\int_A Z\,dA = 0$，$\int_A Z^2\,dA = I_0$ の関係を用いることで，最終的に

$$I = h_G^2 A + I_0 \qquad (2\cdot 14)$$

ここに，I_0 は平板の図心 G を通る Y 軸まわりの断面二次モーメントである．

結局，式(2·12)において，P に式(2·10)を，I に式(2·14)を代入することにより，作用点 C の深さ h_C は次式で求められる．

$$h_C = \frac{\rho g I}{P} = \frac{\rho g (h_G^2 A + I_0)}{\rho g h_G A} = h_G + \frac{I_0}{h_G A} \qquad (2\cdot 15)$$

つまり，h_C は図心 G より $I_0/h_G A$ だけ鉛直下方に位置することがわかる．

【POINT】 鉛直平板に働く静水圧のまとめ （2·2節①のまとめ）

静水圧　　：$p = \rho g z$
全静水圧　：$P = \rho g h_G A$
全静水圧 P の作用点 C の水深：$h_C = h_G + I_0/(h_G A)$

図　形	面積 A	図心深度 z_G	図心まわりの断面二次モーメント I_0
長方形	bh	$\dfrac{h}{2}$	$\dfrac{bh^3}{12}$
三角形	$\dfrac{bh}{2}$	$\dfrac{h}{3}$	$\dfrac{bh^3}{36}$
台形	$\dfrac{(a+b)h}{2}$	$\dfrac{h}{3}\cdot\dfrac{2a+b}{a+b}$	$\dfrac{h^3}{36}\cdot\dfrac{a^2+4ab+b^2}{a+b}$
円	πa^2	a	$\dfrac{\pi a^4}{4}$
楕円	πab	b	$\dfrac{\pi ab^3}{4}$

図 2・5 代表的な平面形状の面積 A，図心深度 z_G，図心まわりの断面二次モーメント I_0

　上述のとおり，全静水圧の計算には，断面二次モーメントの計算が必要となる．平面形状が複雑になると，計算も複雑になる．水理学でよく使用される代表的な平面形状については，**図 2・5** に示すように面積 A，図心 G の図形底面からの距離（図心深度）z_G，図心まわりの断面二次モーメント I_0 が求められている．図形の下端の水深を h_0 とすれば，図心の深さは $h_G = h_0 - z_G$ と求められる．これらの結果を利用すれば，種々の形状に対して簡単に全静水圧の計算ができる．

例題 2・2 鉛直板に作用する全静水圧

　図に示すような幅 b，高さ h の長方形の板が水中に鉛直に置かれている．このとき，板の片側に作用する全静水圧およびその作用点を求めよ．ただし，幅 $b=4\,\mathrm{m}$，高さ $h=2\,\mathrm{m}$，板の下端は $h_0=4\,\mathrm{m}$ の深さに設置されている．なお，水の密度 ρ_w

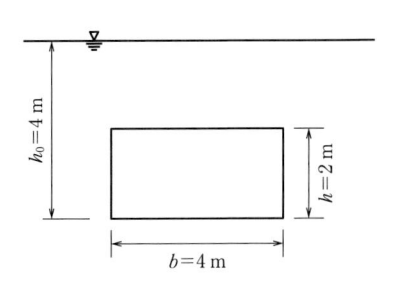

$=1\,000\text{ kg/m}^3$ とする.

(解)

図2・5より,長方形の面積 A,断面二次モーメント I_0,図心深さ h_G は

$A = bh = 4 \times 2 = 8 \text{ m}^2, \quad I_0 = bh^3/12 = 4 \times 2^3/12 = 8/3 \text{ m}^4$ ①, ②

$h_G = h_0 - z_G = h_0 - h/2 = 4 - 2/2 = 3 \text{ m}$ ③

したがって,式(2・10),式(2・15) より

$P = \rho g h_G A = 1\,000 \times 9.8 \times 3 \times 8 = 235\,200 \text{ N}$ ④

$h_C = h_G + I_0/(h_G A) = 3 + (8/3)/(3 \times 8) = 3.11 \text{ m}$ ⑤

例題 2・3　堰板に作用する全静水圧

図に示すように幅 b の鉛直の堰板で,海水の水域と淡水の水域を仕切っている.この堰板に左および右から作用する全静水圧 P_1, P_2 およびその合力 P,作用点の水深 h_{C1}, h_{C2}, h_C を求めよ.

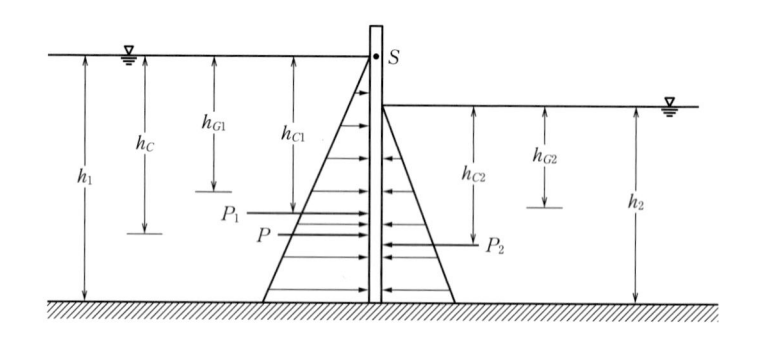

(解)

堰板の左側の諸量に添え字1,右側の諸量に添え字2を付けて表す.初めに全静水圧を求める.式(2・10) と図2・5 より

$P_1 = \rho_1 g h_{G1} A_1 = \rho_1 g (1/2) h_1 b h_1 = (1/2) \rho_1 g b h_1^2$ ①

$P_2 = \rho_2 g h_{G2} A_2 = \rho_2 g (1/2) h_2 b h_2 = (1/2) \rho_2 g b h_2^2$ ②

合力(作用方向は水平方向左から右)は

$P = P_1 - P_2 = (1/2) g b (\rho_1 h_1^2 - \rho_2 h_2^2)$ ③

次に作用点の水深を求める.式(2・15) と図2・5を利用すると

$h_{C1} = h_{G1} + \dfrac{I_{01}}{h_{G1} A_1} = \dfrac{h_1}{2} + \dfrac{(1/12) b h_1^3}{(1/2) b h_1^2} = \dfrac{2}{3} h_1$ ④

$h_{C2} = h_{G2} + \dfrac{I_{02}}{h_{G2} A_2} = \dfrac{h_2}{2} + \dfrac{(1/12) b h_2^3}{(1/2) b h_2^2} = \dfrac{2}{3} h_2$ ⑤

静水圧の合力の作用点の水深 h_C を求めるには点 S まわりのモーメントのつり合いを考える．つまり，$Ph_C = P_1 h_{C1} - P_2(h_1 - h_2 + h_{C2})$ より h_C は

$$h_C = \{P_1 h_{C1} - P_2(h_1 - h_2 + h_{C2})\}/P \qquad ⑥$$

2 傾斜した平板に働く静水圧

図 2・6 に示す傾斜した平板に働く静水圧について考える．はじめに全静水圧 P を求める．水面から斜面に沿って s 軸をとると s 軸と z 軸との間には $z = s\sin\theta$ となる関係がある．この関係を用いると，静水圧は $p = \rho g z = \rho g s \sin\theta$ と書けるから，傾斜した平面に働く全静水圧 P は

$$P = \int dP = \int \rho g z\, dA = \int \rho g s \sin\theta\, b\, ds = \rho g \sin\theta \int b s\, ds = \rho g s_G A \sin\theta \qquad (2 \cdot 16)$$

ここで，$s_G = \int b s\, ds / A$ は，斜面に沿った水面から図心までの距離である．図 2・6 から，図心 G の水深 h_G と s_G との間には $h_G = s_G \sin\theta$ となる関係があるので，これを用いて式 (2・16) を変形すると

$$P = \rho g h_G A \qquad (2 \cdot 17)$$

すなわち，鉛直平板に作用する全静水圧の式 (2・10) と同一となる．

図 2・6 に示すように P の作用方向は斜面に直角の方向であるから，水平成分

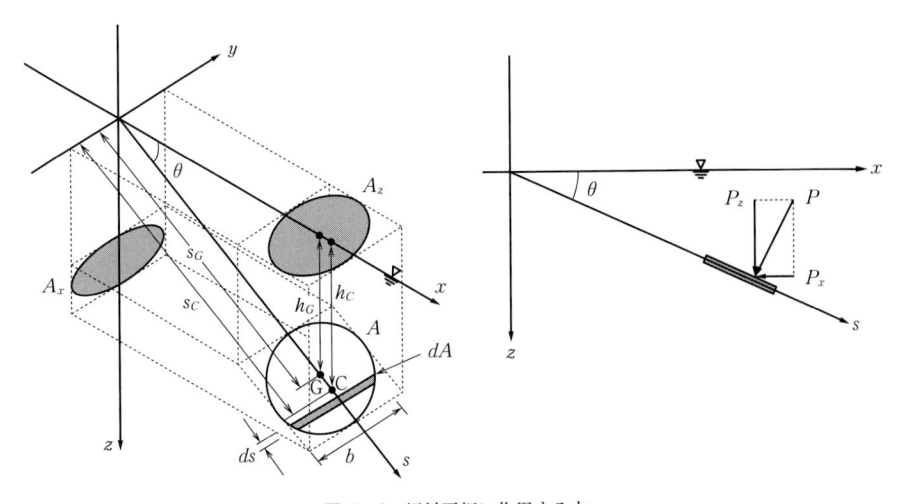

図 2・6　傾斜平板に作用する力

P_x と鉛直成分 P_z とに分解すると

$$P_x = P\sin\theta = \rho g h_G A \sin\theta = \rho g h_G A_x \quad (2\cdot18)$$

$$P_z = P\cos\theta = \rho g h_G A \cos\theta = \rho g h_G A_z \quad (2\cdot19)$$

$$P = \sqrt{P_x^2 + P_z^2} \quad (2\cdot20)$$

ここに,A_x は平板を x 軸に垂直な $y-z$ 平面に投影した図形の面積,A_z は平板を z 軸に垂直な $x-y$ 平面に投影した図形の面積である.式(2·18),式(2·19)は,P_x が x 軸に垂直な $y-z$ 平面に投影した図形に働く全静水圧と等しく,P_z は考える平面の図心から水面までの水柱の重さに等しいことを意味している.

次に,全静水圧の作用点 C について考える.水面から全静水圧の作用点 C までの s 軸に沿った距離を s_C とする.全静水圧の y 軸まわりのモーメント $P \cdot s_C$ は各微小部分に働く静水圧による y 軸まわりのモーメントの和に等しいので

$$P \cdot s_C = \int dP \cdot s = \int \rho g z dA \cdot s = \int \rho g s^2 \sin\theta b ds = \rho g \sin\theta \int s^2 b ds \quad (2\cdot21)$$

図形の断面二次モーメントは式(2·14)と同様に $I = \int s^2 b ds = s_G^2 A + I_0$ の関係があるので

$$P \cdot s_C = \rho g \sin\theta I = \rho g \sin\theta (s_G^2 A + I_0) \quad (2\cdot22)$$

ここに,I_0 は図心を通る y 軸まわりの断面二次モーメントである.したがって s_C は式(2·22),式(2·16)より

$$s_C = \frac{\rho g \sin\theta I}{P} = \frac{\rho g \sin\theta}{\rho g s_G A \sin\theta}(s_G^2 A + I_0) = s_G + \frac{I_0}{s_G A} \quad (2\cdot23)$$

また,全静水圧の作用点 C の水深 h_C は

$$h_C = s_C \sin\theta = \{s_G + I_0/(s_G A)\}\sin\theta \quad (2\cdot24)$$

【POINT】 傾斜平板に働く静水圧のまとめ(2·2節②のまとめ)

静水圧 :$p = \rho g z$
全静水圧:$P = \rho g h_G A$
図心水深:$h_G = s_G \sin\theta$
全静水圧 P の作用点 C の斜距離:$s_C = s_G + I_0/(s_G A)$
全静水圧 P の作用点 C の水深:$h_C = s_C \sin\theta$

2・3 曲面に作用する静水圧

例題 2・4 傾斜した円盤に働く全静水圧

右図に示すように水平面から角度 θ で傾斜した斜面に直径 d の円形の扉が，水面から扉の頂点までの斜面に沿った距離が s_1 となる位置に設置されている．このとき，1) 扉にかかる全静水圧，2) 全静水圧の作用点の斜面に沿った距離 s_C およびその深さ h_C を求めよ．ただし，$\rho = 1\,000\,\mathrm{kg/m^3}$, $d = 2\,\mathrm{m}$, $s_1 = 4\,\mathrm{m}$, $\theta = 30°$ とする．

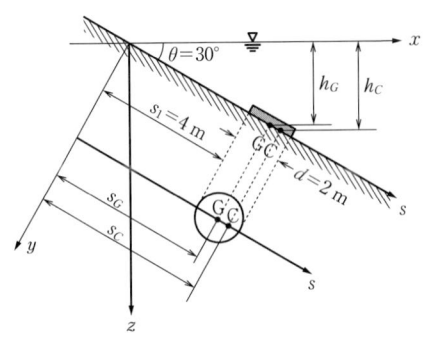

(解)

1) 円形の図心は円の中心であることから図 2・5 より

$$s_G = s_1 + d/2 = 4 + 2/2 = 5\,\mathrm{m} \qquad ①$$

$$h_G = s_G \sin\theta = 5 \times \sin 30° = 5 \times (1/2) = 2.5\,\mathrm{m} \qquad ②$$

これより，全静水圧は式(2・17)より

$$P = \rho g h_G A = 1\,000 \times 9.8 \times 2.5 \times \pi = 76\,930\,\mathrm{N} = 76.93\,\mathrm{kN} \qquad ③$$

全静水圧の作用点の水面からの斜距離は式(2・23)，図 2・5 より

$$s_C = s_G + I_0/(s_G A) = s_G + (\pi a^2/4)/(s_G \pi a^2) = 5 + (\pi/4)/(5\pi) = 5.05\,\mathrm{m} \qquad ④$$

全静水圧の作用点の水深は式(2・24)より

$$h_C = s_C \sin\theta = 5.05 \times \sin 30° = 2.525\,\mathrm{m} \qquad ⑤$$

3 曲面に作用する静水圧

1 三次元曲面に作用する静水圧

図 2・7 に示すように静水中におかれた面積 A の曲面 $\overparen{A}$ に作用する圧力を考える．この曲面を x 軸，y 軸，z 軸に垂直な面に投影した図形を $\overline{A_x}$, $\overline{A_y}$, $\overline{A_z}$ と呼ぶ．それぞれの図形の面積を A_x, A_y, A_z とする．今，曲面上に面積が dA である微小面 $\overline{dA}$ をとる．この微小面を傾斜した平面であると考えると，式(2・17)より，微小面に作用する全静水圧 dP は

$$dP = \rho g h_G dA = \rho g z dA \qquad (2 \cdot 25)$$

この微小面の，x, y, z 軸に垂直な面に投影した部分の面積を $(dA)_x$, $(dA)_y$, $(dA)_z$ とするとき，$\overline{dA}$ に作用する全静水圧 dP の x, y, z 方向成分 $(dP)_x$, $(dP)_y$, $(dP)_z$ は，式(2·18)，(2·19) を参考にして

$$(dP)_x = \rho g z (dA)_x \qquad (2 \cdot 26)$$
$$(dP)_y = \rho g z (dA)_y \qquad (2 \cdot 27)$$
$$(dP)_z = \rho g z (dA)_z \qquad (2 \cdot 28)$$

曲面全体に作用する全静水圧 P の x, y, z 方向成分 P_x, P_y, P_z は，微小面に働く力を面全体にわたって積分して

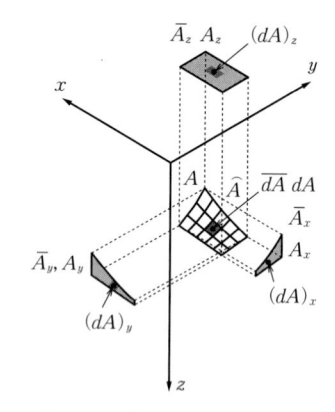

図 2·7 曲面に作用する静水圧

$$P_x = \int_A (dP)_x = \int_{A_x} \rho g z (dA)_x = \rho g h_{Gx} A_x \qquad (2 \cdot 29)$$

$$P_y = \int_A (dP)_y = \int_{A_y} \rho g z (dA)_y = \rho g h_{Gy} A_y \qquad (2 \cdot 30)$$

$$P_z = \int_A (dP)_z = \int_{A_z} \rho g z (dA)_z = 曲面上の鉛直水柱の重量 \qquad (2 \cdot 31)$$

ここで，h_{Gx}, h_{Gy} は，それぞれ図形 $\overline{A_x}$, $\overline{A_y}$ の図心までの深さを表す．すなわち，P_x, P_y は考える曲面を x, y 軸に垂直な面に投影した図形 $\overline{A_x}$, $\overline{A_y}$ に作用する全静水圧に，P_z は曲面 $\widehat{A}$ 上の水柱の重量に等しいことがわかる．また，全静水圧 P は

$$P = \sqrt{P_x^2 + P_y^2 + P_z^2} \qquad (2 \cdot 32)$$

全静水圧の x, y 成分 P_x, P_y の作用水深 h_{Cx}, h_{Cy} は，鉛直平面に対する場合（式(2·15)）と同様に次式で与えられる．

$$h_{Cx} = h_{Gx} + I_{0x}/(h_{Gx} A_x) \qquad (2 \cdot 33)$$
$$h_{Cy} = h_{Gy} + I_{0y}/(h_{Gy} A_y) \qquad (2 \cdot 34)$$

ここに，h_{Gx}, h_{Gy} は，図形 $\overline{A_x}$, $\overline{A_y}$ の図心の水深，I_{0x}, I_{0y} は，図形 $\overline{A_x}$, $\overline{A_y}$ の図心まわりの断面二次モーメントである．なお，P_z の作用点は鉛直水柱の重心を通る鉛直線上に位置する．

> **POINT** 曲面に働く静水圧（2・3節①のまとめ）
>
> 静水圧　$p=\rho g z$
> 全静水圧の x, y 成分　$P_x=\rho g h_{Gx} A_x$, $P_y=\rho g h_{Gy} A_y$
> 全静水圧の z 成分　$P_z=$ 曲面上の鉛直水柱の重量
> P_x, P_y の作用水深　$h_{Cx}=h_{Gx}+I_{0x}/(h_{Gx}A_x)$, $h_{Cy}=h_{Gy}+I_{0y}/(h_{Gy}A_y)$
> 全静水圧 P：$P=\sqrt{P_x{}^2+P_y{}^2+P_z{}^2}$
> A_x, A_y：図形 $\overline{A_x}$, $\overline{A_y}$ の面積，h_{Gx}, h_{Gy}：図形 $\overline{A_x}$, $\overline{A_y}$ の図心水深，
> I_{0x}, I_{0y}：図形 $\overline{A_x}$, $\overline{A_y}$ の図心まわりの断面二次モーメント

2　円弧ゲートに作用する静水圧

　水圧を受ける曲面の最も基本的な例として**図 2・8**(a)に示す半径 r, 幅 B の半円弧状のゲートをとりあげる．はじめに，図 2・8(b)に示すように，円弧の内側に水深 $h=r$ で水が貯められている場合を考える．このとき，全静水圧 P の水平方向成分 P_x とその作用点の水深 h_{Cx} は，式(2・29)，式(2・33)よりゲートを鉛直面に投影した図形（幅 B, 高さ h の長方形）に作用する全静水圧と作用水深の問題となる．図 2・5 から $A_x=Bh$, $h_{Gx}=h/2$, $I_{0x}=Bh^3/12$ を得るので，全静水圧とその作用位置の水深は，式(2・29)，式(2・33)より

$$P_x=\rho g h_{Gx} A_x=\rho g(h/2)Bh=(1/2)\rho g h^2 B \tag{2・35}$$

$$h_{Cx}=h_{Gx}+\frac{I_{0x}}{h_{Gx}A_x}=\frac{h}{2}+\frac{Bh^3}{12}\frac{2}{Bh^2}=\frac{2}{3}h \tag{2・36}$$

　また，全静水圧 P の鉛直方向成分 P_z は式(2・31)より**図 2・9**の扇形部分の水の重量であるので

$$P_z=\rho g V=(1/4)\rho g \pi h^2 B \tag{2・37}$$

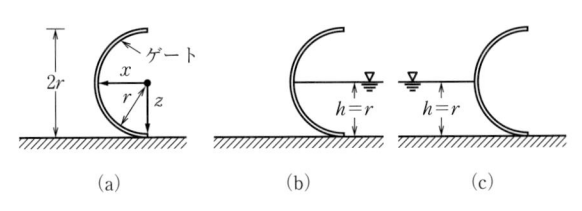

図 2・8　円弧ゲートに作用する圧力

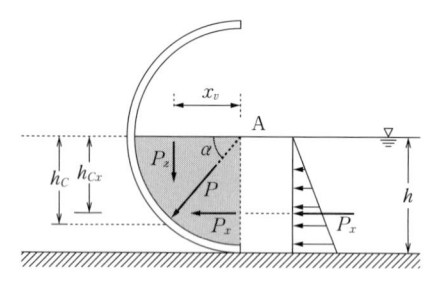

図 2・9 円弧ゲート内部の圧力

この P_z は鉛直下向きに作用する．また，P_z の作用線は鉛直水柱の重心を通る鉛直線上に位置するので，P_z の作用線の点 A からの水平距離 x_v は，扇形の重心位置となっているので

$$x_v = \frac{\int x dA}{\int dA} = \frac{\int_0^h x\sqrt{r^2-x^2}dx}{\int_0^h \sqrt{r^2-x^2}dx} = \frac{4h}{3\pi} \qquad (2\cdot38)$$

今，円弧の中心 A 点のまわりのモーメントの釣り合いを考えると

$$M = P_x h_{Cx} - P_z x_v = \left(\frac{1}{2}\rho g h^2 B\right)\frac{2}{3}h - \frac{1}{4}\rho g \pi h^2 B\left(\frac{4h}{3\pi}\right) = 0 \qquad (2\cdot39)$$

ここで，A 点から全静水圧 P の作用線までの距離（腕の長さ）を d として次式が成立する．

$$M = Pd = 0 \qquad (2\cdot40)$$

すなわち，腕の長さ $d=0$ で，合力の作用方向が円弧の中心 A 点を通ることがわかる．

全静水圧力の大きさは

$$P = \sqrt{P_x^2 + P_z^2} \qquad (2\cdot41)$$

合力の作用線と水平のなす角を α とすれば，$\tan\alpha = P_z/P_x$ であり

$$\alpha = \tan^{-1}(P_z/P_x) \qquad (2\cdot42)$$

よって，P の作用線とゲートとの交点の水深 h_C は

$$h_C = r\sin\alpha = h\sin\alpha \qquad (2\cdot43)$$

次に，図 2・8(c) のようにゲートの外側に水深 $h=r$ で水が貯められている場合について考える．P_x，h_{Cx} は，図 2・8(b) の場合と同様であり

2・3 曲面に作用する静水圧

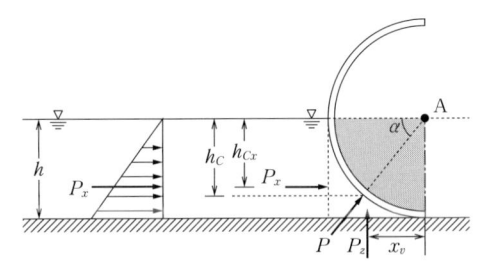

図 2・10 円弧ゲート外部の圧力

$$P_x = \rho g h_{Gx} A_x = (1/2)\rho g h^2 B \tag{2・44}$$
$$h_{Cx} = (2/3)h \tag{2・45}$$

ただし，P_x の作用方向は，図 2・9 の場合と逆向きとなる．一方，P_z は，**図 2・10** の部分 ◥ の水の重量と等しくなり，図 2・9 の場合と等しくなるが，作用方向は鉛直上向きとなり，図 2・9 と逆向きとなる．よって

$$P_z = \rho g V = (1/4)\rho g \pi h^2 B \tag{2・46}$$

また，P_z の作用線と円弧ゲートの中心 A 点の距離 x_v は式(2・38) と一致する．力の作用方向も式(2・42) と一致する．

【POINT】 円弧ゲートに作用する静水圧（2・3 節 2 のまとめ）

全静水圧の水平成分と作用点水深：$P_x = \rho g h_{Gx} A_x$, $h_{Cx} = h_{Gx} + I_{0x}/(h_{Gx} A_x)$

全静水圧の鉛直成分と作用位置：$P_z = \rho g V$, $x_v = P_x h_{Cx}/P_z$

全静水圧と作用作向：$P = \sqrt{P_x^2 + P_z^2}$, $\alpha = \tan^{-1}(P_z/P_x)$

例題 2・5 ラジアルゲートに作用する全静水圧

図に示すラジアルゲートの幅 $B = 1$ m にかかる力を考える．1) 全静水圧の水平および鉛直成分ならびに全静水圧を求めよ．2) 全静水圧の水平成分，鉛直成分の作用位置および全静水圧の作用線の方向を求めよ．ただし，$\rho = 1\,000$ kg/m^3，$r = 2$ m，$\theta = 90°$，$h_1 = 1$ m とする．

（解）
1) 全静水圧の水平方向成分 P_x：円弧部分を水平方向に投影すると幅 B，高さ $r = h_2$ の長方形となる．図 2・5，式(2・29) より

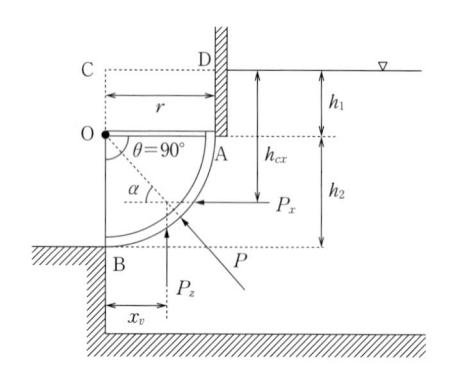

$A_x = h_2 B$,　　$h_{Gx} = h_1 + h_2/2$ 　　　　　　　　　　　　　①, ②

$P_x = \rho g h_{Gx} A_x = \rho g (h_1 + h_2/2) h_2 B$

　　$= 1\,000 \times 9.8 \times (1 + 2/2) \times 2 \times 1 = 39\,200 \text{ N} = 39.2 \text{ kN}$ 　　③

全静水圧の水平方向成分 P_z は，式(2・31) より

　　$P_z = \rho g V$ 　　　　　　　　　　　　　　　　　　　　　　　　④

V は，ゲートを底とした水面に達する鉛直水柱の体積である．この体積は，図形 ABCD の面積に幅をかけて求められる．図形 ABCD の面積 $S =$ 図形 ABO の面積＋図形 AOCD の面積であるから

　　$S = (1/4) \pi r^2 + h_1 r$ 　　　　　　　　　　　　　　　　　　　⑤

　　$P_z = \rho g V = \rho g S B = \rho g (\pi r^2/4 + h_1 r) B$

　　　$= 1\,000 \times 9.8 \times (\pi \times 2^2/4 + 1 \times 2) \times 1 = 50\,387 \text{ N} = 50.39 \text{ kN}$ 　　⑥

よって，全静水圧は

　　$P = \sqrt{P_x^2 + P_z^2} = \sqrt{39.2^2 + 50.39^2} = 63.84 \text{ kN}$ 　　　　⑦

2) 水平方向成分 P_x の作用深さ h_{Cx}：式(2・33) において，$A_x = h_2 B$，$h_{Gx} = h_1 + h_2/2$，$I_{0x} = B h_2^3/12$ を代入して

$$h_{Cx} = h_{Gx} + I_{0x}/(h_{Gx} A) = h_1 + h_2/2 + \frac{B h_2^3/12}{(h_1 + h_2/2) h_2 B}$$

　　　$= (1 + 2/2) + \dfrac{1 \times 2^3/12}{(1 + 2/2) \times 2 \times 1} = 2.167 \text{ m}$ 　　⑧

点 O まわりのモーメントの釣り合いより

　　$x_v = \dfrac{P_x (h_{Cx} - h_1)}{P_z} = \dfrac{39.2 \times (2.167 - 1.0)}{50.39} = 0.91 \text{ m}$ 　　⑨

よって，全静水圧の作用線の水平とのなす角 α は

　　$\tan \alpha = \dfrac{P_z}{P_x} = \dfrac{50.39}{39.2} = 1.285$ 　より　 $\alpha = \tan^{-1} 1.285 \approx 52.1°$ 　　⑩

4 マノメータ

　マノメータとは，管内や密閉容器中など大気に接触していない液体のゲージ圧力を測定するために，管などから引き出し片側を大気圧に開放した細い管である．液体の高さ h を目視できるように透明な管が用いられることが多い．密度が既知の液体の高さを計測すれば $p=\rho g h$ としてゲージ圧力を計測できる．

　図2・11(a)に，最も一般的な**鉛直マノメータ**の原理を示す．密度 ρ_w の流体で満たされた管から導水管で流体が鉛直マノメータに導かれている．このとき，管中央の点 A の圧力 p_A は同じ高さの点 B の圧力 $p_B=\rho_w g h$ と等しい．よってマノメータ内の流体の高さ h がわかれば点 A の圧力（ゲージ圧力）が得られる．

　一方，図2・11(b)はマノメータを角度 θ で傾けた場合（**傾斜マノメータ**という）を示す．マノメータ内の流体の長さを s とすれば，$h=s\sin\theta$ となるので A 点の圧力 p_A は

$$p_A = \rho_w g h = \rho_w g\, s \sin\theta \tag{2・47}$$

式(2・47)からわかるとおり，s がわかれば A 点の圧力が得られる．$s=h/\sin\theta > h$ より，傾斜マノメータでは，鉛直マノメータに比較して圧力を拡大して，目視しやすくなっている．

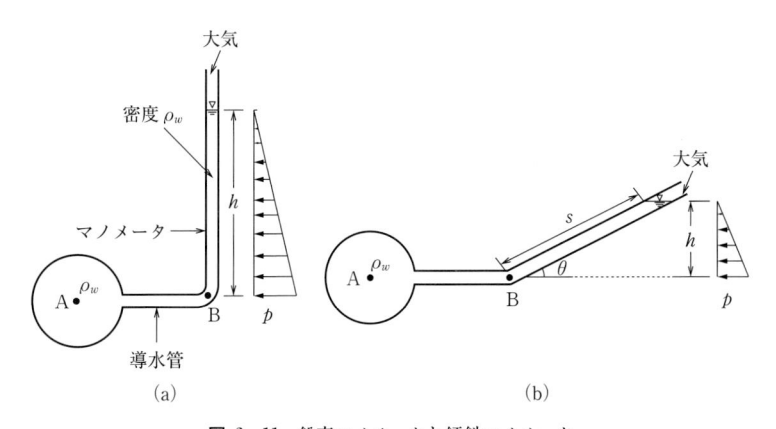

図 2・11　鉛直マノメータと傾斜マノメータ

5 浮力と浮体

1 浮力

図 2・12 に示す水中に存在する体積 V の物体に作用する静水圧を考える．水平方向の投影面積は，右と左とで等しいので，全静水圧の水平成分は打ち消しあって釣り合う．したがって，静水圧の鉛直方向の釣り合いのみを考えればよい．

図 2・12 に示すとおり，この物体に外接する鉛直の筒と物体表面の接する区間を QRST とする．物体の QRST より下の部分の体積を V_1，上の部分の体積を V_2，QRST を底とした鉛直水柱の体積を V_0 とする．また，物体表面のうち QRST より下の部分を A_1，上の部分を A_2 とする．さらに，それぞれの部分に作用する全静水圧の鉛直方向成分を P_1，P_2 とする．このとき，式(2・31)より P_1，P_2 は，それぞれ A_1，A_2 を底とする鉛直水柱の重量に等しい．また，P_1 は鉛直上向き，P_2 は鉛直下向きに作用し，$P_1 > P_2$ であるから，この物体には，鉛直上向きに次式の力が働く．

$$P_1 - P_2 = \rho g(V_0 + V_1) - \rho g(V_0 - V_2) = \rho g(V_1 + V_2) = \rho g V = F_B \tag{2・48}$$

すなわち，水中に沈んだ物体は，物体が排除した体積 V に相当する水の重量

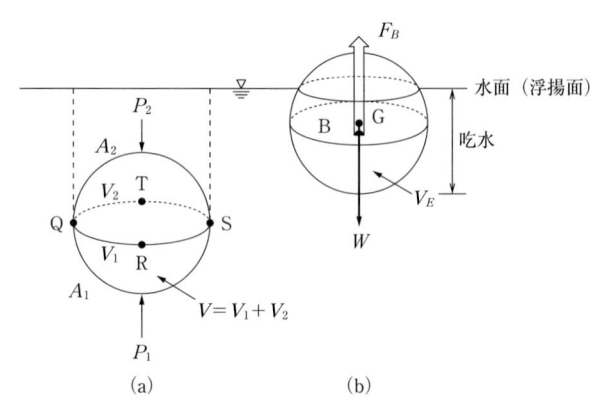

図 2・12 水中の物体に作用する浮力

に等しい力を上向きに受けることがわかる．この力は**浮力** F_B と呼ばれる．

次に物体が水面に浮いている場合を考える．物体に作用する浮力 F_B は，水面下の部分の物体の体積（**排水体積**と呼ぶ）を V_E として，次式で表される．

$$F_B = \rho g V_E \tag{2・49}$$

すなわち，物体は，排水体積 V_E に相当する水の重量に等しい浮力を鉛直上向きに受けることがわかる．これは，**アルキメデス（Archimedes）の原理**と呼ばれている．

もっと詳しく学ぼう　水がなければ浮力は働かない

図に示すように，底のある円筒が2種類の状態にあるときの浮力を考える．(a)では，透過性のある地盤上に多点接触して接地している．(b)では，水を通さない不透過面に隙間なく密着した状態にある．どちらも同じ排水体積を有するように思えるが，浮力が作用するのは (a) のみである．(a) の場合は，底面が水に接触しているため底面に静水圧が作用するが，(b) の場合には底面には水がないため静水圧は作用しないからである．アルキメデスの原理が成り立つのは，水面下の物体表面がすべて連続して水に接している場合である．

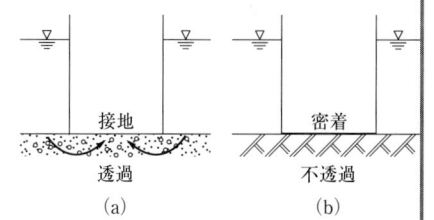

2　浮体の釣り合い

図 2・13 のように水面に浮体が浮いている状態を考える．浮体が水面で切られる断面を**浮揚面**と呼ぶ．浮揚面から浮体の最深点（K 点と呼ぶ）までの距離を**吃水** d と呼ぶ．このとき水中に浮いている物体に作用する重力（重量）W と浮力 F_B は釣り合っている．

$$W = F_B \tag{2・50}$$

なお，重力 W は物体の**重心** G に作用し，浮力 F_B は**浮心** B に作用する．この浮心 B は物体の水没部分を水で置き換えた場合，その部分の重心である．

図 2・13 に示すように重量 W，密度 ρ_I の物体が密度 ρ_S の液体に浮いていると

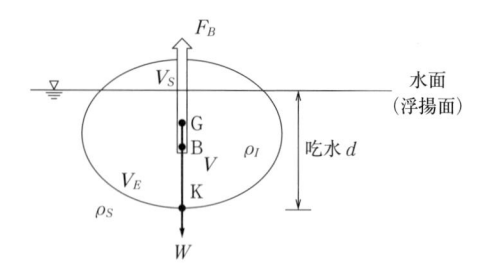

図 2・13 水中に浮かぶ物体の吃水

する．また，物体の体積を V とし，水面上の部分の体積を V_S，水中の部分の体積（排水体積）を V_E とする（$V=V_S+V_E$）．このとき物体の重量 W，浮力 F_B は

$$W=\rho_I g V \tag{2・51}$$

$$F_B=\rho_S g V_E \tag{2・52}$$

式(2·50) より，排水体積と全体積の比は，$V_E/V=\rho_I/\rho_S$ である．したがって，水面上に浮かんでいる部分の体積の物体全体積に対する割合 $V_S/V=1-V_E/V$ は，次式となる．

$$V_S/V=1-\rho_I/\rho_S \tag{2・53}$$

例題 2·7　氷山の吃水

図に示すように氷山が海中に浮かんでいる．このとき，海面上に出ている部分と海面下に沈んでいる部分の体積比を求めよ．ただし，海水の密度は $\rho_S=1\,030\,\mathrm{kg/m^3}$，氷の密度は $\rho_I=920\,\mathrm{kg/m^3}$ とする．

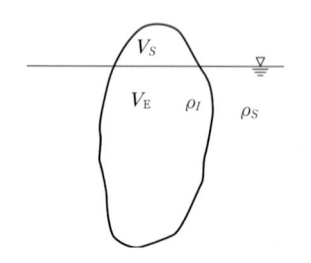

（解）

水面上の体積を V_S，水面下の体積を V_E と書く．式 (2·50), (2·51), (2·52) を用いると

$$\frac{V_S}{V_E}=\frac{V_S/V}{V_E/V}=\frac{1-\rho_I/\rho_S}{\rho_I/\rho_S}=\frac{\rho_S-\rho_I}{\rho_I}=\frac{1\,030-920}{920}=0.12 \tag{①}$$

すなわち，海面上に出ている部分の約 8 倍の体積の部分が海水中に存在することになる．水面上に出ているのは，まさに「氷山の一角」である．

3　復原力モーメントと浮体の安定と不安定

図 2·14(a)に示すように浮心 B が重心 G より上にある浮体が水に浮いて静止

2・5 浮 力 と 浮 体　43

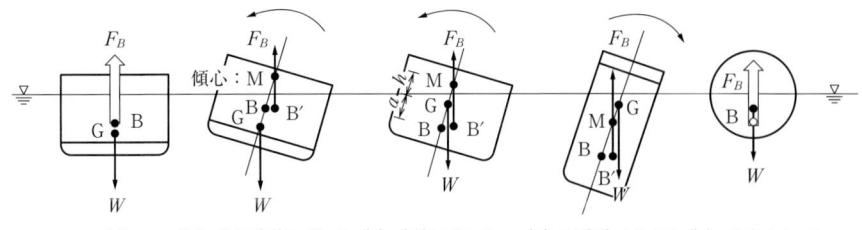

(a)　(b) 常に安定：$h>0$　(c) 安定：$h>0$　(d) 不安定：$h<0$　(e) 中立：$h=0$
　　　　（G が B より低い，　（G が B より高い，　（G が B より高い，
　　　　　$a<0$）　　　　　　$a>0$）　　　　　　$a>0$）

W：重力，F_B：浮力，B：浮心，G：重心，M：傾心，$h=\overline{\mathrm{GM}}$：傾心高，$a=\overline{\mathrm{BG}}$

図 2・14　浮体の安定・不安定

している場合を考える．この浮体には，重力 W と浮力 F_B が作用し，それぞれの力は等しく（$W=F_B$），その作用方向は逆向きである．また，浮心 B と重心 G は，同一鉛直線上にある．

次にこの浮体が時計回りに若干傾いた場合（図 2・14(b)）を考える．このとき，水中部分の形状が変化して浮心 B は点 B′ に移動する．その結果，重力 W と浮力 F_B によって，反時計回りの偶力が形成され，傾いた浮体を元の位置に戻すように働く．これを**復原力**と呼んでいる．また，こうした浮体は**安定**であるという．一方，図 2・14(d)のように重心の位置が高い場合には，若干傾いた浮体に作用する偶力が時計回りとなり，浮体の傾きをさらに大きくさせるように働く．こうした浮体は**不安定**であるという．また，図 2・14(e)のように水面に浮かんだ球体のように偶力が作用しない場合を**中立**という．

ここで，浮体の安定性を考える上で記号 $\overline{\mathrm{XY}}$ を用いる．$\overline{\mathrm{XY}}$ は，点 X からみた点 Y の高さを示し，点 Y が点 X より上にあれば $\overline{\mathrm{XY}}>0$，点 Y が点 X より下にあれば $\overline{\mathrm{XY}}<0$ と書くこととする．さて，図 2・14(b)のように浮心 B と重心 G との鉛直距離 $a=\overline{\mathrm{BG}}<0$（重心 G が浮心 B より下にある）の場合には，浮体が傾いても発生する偶力は常に反時計回りとなるので浮体は常に安定となる．しかし，図 2・14(c), (d)のように，重心 G が浮心 B より高い（$a=\overline{\mathrm{BG}}>0$）場合には，安定と不安定な場合がある．以下に分類法を示す．

図 2・14(c)に示すように重心 G が浮心 B より上にある（$a=\overline{\mathrm{BG}}>0$）浮体が傾いた状態で，傾いた状態の浮心 B′ から鉛直線を引き，この線が直線 BG と交わる点を M とする．この点は，**傾心**（Metacenter）あるいは**メタセンター**と呼ばれ

る．また，重心 G から傾心 M までの鉛直距離 $\overline{GM}=h$（傾心 M が重心 G より高いときに正）を**傾心高**という．図 2·14(c)からわかるように，$h=\overline{GM}>0$ の場合には，反時計回りの偶力が発生するので浮体は安定となる．一方，図 2·14(d)のように $h=\overline{GM}<0$ の場合には時計回りの偶力が発生するので浮体は不安定となる．

4 傾心高の算定方法

図 2·15 に示すように左右対称で幅 $2b$，長さ $L>2b$，吃水 d の浮体の安定条件について考察し，傾心高の算定方法を示す．上述のように，重心 G が浮心 B の下方に存在する場合（$a=\overline{BG}<0$）は常に安定であるので，以下では，重心 G が浮心 B の上方に存在する場合（$a=\overline{BG}>0$）について考える．

この浮体が何らかの原因で x 軸まわりに微小角度 θ だけ傾いたとする．このとき，浮揚面は，QOR から Q'OR' に変化する．また，浮心は点 B から B' に移動する．この移動した浮心 B' の位置を求める．図 2·15 において，■で示す微小体積要素の x 軸まわりのモーメントを考える．ここで，$\overline{BB'}$ が y 軸に平行であると考え，また，水面下の物体の吃水を d とすると，傾きによって生ずる浮力 F_B によるモーメントの変化量 $\Delta M/\rho g$ は

$$\Delta M/\rho g = V_E \overline{BB'} = \int_{-b}^{b} L dy dy = \int_{-b}^{b} L(d_0 + y\tan\theta) y dy \quad (2\cdot54)$$

θ を微小と仮定すれば $\tan\theta \approx \theta$ と近似できるので $\Delta M/\rho g$ は，$\Delta M/\rho g = \int_{-b}^{b}$

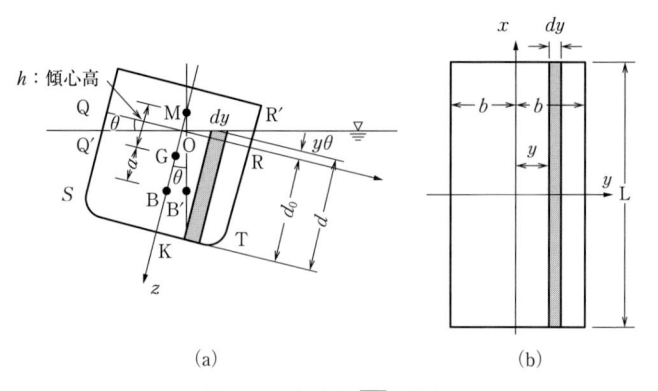

図 2·15 傾心高 $\overline{GM}$ の算定

$L(d_0+y\tan\theta)ydy=\int_{-b}^{b}Ld_0ydy+\int_{-b}^{b}\theta Ly^2dy$ となる．浮体が左右対称であるとすれば，第1項は0となるので，$\Delta M/\rho g$ は，次式となる．

$$\Delta M/\rho g = V_E\overline{BB'} = \theta\int_{-b}^{b}y^2Ldy = \theta I_x \tag{2・55}$$

ここに，$I_x=\int_{-b}^{b}y^2Ldy$ は，浮体の水面位置における水平断面（浮揚面）の x 軸まわりの断面二次モーメントである．結局，$\overline{BB'}$ は

$$\overline{BB'}=\theta I_x/V_E \tag{2・56}$$

傾心の定義から，$\overline{BM}$ は，$\overline{BB'}$ と傾斜角 θ を用いて

$$\overline{BM}=\frac{\overline{BB'}}{\tan\theta}\approx\frac{\overline{BB'}}{\theta}=\frac{I_x}{V_E} \tag{2・57}$$

最終的に傾心高 $h=\overline{GM}$ は定義により

$$h=\overline{GM}=\overline{BM}-\overline{BG}=\frac{I_x}{V_E}-\overline{BG}=\frac{I_x}{V_E}-a \tag{2・58}$$

前述のとおり，浮体は $h=\overline{GM}>0$ で安定，$h=\overline{GM}<0$ で不安定となるから，浮体の安定条件をまとめると以下のとおりとなる．

$$\begin{aligned}h=\frac{I_x}{V_E}-a>0 &\rightarrow \frac{I_x}{V_E}>a \quad :安定\\ h=\frac{I_x}{V_E}-a=0 &\rightarrow \frac{I_x}{V_E}=a \quad :中立\\ h=\frac{I_x}{V_E}-a<0 &\rightarrow \frac{I_x}{V_E}<a \quad :不安定\end{aligned} \tag{2・59}$$

上記では，x 軸まわりの傾斜に対する安定性を調べた．まったく同様に y 軸まわりの安定性についても，調べることができる．

$$\overline{GM}_y=\overline{BM}_y-\overline{BG}=\frac{I_y}{V_E}-\overline{BG} \tag{2・60}$$

ここに，I_y：浮揚面の y 軸まわりの断面二次モーメントである．浮体の安定性を調べる場合には，より小さな重心上傾心高を示す軸に対して考える必要がある．なお，x 軸まわりと y 軸まわりの両方の安定性を調べて比較する場合は $\overline{BM}$，$\overline{GM}$，h などに下付の添え字を付して区別する必要がある．ただし，混乱しない場合は添え字を省略してもよい．

> **もっと詳しく学ぼう**　縦メタセンター高と横メタセンター高
>
> 　船舶のように浮体の長さが幅に比べて大きい場合には x 軸を長さ方向に，y 軸を幅方向にとることが多い．x 軸まわりの傾斜（横揺れ）に対する傾心高 $\overline{\mathrm{GM}}_x$ は横メタセンター高，y 軸まわりの傾斜（縦揺れ）に対する傾心高 $\overline{\mathrm{GM}}_y$ は縦メタセンター高と呼ばれる．例題 2・8 に示すように，幅方向の傾斜に対して安定であれば長さ方向には十分安定であることから，x 軸まわりの安定性のみ調べればよい．

例題 2・8　直方体浮体の安定性

　図に示すような水に浮かんでいる長さ l_1，幅 l_2（$l_1 > l_2$ とする），高さ H の直方体の浮体の安定条件について考えよ．ただし，浮体の比重を σ，水の比重を σ_w とする．

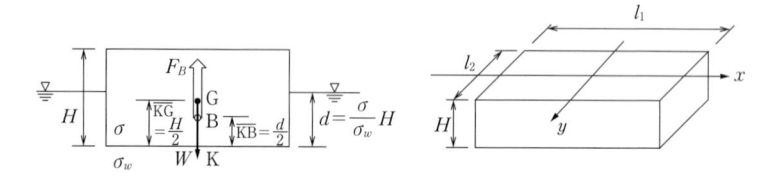

（解）

1) 吃水 d：浮体に作用する重力（$W = \sigma \rho_{w4} g l_1 l_2 H$）と浮力（$F_B = \sigma_w \rho_{w4} g l_1 l_2 d$）の釣合（式(2・50)）より，浮体の吃水 d は

$$d = (\sigma/\sigma_w) H \qquad ①$$

2) $a = \overline{\mathrm{BG}}$：浮体の排水体積 V_E は

$$V_E = l_1 l_2 d = l_1 l_2 (\sigma/\sigma_w) H \qquad ②$$

　浮体の底 K 点から浮心 B までの距離 $\overline{\mathrm{KB}}$ は，吃水の半分になるので

$$\overline{\mathrm{KB}} = (1/2)d = (1/2)(\sigma/\sigma_w) H \qquad ③$$

　浮体の底 K 点から重心 G までの距離 $\overline{\mathrm{KG}}$ は，浮体高さの半分になるので

$$\overline{\mathrm{KG}} = (1/2)H \qquad ④$$

　よって，浮心から重心までの高さ $a = \overline{\mathrm{BG}}$ は

$$\overline{\mathrm{BG}} = \overline{\mathrm{KG}} - \overline{\mathrm{KB}} = (1/2)H - (1/2)(\sigma/\sigma_w)H = (1/2)(1 - \sigma/\sigma_w)H \qquad ⑤$$

3) $\overline{\mathrm{BM}} = I/V_E$：浮揚面は，長さ（$x$ 軸方向）l_1，幅（y 軸方向）l_2 の長方形となるので，浮揚面の x 軸，y 軸まわりの断面二次モーメント I_x，I_y は

2・5 浮力と浮体　47

$$I_x = (1/12)l_1 l_2^3 \qquad I_y = (1/12)l_1^3 l_2 \qquad \text{⑥, ⑦}$$

式(2・60)を参考にすると，同じ浮体に対しては断面二次モーメントが大きい方が安定となる．⑥，⑦を見ると，題意より $I_y > I_x$ である．すなわち，x 軸まわりの安定性が確保できれば，y 軸まわりには十分安定である．よって以後は x 軸に関する安定性のみを検討する．

x 軸まわりの浮心から傾心までの高さを $\overline{BM_x}$ とかけば

$$\overline{BM_x} = \frac{I_x}{V_E} = \frac{(1/12)l_1 l_2^3}{l_1 l_2 (\sigma/\sigma_w)H} = \frac{1}{12}\frac{\sigma_w}{\sigma}\frac{l_2^2}{H} \qquad \text{⑧}$$

4) $h = \overline{GM} = \overline{BM} - \overline{BG}$：$x$ 軸まわりの傾心高を $h_x = \overline{GM_x}$ とかけば

$$h_x = \overline{GM_x} = \overline{BM_x} - \overline{BG} = \frac{1}{12}\frac{\sigma_w}{\sigma}\frac{l_2^2}{H} - \frac{1}{2}\left(1 - \frac{\sigma}{\sigma_w}\right)H \qquad \text{⑨}$$

5) 安定性：式(2・59)より，$h = \overline{GM_x} > 0$ であれば安定であるので

$$l_2 > \sqrt{\frac{(1/2)\{1-(\sigma/\sigma_w)\}H}{(1/12)(\sigma_w/\sigma)/H}} = \sqrt{6\frac{\sigma}{\sigma_w}\left(1 - \frac{\sigma}{\sigma_w}\right)}H \qquad \text{⑩}$$

題意より $l_1 > l_2$ であるから，最終的に安定のための条件は次式となる．

$$l_1 > l_2 > \sqrt{6(\sigma/\sigma_w)(1 - \sigma/\sigma_w)}\,H \qquad \text{⑪}$$

すなわち，直方体の浮体の安定は短辺の長さが安定性を左右することになる．

例題 2・9　二種の比重の物体でできた直方体の安定

図に示すような二種の比重の物体でできた直方体を，比重 $\sigma = 1.0$ の水に浮かべたときの安定・不安定を判定せよ．ただし，この浮体の幅は $B = 3.0\,\mathrm{m}$，奥行き（長さ）$L = 6.0\,\mathrm{m}$ とする．また，上層部の高さ $H_1 = 3.0\,\mathrm{m}$，比重 $\sigma_1 = 0.6$，下層部の高さ $H_2 = 1.0\,\mathrm{m}$，比重 $\sigma_2 = 1.2$ とする．

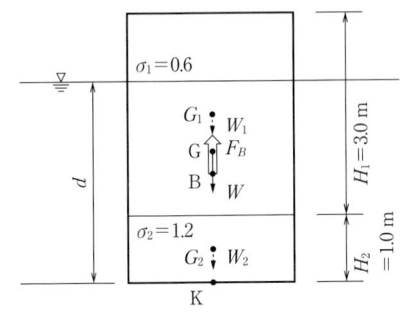

（解）

1) 吃水 d：上層部の重量を W_1，下層部の重量を W_2 とする．幅を B，長さを L とする．全重量 W は

$$W = W_1 + W_2 = (\sigma_1 H_1 + \sigma_2 H_2)\rho_{w4} gBL \qquad \text{①}$$

浮力 F_B は吃水を d として

$$F_B = \rho g V_E = \sigma_w \rho_{w4}\, gdBL \qquad \text{②}$$

浮力と全重量の釣合（式(2・50)）から吃水 d は

$$d = (\sigma_1 H_1 + \sigma_2 H_2)/\sigma_w = (0.6 \times 3.0 + 1.2 \times 1.0)/1.0 = 3.0 \text{ m} \qquad ③$$

2) $a = \overline{BG}$：浮体底面 K から上層部の重心 G_1 までの距離を $\overline{KG_1}$，下層部の重心 G_2 までの距離を $\overline{KG_2}$ とすると $\overline{KG_1}$，$\overline{KG_2}$ は

$$\overline{KG_1} = H_2 + (1/2)H_1 = 1.0 + 3.0/2 = 2.5 \text{ m} \qquad ④$$

$$\overline{KG_2} = (1/2)H_2 = 1.0/2 = 0.5 \text{ m} \qquad ⑤$$

浮体底面 K から重心 G までの距離 $\overline{KG}$ は

$$\overline{KG} = \frac{\overline{KG_1} \cdot W_1 + \overline{KG_2} \cdot W_2}{W} = \frac{\sigma_1 H_1 \cdot \overline{KG_1} + \sigma_2 H_2 \cdot \overline{KG_2}}{\sigma_1 H_1 + \sigma_2 H_2}$$

$$= \frac{(0.6 \times 3.0 \times 2.5 + 1.2 \times 1.0 \times 0.5)}{(0.6 \times 3.0 + 1.2 \times 1.0)} = 1.7 \text{ m} \qquad ⑥$$

浮体底面 K から浮心 B までの距離 $\overline{KB}$ は

$$\overline{KB} = (1/2)d = 3.0/2 = 1.5 \text{ m} \qquad ⑦$$

よって，$a = \overline{BG}$ は

$$\overline{BG} = \overline{KG} - \overline{KB} = 1.7 - 1.5 = 0.2 \text{ m} \qquad ⑧$$

3) $\overline{BM}$：浮揚面二次モーメントは $I_x = (1/12)LB^3$，排水体積は $V_E = dBL$ であるから，式(2·57) より

$$\overline{BM} = I_x / V_E = \frac{(1/12)LB^3}{dBL} = \frac{B^2}{12d} = \frac{3.0^2}{12 \times 3.0} = 0.25 \text{ m} \qquad ⑨$$

4) 安定性の判定：式(2·58) より h は

$$h = \overline{GM} = \overline{BM} - \overline{BG} = 0.25 - 0.20 = 0.05 \text{ m} > 0 \qquad ⑩$$

$\overline{GM} > 0$ となるので，この浮体は安定である．

例題 2·10 **RCケーソンの安定性**

下図に示すような比重 σ の鉄筋コンクリート製のケーソンを比重 σ_w の海水に浮かべる．このときの浮体の安定，不安定を判定せよ．ただし，$\sigma = 2.4$, $\sigma_w = $

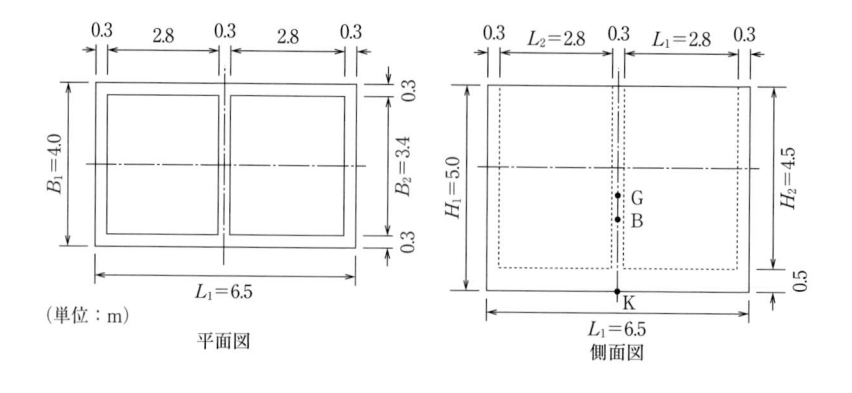

1.03 とする．

（解）
1) ケーソンの自重：ケーソン全体が鉄筋コンクリートで満たされたと仮定した場合の重量 W_1（重心高さ $\overline{KG_1}$）から，内部空間に見合う鉄筋コンクリートの重量 W_2（重心高さ $\overline{KG_2}$）を引いて求める．ケーソン全体の寸法は，$L_1=6.5$ m, $B_1=4.0$ m, $H_1=5.0$ m であり，内部空間は，以下の寸法の空間が2ヵ所ある．

$L_2=2.8$ m, $B_2=4.0-0.3\times2=3.4$ m, $H_2=5.0-0.5=4.5$ m よりケーソンの全重量は $W=W_1-W_2=\sigma\rho_{w4}g(L_1B_1H_1-2L_2B_2H_2)$．また，各部分のケーソン底盤からの重心高さは，$\overline{KG_1}=(1/2)H_1=5.0/2=2.5$ m, $\overline{KG_2}=0.5+(1/2)H_2=0.5+4.5/2=2.75$ m．よって，ケーソン重心位置は

$$\overline{KG}=\frac{\overline{KG_1}W_1-\overline{KG_2}W_2}{W}=\frac{(\overline{KG_1}L_1B_1H_1-2\overline{KG_2}L_2B_2H_2)}{(L_1B_1H_1-2L_2B_2H_2)}$$

$$=\frac{(2.5\times6.5\times4.0\times5.0-2\times2.75\times2.8\times3.4\times4.5)}{(6.5\times4.0\times5.0-2\times2.8\times3.4\times4.5)}=2.017 \text{ m} \qquad ①$$

2) 吃水：浮力と全重量が釣り合うことから $(F_B=W)$，吃水 d は

$$d=\frac{\sigma(L_1B_1H_1-2L_2B_2H_2)}{\sigma_w L_1 B_1}$$

$$=\frac{2.4\times(6.5\times4.0\times5.0-2\times2.8\times3.4\times4.5)}{1.03\times6.5\times4.0}=3.972 \text{ m} \qquad ②$$

3) $a=\overline{BG}$, $h=\overline{GM}$ と浮体の安定性：浮心高さは，$\overline{KB}=(1/2)d$ であるから，$\overline{BG}=\overline{KG}-\overline{KB}=2.017-3.972/2=0.031$ m である．また，浮揚面は長方形であり，二次モーメントは $I_x=(1/12)L_1B_1^3$, 排水体積は $V_E=dB_1L_1$ であるから，最終的に $\overline{GM}$ は

$$h=\overline{GM}=\frac{I_x}{V_E}-\overline{BG}=\frac{B_1^2}{12d}-\overline{BG}=\frac{4.0^2}{12\times3.972}-0.031=0.305 \text{ m}>0 \qquad ③$$

よって，本浮体は安定である．

6　相対的静止

1　慣性力の導入

図 2·16 に示すように，加速度 a で動いている電車に吊り下げられた錘を考える．加速度 $a>0$ のときには，錘は後方に θ 傾いて停止する．今この運動を電車

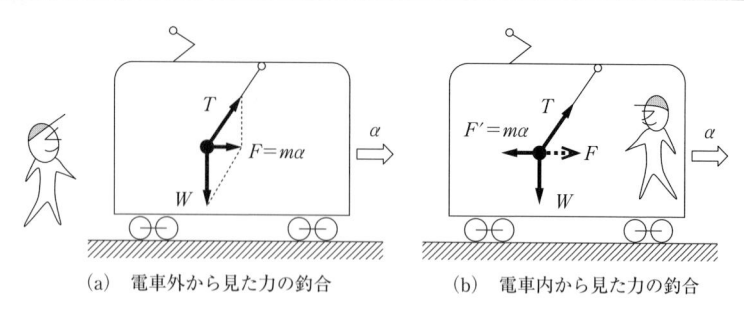

(a) 電車外から見た力の釣合　　(b) 電車内から見た力の釣合

図 2・16　加速度運動と慣性力

の外から観察すると，重力 W と糸に働く張力 T との合力 F が錘に作用し，錘は加速度 α で動いている．ニュートンの運動方程式から合力は，$F=m\alpha$ となる（図 2・16(a)）．一方，電車内から観察すると，加速度が生じているとは認められず，錘は停止しているように見える．重力 W と張力 T との和に釣り合う力 F' が作用して静止しているように見える．F' は，$F=m\alpha$ とは逆向きに作用する仮想の力であり，**慣性力**といわれる（図 2・16(b)）．慣性力を導入することにより，実際には加速度運動をしていても，静力学的な取扱いが可能になる．このような問題は**相対的静止の問題**と呼ばれる．容器が直線運動や回転運動をしている場合に水面形を求める問題などがこれにあたる．

2　相対的静止の考え方

相対的静止の問題の解法としては，(a) 直交原理を使用した方法と (b) 全微分を使用した方法がある．**図 2・17** に示すように水を入れた容器が一定加速度 α で水平に運動する場合を例に解説する．

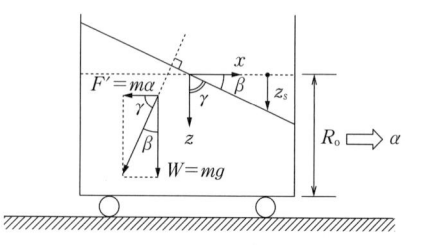

図 2・17　一定加速度で運動する水槽

（a）直交の原理を使用した解法

この解法は質量 m の微小水塊に作用する重力と慣性力の合力の作用方向を求め，水面の形状がこの合力の作用方向と直交することから，水面形を求めるものである．問題を相対的静止の問題と取り扱うため，容器とともに運動する座標で考える．容器内の質量 m の水塊には運動する方向と逆向きに，慣性力 $F'=m\alpha$

が作用する．また重力 $W=mg$ が作用する．よって，合力の作用方向は，水平面から $\tan\gamma=g/\alpha$ だけ傾く．γ は，合力の作用方向の水平面が成す角である．ここで，水面の位置を z_s とすると，水面の勾配は dz_s/dx と書ける．合力の作用方向と水面は直交するので，**直交の原理**（直交する 2 直線の傾きの積は -1 になる）より，$-\tan\gamma\cdot(dz_s/dx)=-(g/\alpha)(dz_s/dx)=-1$．すなわち

$$\frac{dz_s}{dx}=\frac{\alpha}{g} \tag{2・61}$$

境界条件として容器の中央 ($x=0$) で，$z_s=0$ を与えた上で式(2・61)を積分すると z_s として次式を得る．

$$z_s=(\alpha/g)x \tag{2・62}$$

水面と水平面となす角 β は，$\tan\beta=dz_s/dz$ であるから，式(2・61)より

$$\beta=\tan^{-1}(\alpha/g) \tag{2・63}$$

（b） 全微分の原理を用いた解法

関数 f が x, z の関数であるとき，f の増分 df は**全微分の原理**により

$$df=\frac{\partial f}{\partial x}dx+\frac{\partial f}{\partial z}dz \tag{2・64}$$

質量 $m=\rho dxdz$ の微小水塊が相対的静止の状態にあるとき，圧力の釣り合いは**図2・18**に示す通りとなる．これより x 方向の力の釣り合い式は

$$pdz-\left(p+\frac{\partial p}{\partial x}dx\right)dz-\rho dxdz\cdot\alpha=0 \tag{2・65}$$

式(2・65)より $\partial p/\partial x$ は

$$\frac{\partial p}{\partial x}=-\rho\alpha \tag{2・66}$$

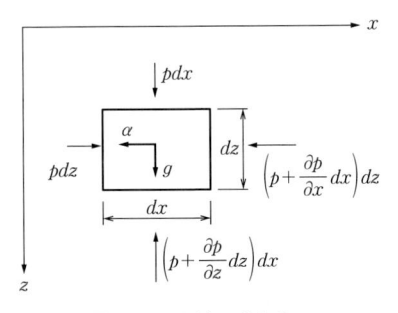

図 2・18 圧力の釣り合い

同様に，鉛直方向の力の釣り合い式は

$$pdx - \left(p + \frac{\partial p}{\partial z}dz\right)dx + \rho g dx dz = 0 \qquad (2\cdot67)$$

式(2·67) より $\partial p/\partial z$ は

$$\frac{\partial p}{\partial z} = \rho g \qquad (2\cdot68)$$

すなわち，$\partial p/\partial x$，$\partial p/\partial z$ は，それぞれ単位体積当たりの慣性力，重力の x 方向，z 方向成分となる．これより，dp の全微分表示は

$$dp = \frac{\partial p}{\partial x}dx + \frac{\partial p}{\partial z}dz = -\rho\alpha dx + \rho g dz \qquad (2\cdot69)$$

$x=0$，$z=0$ で $p=0$ を境界条件に，式(2·69) を積分すると p は

$$p = \int dp = \int -\rho\alpha dx + \int \rho g dz = -\rho\alpha x + \rho g z + C \qquad (2\cdot70)$$

$$p = -\rho\alpha x + \rho g z \qquad (2\cdot71)$$

水表面の位置 z_s は，$p=0$ の等圧面として式(2·71) より

$$z_s = (\alpha/g)x \qquad (2\cdot72)$$

式(2·72) と式(2·62) は一致することがわかる．

このように全微分を用いることで，より簡便に水面形状を知ることができ，同時に圧力分布も求めることができるので，以下では，相対的静止の問題の解法に全微分による方法を用いることとする．

なお，一般的に p が，x, y, z の関数であるとき dp の全微分表示は

$$dp = \frac{\partial p}{\partial x}dx + \frac{\partial p}{\partial y}dy + \frac{\partial p}{\partial z}dz = \rho(Xdx + Ydy + Zdz) \qquad (2\cdot73)$$

式(2·69) と比較すれば，X, Y, Z は，それぞれ x, y, z 方向に作用する単位質量当たりの慣性力（加速度）と等しいこととなる．

3 相対的静止の例題

例題 2·11 容器の鉛直方向直線運動

水の入った容器を鉛直に一定加速度 α で下向きに動かす場合の圧力分布について考えよ．

(解)

図に示すように，微小ユニットに作用する慣性力を考える．単位質量当たりの慣性力

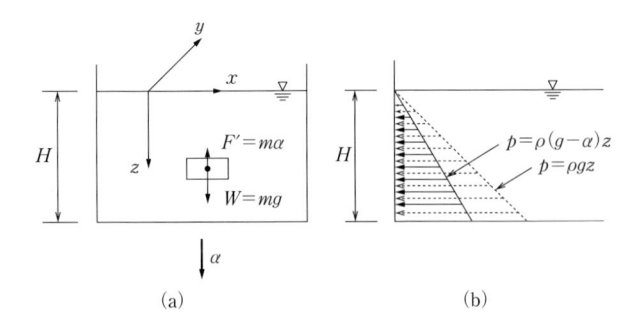

は鉛直方向のみ存在し，$X=0$, $Y=0$, $Z=g-\alpha$ となる．全微分表示式(2・73) に代入して

$$dp = \rho(Xdx + Ydy + Zdz) = \rho(g-\alpha)dz \qquad ①$$

この式を境界条件 $z=0$ で $p=0$ のもとに積分すれば

$$p = \int dp = \int \rho(g-\alpha)dz = \rho(g-\alpha)z + C \qquad ②$$

$$p = \rho(g-\alpha)z \qquad ③$$

式③より水圧 p は，鉛直下方への加速度 α に応じて圧力が減少することがわかる．なお，加速度 α が負，すなわち，鉛直上方に加速度運動する場合には逆に圧力は大きくなることになる．

例題 2・12 斜め上方向への直線運動

図に示すように水の入った幅 B の容器を角度 θ の斜面に沿って，一定加速度 α で引き上げる場合の水面形，圧力分布，後端壁面に作用する力を考察せよ．容器の長さは $2L$ とし，容器が静止しているときの後端の水深を H とする．

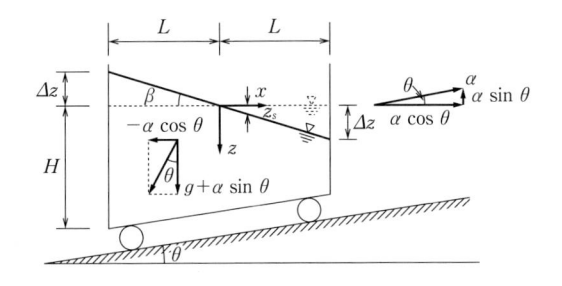

(解)

単位質量当たりの慣性力 X, Y, Z は，$X = -\alpha\cos\theta$, $Y=0$, $Z = g + \alpha\sin\theta$ となるので，式(2・73) より

$$dp = \rho(Xdx + Ydy + Zdz) = \rho\{-\alpha\cos\theta dx + (g + \alpha\sin\theta)dz\} \quad \text{①}$$

積分すると

$$p = \int dp = \int -\rho\alpha\cos\theta dx + \int \rho(g + \alpha\sin\theta)dz$$

$$= -\rho\alpha\cos\theta x + \rho(g + \alpha\sin\theta)z + C \quad \text{②}$$

水面の位置 z_s は，$p=0$ の等圧面として与えられるから

$$z_s = \frac{\alpha\cos\theta x - C/\rho}{g + \alpha\sin\theta} \quad \text{③}$$

$x=0$ で $z_s=0$ の条件から積分定数 $C=0$ となり，圧力 p および水面位置 z_s は

$$p = -\rho\alpha\cos\theta x + \rho(g + \alpha\sin\theta)z \quad \text{④}$$

$$z_s = \frac{\alpha\cos\theta}{g + \alpha\sin\theta}x \quad \text{⑤}$$

水面の傾き β は

$$\tan\beta = \frac{z_s}{x} = \frac{\alpha\cos\theta}{g + \alpha\sin\theta} \quad \text{より} \quad \beta = \tan^{-1}\left(\frac{\alpha\cos\theta}{g + \alpha\sin\theta}\right) \quad \text{⑥}$$

一方容器の前端における変化量 Δz は，式⑤に $x=L$ を代入して

$$\Delta z = \frac{\alpha\cos\theta}{g + \alpha\sin\theta}L \quad \text{⑦}$$

後端壁面に作用する全水圧 P は，式④に $x=-L$ を代入して，全水深で積分することにより

$$P = B\int_{-\Delta z}^{H} pdz = B\int_{-\Delta z}^{H}\{\rho\alpha\cos\theta L + \rho(g + \alpha\sin\theta)z\}dz$$

$$= \frac{1}{2}\rho B(H + \Delta z)\{2\alpha\cos\theta L + (g + \alpha\sin\theta)(H - \Delta z)\} \quad \text{⑧}$$

式⑦を用いて変形すると，P は最終的に次式となる．

$$P = \frac{1}{2}\rho B(H + \Delta z)\left\{2\alpha\cos\theta L + (g + \alpha\sin\theta)\left(H - \frac{\alpha\cos\theta L}{g + \alpha\sin\theta}\right)\right\}$$

$$= \frac{1}{2}\rho B(g + \alpha\sin\theta)(H + \Delta z)^2 \quad \text{⑨}$$

すなわち，鉛直加速度 $g + \alpha\sin\theta$，水深が $H + \Delta z$ の場合の全静水圧に相当する．

例題 2・13　容器の回転運動

図に示す通り水の入っている円筒水槽が角加速度 ω で回転している場合の水槽内の水面形について考える．ただし，円筒水槽の半径を R とし，回転していないときの水深を H とする．

（解）

回転運動する流体に作用する慣性力は，遠心力と呼ばれるものであり，半径方向外向

2・6 相対的静止

きに作用する．中心から x の距離での円周方向の流速は $v=x(d\theta/dt)=x\omega$ より，加速度は，$\alpha=v^2/x=x\omega^2$ となる．単位質量当たりの慣性力 X, Y, Z は，$X=x\omega^2$, $Y=0$, $Z=g$ となるので，式(2・73)に代入して

$$dp=\rho(Xdx+Ydy+Zdz)$$
$$=\rho(x\omega^2dx+gdz) \qquad ①$$

式①を積分して圧力 p を求める．

$$p=\int dp=\int \rho x\omega^2 dx+\int \rho g dz$$
$$=(1/2)\rho\omega^2 x^2+\rho gz+C \qquad ②$$

水面の位置 z_s は，$p=0$ の等圧面として与えられるから

$$z_s=-\omega^2 x^2/2g-C/\rho g=-\omega^2 x^2/2g+C' \qquad ③$$

今，静止時と回転時で容器の中にある水の体積は不変であるので

$$\int_0^R 2\pi x z_s dx=\int_0^R 2\pi x\left(-\frac{\omega^2 x^2}{2g}+C'\right)dx=2\pi\left(-\frac{\omega^2 R^4}{8g}+\frac{C'R^2}{2}\right)=0 \qquad ④$$

これより積分定数は

$$C'=\frac{2}{R^2}\frac{\omega^2 R^4}{8g}=\frac{\omega^2 R^2}{4g}, \quad C=-\rho g C'=-\rho\omega^2 R^2/4 \qquad ⑤, ⑥$$

水面形は，式⑤を式③に代入して

$$z_s=-\frac{\omega^2 x^2}{2g}+\frac{\omega^2 R^2}{4g} \qquad ⑦$$

圧力分布は，式⑥を式②に代入して

$$p=\frac{1}{2}\rho\omega^2 x^2+\rho gz-\frac{\rho\omega^2 R^2}{4}=\rho g\left(z+\frac{\omega^2 x^2}{2g}-\frac{\omega^2 R^2}{4g}\right)=\rho g(z-z_s) \qquad ⑧$$

圧力は，水位の上昇を考慮した静水圧に等しい．

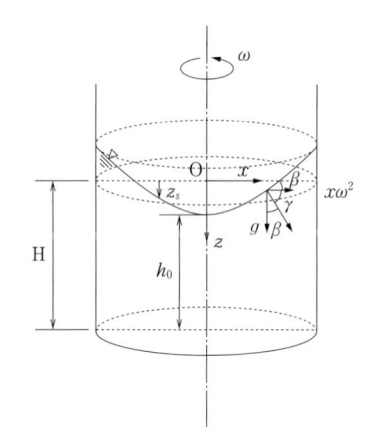

第 2 章 静　水　力　学

演習問題

1. 図に示す傾斜マノメータの読み取りがあった．点 A での水圧を求めよ．ただし，水の密度 $\rho_w = 1\,000\ \mathrm{kg/m^3}$ とする．

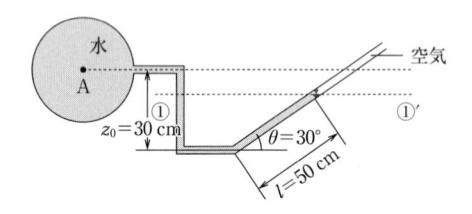

2. 平均水深 10 m の海底に圧力計を設置した．台風が接近した際の大気圧 p_0 と水深 h の変化が図のように得られた．12 時において計測される圧力を絶対圧力とゲージ圧力で求めよ．ただし，海水の密度は $\rho_w = 1\,030\ \mathrm{kg/m^3}$ とする．

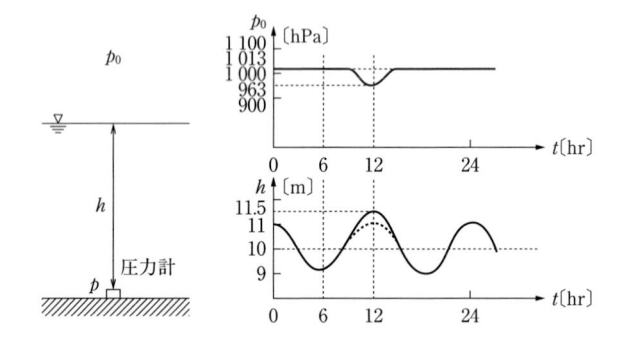

演習問題

3 図に示すような直径 $d=2.0$ m，長さ $l=6.0$ m の円管の周りを比重 $\sigma=2.4$ の液体で深さ $h=1.0$ m で満たす．(1) 片側のみを満たす場合，(2) 両側を満たす場合，円管に働く全静水圧とその作用点の位置を求めよ．(3) 両側を満たす場合に，円管の質量が 10 t であるとすると円管はどうなるか．

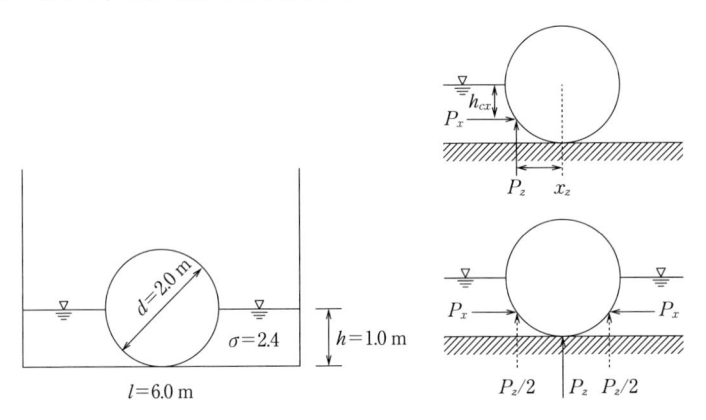

4 図に示すように水槽の孔のあいた部分にカップ状（直径 d，長さ l，質量 m）の函体がかぶせられている．函体と底面の間は，パッキンで止水されており，函体内部の空間は，大気圧に保たれている．

図に示すとおり，函体表面が静水面から h_1 の深さにあるとき，この函体に作用する力（水平成分，鉛直成分）を求めよ．

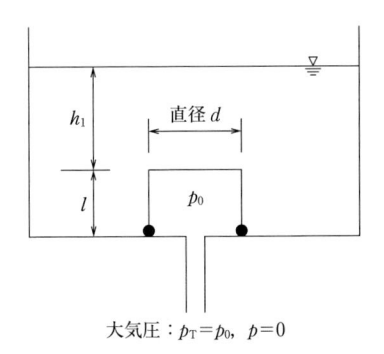

大気圧：$p_T = p_0$, $p = 0$

第2章 静水力学

5 図に示すラジアルゲートに働く全静水圧および作用線の方向を求めよ．ただし，$r=4$ m, $\theta=60°$, ゲート幅 $B=2$ m, 水深 $H=5$ m, 水の密度 $\rho=1\,000$ kg/m³ とする．

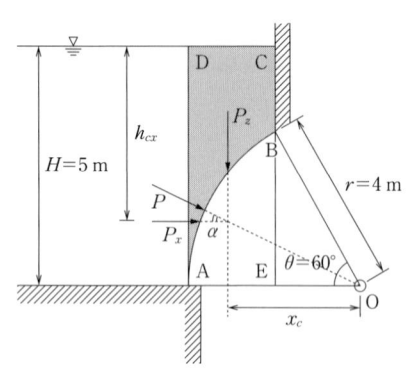

6 図に示す直方体のケーソン（中空の箱）がある．ケーソンの重量 $W_0=9\,000$ kN, 重心高さ $\overline{KG_0}=x=15$ m, 幅 $b=5.0$ m, 長さ $L=20$ m, 高さ $H=30$ m がある．壁の厚みは無視できるほど薄いと仮定し，ケーソン内にはバラスト（錘）を充填することができる．

(1) バラストを入れない場合のケーソンの吃水，傾心高を計算して安定性を確かめよ．

(2) 密度 $\rho_B=2\,100$ kg/m³ のバラストを $h_B=5$ m 充填した場合の吃水，傾心高を計算して安定性を確かめよ．

ただし，水の密度は $\rho_w=1\,000$ kg/m³ とする．

7 図に示すような高さ $H=4$ m, 横幅 $l=6.0$ m, 奥行き $B=5.0$ m の水槽に水が水深 $h=2.0$ m で入れられている．

(1) 加速度 $a=3.0$ m/s² でこの水槽を水平右向きに引っ張る．このときの水面形を求めよ．

(2) 加速度 a を大きくするとき，水が溢れない限界の加速度を求めよ．

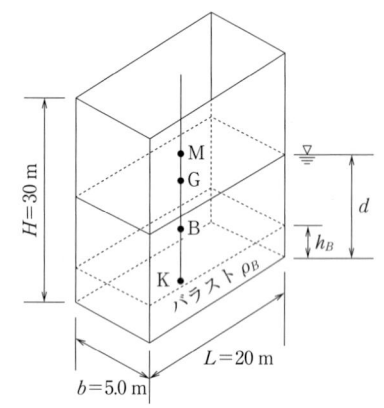

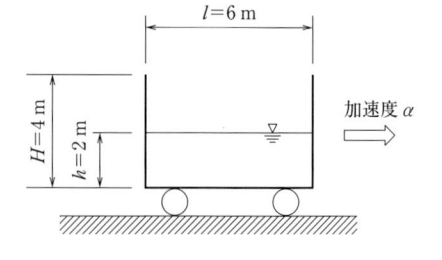

質量の保存則（連続の式）とエネルギーの保存則（ベルヌーイの定理）

第3章

　与えられた空間内で流体の質量が発生も消滅もしないことを質量の保存則という．これを数学的に記述したものは連続の式と呼ばれる．また，粘性がない流体（完全流体）では，流れに伴うエネルギー損失が無視できる．つまり，流れのエネルギーは保存される．これを数学的に記述したものがベルヌーイの定理である．本章では連続の式とベルヌーイの定理を誘導し，それぞれを使用して水理学の基礎的諸問題を取り扱う．

1 質量の保存則（連続の式）

　図3·1のように水が流れる管を考える．管を横切る流れは無いので，定常状態ではA，B断面を単位時間に通過する流れの質量は等しい．その結果，質量の保存則として次式が成立する．

$$\rho Q_1 = \rho Q_2 \tag{3·1}$$

ここに，ρは水の密度，Q_1，Q_2はそれぞれA，B断面を通過する管内流量である．

　式(3·1)において水の密度ρを一定として，水理学でよく使用される連続の式と呼ばれる次式が成立する．

$$Q_1 = A_1 v_1 = A_2 v_2 = Q_2 \Rightarrow Q = Av = \text{一定} \tag{3·2}$$

ここに，Aは管断面積，vは管内流速，添字1，2はそれぞれA，B断面での値であることを表す．

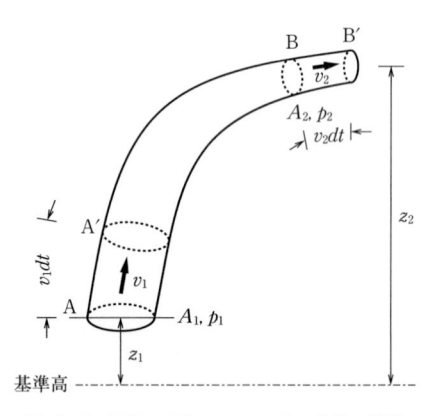

図3·1 連続の式とベルヌーイの定理の誘導

2 エネルギーの保存則（ベルヌーイの定理）

1 ベルヌーイの定理の誘導

本項では流れに伴うエネルギー損失を無視して扱うことが可能である，完全流体（粘性が無視できる流体）について考える．ここで，図3·1のように流管中のAB区間の流体塊が微小時間 dt に A′B′ 区間に流れて移動した場合を考える．この問題は，A′B区間が共通部分であるから，AA′の流体塊がBB′に移動した問題に置き換えてよい．このときの運動エネルギーの増加は，剛体の質量 m に対応する量が $\rho Q dt$ であるから

$$\frac{1}{2}m_2 v_2^2 - \frac{1}{2}m_1 v_1^2 = \frac{1}{2}(\rho Q_2 dt)v_2^2 - \frac{1}{2}(\rho Q_1 dt)v_1^2 : 運動エネルギーの増加$$

(3·3)

ここに，添字1, 2は流体の移動の前後の値であることを表している．

同様に位置エネルギーの増加は，重力の加速度を g，断面AとBの基準高からの高さをそれぞれ z_1, z_2 とすると

$$m_2 g z_2 - m_1 g z_1 = (\rho Q_2 dt)g z_2 - (\rho Q_1 dt)g z_1 : 位置エネルギーの増加$$

(3·4)

一方，管内流動は圧力によってもたらされるが，圧力が dt 時間当たりになす仕事（＝力×距離）は断面A，Bの面積を A_1, A_2 として

$$p_1 A_1 \cdot v_1 dt - p_2 A_2 \cdot v_2 dt = p_1 Q_1 dt - p_2 Q_2 dt : 圧力のなす仕事 \quad (3·5)$$

以上より，流体塊の移動前後の流体の持つ運動エネルギーと位置エネルギーの増加の合計は，圧力がなした仕事と一致するので次式が成立する．

$$\underbrace{\frac{1}{2}\rho Q_2 dt v_2^2 - \frac{1}{2}\rho Q_1 dt v_1^2}_{(運動エネルギーの増加)} + \underbrace{\rho Q_2 dt g z_2 - \rho Q_1 dt g z_1}_{(位置エネルギーの増加)} = \underbrace{p_1 Q_1 dt - p_2 Q_2 dt}_{(圧力のなす仕事)} \quad (3·6)$$

上式に連続の条件（$Q_1 = A_1 v_1 = A_2 v_2 = Q_2 = Q$，式(3·2)参照）を考慮し，$\rho Q g dt$ で割ると式(3·7)が成立する．同式より流れ（流線）に沿って式(3·8)が成立することがわかる．

$$\frac{v_1^2}{2g} + \frac{p_1}{\rho g} + z_1 = \frac{v_2^2}{2g} + \frac{p_2}{\rho g} + z_2 \quad (3·7)$$

第3章　質量の保存則（連続の式）とエネルギーの保存則（ベルヌーイの定理）

$$H = \frac{v^2}{2g} + \frac{p}{\rho g} + z = 一定 \qquad (3・8)$$

（速度水頭）（圧力水頭）（位置水頭）

式(3・8)の各項は長さの次元を持っており，それぞれ，速度水頭 $v^2/2g$，圧力水頭 $p/\rho g$，位置水頭 z と呼ばれている．同式は，流れの単位重量 ρg 当たりのエネルギーの総和 H が流れ方向に一定であることを示している．これを**ベルヌーイの定理**と呼んでいる．また，H を**全エネルギー水頭**，$E_p = p/\rho g + z$ を**ピエゾ水頭**と呼ぶ．なお，位置水頭は任意の高さを基準高として定めればよい．

【POINT】　剛体と流体のエネルギー保存則の比較

剛体の持つエネルギーは運動エネルギー $(1/2)mv^2$ と位置のエネルギー mgz の和で与えられるから，単位重量当たりの値は $(1/2g)v^2 + z$ となる．流体の場合はこれに圧力のエネルギー $p/\rho g$ が加わる（式(3・8)参照）．

【POINT】　エネルギー損失を無視したベルヌーイの定理の適用条件

ベルヌーイの定理（式(3・8)）は流れに伴うエネルギー損失が無視できるような短い距離で生ずる現象に適用する．一方，考える流れの区間が長いためにエネルギー損失が無視できない場合は，次頁の式(3・9)に示すように損失水頭の項を付加する必要がある．

もっと詳しく学ぼう　　ダニエル・ベルヌーイとベルヌーイの定理

ダニエル・ベルヌーイは水槽の側壁に設けられた水平な管から水が流出する問題を運動量保存則を使用して分析している．その分析中には現在ベルヌーイの定理と呼ばれる公式を構成する三つの項が現れている．しかし，彼の分析では運動量の原理と伝統的な流出の原理を独立に用いているものの，それぞれの原理中には三つの項の内の二つの項のみが用いられているに過ぎない．すなわち，ダニエル・ベルヌーイは位置エネルギー，運動エネルギー，圧力のなす仕事の三つの項を同時に考察した最初の人ではない．

2 エネルギー損失とベルヌーイの定理

式(3・8)は完全流体を仮定して流れに伴うエネルギー損失を無視して誘導された．一方，エネルギー損失が無視できない場合にもベルヌーイの定理が準用され，式(3・7)に損失水頭の項を付加して次式のように書き直される．

$$\frac{v_1^2}{2g} + \frac{p_1}{\rho g} + z_1 = \frac{v_2^2}{2g} + \frac{p_2}{\rho g} + z_2 + h_f + h_l \qquad (3 \cdot 9)$$

ここに，h_f，h_l は水頭の形で表したエネルギー損失であり，それぞれ摩擦損失水頭，形状損失水頭とよばれる．なお，式(3・9)の実際の問題への適用方法については「第6章 管水路の流れ」，「第7章 開水路の流れ」において具体的に示す．

3 ベルヌーイの定理の適用事例

本項ではベルヌーイの定理の適用事例を示す．

例題3・1 水槽に接続した流出管からの流出—その1

図のように流速を無視しうるほど大きな水槽にD点が縮小している流出管B-D-Cが接続している．このとき，C点からの流出流速 v_C，流出流量 Q_C およびD点の圧力水頭 $p_D/\rho g$ を求めよ．なお，水槽の水位 h は水の供給により一定に保たれているとする．

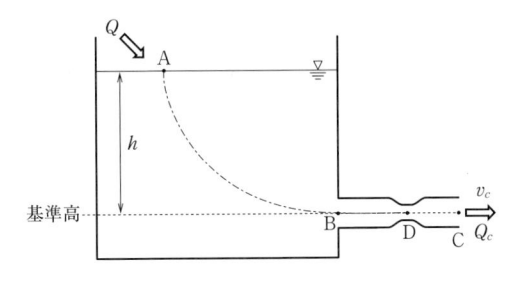

(解)
流出管の高さを基準高とし，水表面上のA点と管の出口のC点間にベルヌーイの定理を適用する．ここで，$z_C=0$，$z_A=h$，$p_A/\rho g = p_C/\rho g = 0$（大気に接する），$v_A=0$（水面の位置は変化しない）と近似できる．よって，流出速度 v_C と流出流量 Q_C はC点の断面積を $A_C (= \pi d_C^2/4$，d_C はC点の円管の内径) として

$$\underbrace{\frac{\cancel{v_A^2}}{2g}}_{\sim 0} + \underbrace{\frac{\cancel{p_A}}{\rho g}}_{\sim 0} + \underbrace{z_A}_{\sim h} = \frac{v_C^2}{2g} + \underbrace{\frac{\cancel{p_C}}{\rho g}}_{\sim 0} + \underbrace{\cancel{z_C}}_{\sim 0} \;\Rightarrow\; z_A = \frac{v_C^2}{2g} \;\Rightarrow\; h = \frac{v_C^2}{2g} \qquad ①$$

$\Rightarrow\; v_C = \sqrt{2gh}$ ：流出速度

$$\Rightarrow \quad Q_C = v_C A_C = \sqrt{2gh}\, A_C = \sqrt{2gh}\,(\pi d_C^2/4) : 流出流量$$

次に，D 点-C 点間にベルヌーイの定理を適用し，$z_C = z_D = 0$，$p_C/\rho g = 0$ とおくと，$p_D/\rho g$ は

$$\frac{v_D^2}{2g} + \frac{p_D}{\rho g} + \underbrace{z_D}_{\sim 0} = \frac{v_C^2}{2g} + \underbrace{\frac{p_C}{\rho g}}_{\sim 0} + \underbrace{z_C}_{\sim 0} \quad \Rightarrow$$

$$\frac{p_D}{\rho g} = \frac{v_C^2}{2g} - \frac{v_D^2}{2g} = \frac{v_C^2}{2g}\left\{1 - \left(\frac{A_C}{A_D}\right)^2\right\} = \frac{v_C^2}{2g}\left\{1 - \left(\frac{d_C}{d_D}\right)^4\right\} \quad ②$$

同式より流速が速い流出管収縮部の D 点の圧力が低下することがわかる．

【POINT】 ベルヌーイの定理の適用上の留意点

① 厳密にはベルヌーイの定理は流れの流管に沿って成立する．管路の計算では管路を流管とみなしてベルヌーイの式を適用する．

② 2 点間にベルヌーイの定理を適用するときは，一方の点を大気と接する点 ($p/\rho g = 0$)，もしくは，大きな水槽内の点 (流速が $v \sim 0$) にとると問題が解きやすい．

③ 基準高は問題の特徴が理解しやすいように適切な高さに設定すればよい．

例題 3·2　水槽に接続した流出管からの流出—その2

図に示すように水槽内の流速を無視しうるほど大きな水槽に管径一定の流出管 B-C-D が接続している．この場合の流出管からの流出速度 v_D，流出流量 Q_D および水槽内と流出管の静水圧分布を求めよ．ただし，水槽の水位 h は流出流量 Q_D に相当する水の供給により一定に保たれているとする．

(解)

流出速度 v_D と流出流量 Q_D：A-D 間にベルヌーイの定理を適用（基準高は C-D の高さ）し，$p_A/\rho g = p_D/\rho g = 0$（大気に接する），$v_A = 0$，$z_D = 0$，$z_A = h + L$ と置

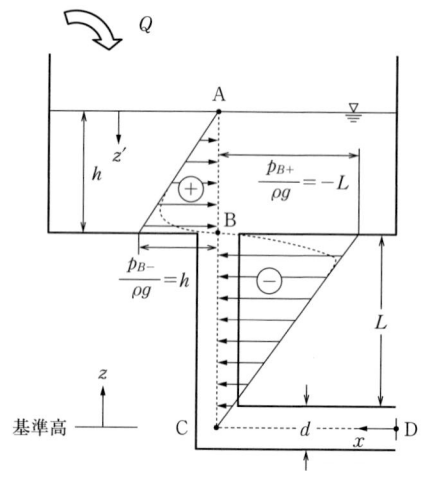

管内圧力分布図

くと流出管からの放出速度 v_D と流出流量 Q_D は，流出管の D 点の内径を d_D として

$$\underbrace{\frac{v_A^2}{2g}}_{\sim 0} + \underbrace{\frac{p_A}{\rho g}}_{\sim 0} + \underbrace{z_A}_{\sim h+L} = \underbrace{\frac{v_D^2}{2g}}_{} + \underbrace{\frac{p_D}{\rho g}}_{\sim 0} + \underbrace{z_D}_{\sim 0} \Rightarrow z_A = \frac{v_D^2}{2g} \Rightarrow h+L = \frac{v_D^2}{2g}$$

$$\Rightarrow v_D = \sqrt{2g(h+L)} : 流出速度 \quad ①$$

$$\Rightarrow Q_D = v_D A_D = \sqrt{2g(h+L)}\left(\frac{\pi d_D^2}{4}\right) : 流出流量$$

静水圧分布：流出管の点 D-C 間の任意の点 x と出口の D 点間にベルヌーイの定理を適用すると，$p_D/\rho g = 0$（大気に接する），$v_D = v_x$（管径が等しい），$z_D = z_x = 0$（高さは同一）より $p_x/\rho g$ は

$$\underbrace{\frac{v_D^2}{2g}}_{} + \underbrace{\frac{p_D}{\rho g}}_{\sim 0} + \underbrace{z_D}_{\sim 0} = \frac{v_x^2}{2g} + \frac{p_x}{\rho g} + \underbrace{z_x}_{\sim 0} \Rightarrow \frac{p_x}{\rho g} = \frac{v_D^2}{2g} - \frac{v_x^2}{2g} = 0 \quad ②$$

一方，流出管の B-C 間の任意の高さ z の点と出口の D 点間にベルヌーイの定理を適用すると，$p_D/\rho g = 0$（大気に接する），$z_D = 0$，$v_z = v_D$（管径が等しい）より $p_z/\rho g$ は

$$\underbrace{\frac{v_D^2}{2g}}_{} + \underbrace{\frac{p_D}{\rho g}}_{\sim 0} + \underbrace{z_D}_{\sim 0} = \frac{v_z^2}{2g} + \frac{p_z}{\rho g} + \underbrace{z_z}_{\sim z} \Rightarrow \frac{p_z}{\rho g} = -z \quad ③$$

式③より，水槽との接続点，点 B の直下流の点 B^+ における圧力水頭 $p_{B^+}/\rho g$ は $z=L$ とおいて $p_{B^+}/\rho g = -L$ となる．なお，水槽内の水圧 p は水面から下向に採った座標を z' として，静水圧分布 $p_{z'}/\rho g = z'$ で与えられる．よって B^-（水底）の圧力水頭は $p_{B^-}/\rho g = h$ となる．

以上より得られる水圧分布を問図に併せて示す．同図に示すように水槽内と流出管の接続点（点 B）で正から負の値に不連続的に変化する．なお，流出管の先端部を立ち上げた事例を演習問題に示す．

POINT 例題 3·2 の圧力分布の作図法と留意点

① 問図中の p_{B^-} の－は点 B への流入直前（点 B^- と表記する），p_{B^+} の＋は流入直後（点 B^+ と表記する）の値であることを表す．

② 点 B の圧力の不連続は水の粘性を無視したためであり，実際には問図中の破線に示すように連続的に変化する．

③ 水槽内水深 h は式①より計算され，$h = v_D^2/2g - L$ となる．

例題 3·3 **流出管からの非定常流出**

図のように表面積 A の水供給のない大きな水槽に接続した直径 d の流出管より水を流出させる場合を考える．このとき，水槽の水深 H と経過時間 t に関する変化を表す式を求めよ．ただし，$t=0$ で $H=H_0$ とする．

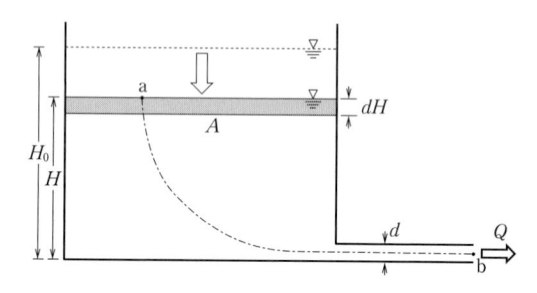

（解）

微小時間 dt における水槽内の水面の下降量を dH とすると流出管からの流出流量 Q は $-(dH/dt)A=Q$（左辺の $-$ は水面が下降の意で表される）で与えられる．ここで，水面上の点 a と流出管の先端の点 b 間で，流出管の高さを基準高としてベルヌーイの定理を適用すると，$v_a=0$, $z_a=H$, $z_b=0$（流出管の管径は小さいと考える），$p_a/\rho g = p_b/\rho g = 0$（大気に接する）より，流出速度 $v=v_b$ と流出流量 Q は

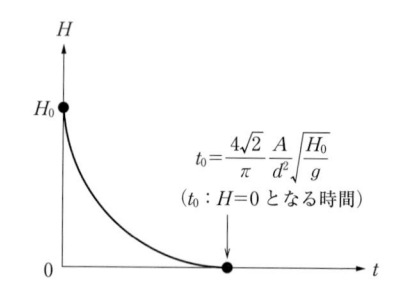

$$t_0 = \frac{4\sqrt{2}}{\pi} \frac{A}{d^2} \sqrt{\frac{H_0}{g}}$$

（t_0：$H=0$ となる時間）

$$\frac{\cancel{v_a^2}}{2g} + \cancel{\frac{p_a}{\rho g}} + z_a = \frac{v_b^2}{2g} + \cancel{\frac{p_b}{\rho g}} + \cancel{z_b} \Rightarrow H = \frac{v_b^2}{2g}$$
$$\quad\sim 0 \quad\sim 0 \quad\sim H \qquad\sim 0 \quad\sim 0$$

$$\Rightarrow v = v_b = \sqrt{2gH} \quad：流出速度$$

$$\Rightarrow Q = v_b\left(\frac{1}{4}\pi d^2\right) = \sqrt{2gH}\left(\frac{1}{4}\pi d^2\right) \quad：流出流量 \qquad ①$$

式①を $-(dH/dt)A=Q$ に代入して求められる dH/dt を積分すると

3・2 エネルギーの保存則（ベルヌーイの定理）

$$\frac{dH}{dt} = -\frac{Q}{A} = -\frac{\pi d^2}{4}\frac{1}{A}\sqrt{2gH} \Rightarrow H = \frac{1}{4}\left(-\frac{\pi d^2}{4A}\sqrt{2g}\,t + C\right)^2 \quad ②$$

初期条件 $t=0$ で $H=H_0$ より式②の積分定数 C は $C=2\sqrt{H_0}$ と求められる．よって，H と t の関係式は次式で与えられる．

$$H = \frac{1}{4}\left(-\frac{\pi d^2}{4A}\sqrt{2g}\,t + 2\sqrt{H_0}\right)^2 \quad ③$$

なお，完全に排水するための時間 t_0 は式③で $H=0$ とおいて次式で与えられる（解図参照）．

$$t_0 = \frac{4\sqrt{2}}{\pi}\frac{A}{d^2}\sqrt{\frac{H_0}{g}} \quad ④$$

4　ベルヌーイの定理の工学的応用

本項ではベルヌーイの定理を応用した流速測定・流量測定器機について述べる．

（a）ピトー管

ピトー管とは2本の細管A，Bを一体化したものであり，ベルヌーイの定理を応用して流速を測定するための計器である．**図3・2**に示すように管Aの先端部（点a）は開き，管Bの先端部は密閉され側壁部分に小孔（点b）が開けてある．また，それぞれの細管はマノメータA，Bにつながれている．ここでは，ピトー管を流速 v の流れの中の水深 H の地点に挿入することを考える．

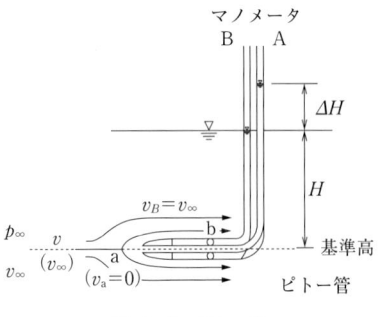

図 3・2　ピトー管

十分上流の点（+∞の地点）で流速 $v_\infty(=v)$ の流れがピトー管の先端部（点a）で一旦静止（$v_a=0$）した後に，流れが回り込み，点bで流速が回復して再び $v_b=v_\infty(=v)$ に達すると考える（図3・2参照）．このとき，管Aのマノメータの水位が水面より ΔH だけ上昇したとする（点Bのマノメータの水位は水面と一致）．ここで，十分上流（+∞）の点と流速が0の点a（澱み点という）間および点b間でピトー管のサイズは小さいと考えた上でピトー管の高さを基準高としてベルヌーイの式を立てると

$$\underbrace{\frac{v_\infty^2}{2g} + \frac{p_\infty}{\rho g} + \cancel{z_\infty}}_{\substack{\sim \frac{v^2}{2g} \quad \sim H \quad \sim 0 \\ +\infty\,\text{点}}} = \underbrace{\frac{v_a^2}{2g} + \frac{p_a}{\rho g} + \cancel{z_a}}_{\substack{\sim 0 \quad \sim H+\Delta H \quad \sim 0 \\ \text{a 点}}} = \underbrace{\frac{v_b^2}{2g} + \frac{p_b}{\rho g} + \cancel{z_b}}_{\substack{\sim \frac{v^2}{2g} \quad \sim H \quad \sim 0 \\ \text{b 点}}} \qquad (3\cdot10)$$

上式の $+\infty$-a 点間の関係において，$z_\infty = z_a = 0$，$v_a = 0$，$v_\infty = v$ と置くと $p_a/\rho g$ は

$$\frac{p_a}{\rho g} = \frac{v_\infty^2}{2g} + \frac{p_\infty}{\rho g} = \frac{v^2}{2g} + H = \Delta H + H \qquad (3\cdot11)$$

同様に $+\infty$-b 点間の関係において，$z_\infty = z_b = 0$，$v_b = v_\infty = v$ と置くと $p_b/\rho g$ は

$$\frac{p_b}{\rho g} = \left(\frac{v_\infty^2}{2g} - \frac{v_b^2}{2g}\right) + \frac{p_\infty}{\rho g} = \frac{p_\infty}{\rho g} = H \qquad (3\cdot12)$$

式(3·11)，式(3·12) より，流速 v は

$$\frac{v^2}{2g} = \frac{p_a}{\rho g} - \frac{p_b}{\rho g} = \Delta H \quad \Rightarrow \quad v = \sqrt{2g\Delta H} \qquad (3\cdot13)$$

式(3·13) より，ピトー管の両マノメータの差圧を計測すれば流速が測定できることがわかる．なお，式(3·13) は式(3·11) より直接求めることもできる．

【POINT】 ピトー管

　図3·2の点 a に接続されたマノメータでは静水圧のほかに流速 v が静止するときに生ずる圧力（澱み圧もしくは動圧 $v^2/2g$ という）も併せて感知するので点 b のマノメータの水位 H より ΔH だけ水位が高くなる．なお，実際のピトー管ではエネルギー損失を考慮するために補正係数 C_v を用いて $v = C_v\sqrt{2g\Delta H}$ として流速を求める（C_v は流速計数と呼ばれる実験定数）．

（b）　ベンチュリー管

　ベンチュリー管とは図3·3のように管の途中を絞った収縮管路であり，管内流量を測定するための計器である．図中には上下にそれぞれ一対のマノメータが描かれているが，ここでは上部のマノメータについて考える（下部マノメータについては第3章"もっと詳しく学ぼう"「大流量を計測するベンチュリー管による差圧測定法」参照）．

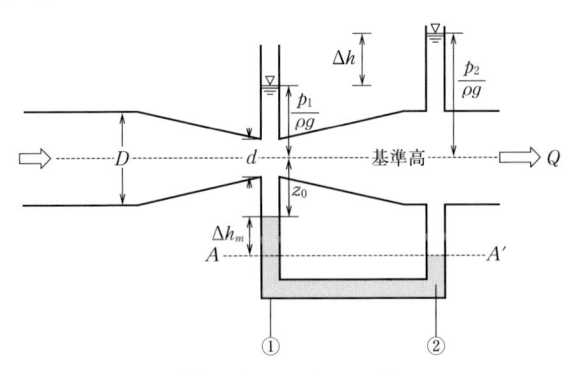

3・2 エネルギーの保存則（ベルヌーイの定理）

図3・3 ベンチュリー管

管路の収縮部（断面①）と拡大部（断面②）間で，管の中心を基準高としてベルヌーイの式を適用し，$z_1=z_2=0$ と置くと，両断面の圧力水頭の差 $\Delta h(=(p_2-p_1)/\rho g)$ は

$$\frac{v_1^2}{2g}+\frac{p_1}{\rho g}+\underset{\sim 0}{\cancel{z_1}}=\frac{v_2^2}{2g}+\frac{p_2}{\rho g}+\underset{\sim 0}{\cancel{z_2}} \Rightarrow \Delta h=\frac{p_2-p_1}{\rho g}=\frac{v_1^2}{2g}-\frac{v_2^2}{2g} \quad (3\cdot 14)$$

ここで，断面①の断面積と管径を A_1, d，断面②のそれを A_2, D とすると，連続の条件（$Q=$一定）より v_1 は

$$Q=v_1A_1=v_2A_2 \Rightarrow v_1\frac{1}{4}\pi d^2=v_2\frac{1}{4}\pi D^2 \Rightarrow v_1=v_2\left(\frac{D}{d}\right)^2 \quad (3\cdot 15)$$

式(3・15)を式(3・14)に代入して v_2 および管内流量 Q は

$$\frac{p_2-p_1}{\rho g}=\frac{v_1^2}{2g}-\frac{v_2^2}{2g}=\frac{v_2^2}{2g}\left\{\left(\frac{D}{d}\right)^4-1\right\}=\Delta h$$

$$\Rightarrow v_2=\sqrt{\frac{2g\Delta h}{\left(\frac{D}{d}\right)^4-1}} \quad (3\cdot 16)$$

$$\Rightarrow Q=v_2A_2=\sqrt{\frac{2g\Delta h}{\left(\frac{D}{d}\right)^4-1}}\frac{\pi D^2}{4}$$

式(3・16)より，Δh を計測すれば管内流量 Q が計算されることがわかる．

> **もっと詳しく学ぼう** 　**大流量を計測するベンチュリー管による差圧測定法**
>
> 　ベンチュリー管では，管内流量が大きくなると，縮小部の流速が速くなるためにそこでの圧力が低下する．この圧力低下が大きくなると負圧が生じ，マノメータから空気が混入して圧力の測定は不能になる．また，管内の圧力が非常に高い場合もマノメータの水位が高くなり実用上の不都合が生ずる．このような場合は図3・3の下部に示すような差圧マノメータを使用するとよい．例えば，マノメータ内に水銀を封入すると，$(p_2-p_1)/\rho g$ は ρ_H を水銀の密度，Δh_m を両断面の水銀柱の高さの差とすると，A-A′断面の圧力が等しいことより次式が成立する．
>
> $$p_1+\rho g z_0+\rho_H g \Delta h_m = p_2+\rho g(z_0+\Delta h_m) \rightarrow \frac{p_2-p_1}{\rho g}=\Delta h_m\left(\frac{\rho_H}{\rho}-1\right)$$
>
> 　つまり，v_2, Q は式(3・16)の Δh を $\Delta h_m(\rho_H/\rho-1)$ に置きかえて計算すればよい．なお，ベンチュリー管を流れる流体を水とすると $\rho_H/\rho_i \sim 13.6$ であるので Δh_m は Δh の 1/12 程度に小さくなる．ただし，実際のベンチュリー管ではエネルギー損失が生じるので，流量 Q は式(3・16)の右辺に補正係数 C を掛けて使用する（C は流量係数と呼ばれる実験定数）．

（c）オリフィス

　水槽の底面あるいは側壁に開けた穴（流出孔）をオリフィスという．オリフィスの中で水槽の断面に比較して流出孔のサイズが十分に小さいものを小型オリフィス，大きいものを大型オリフィスと呼んでいる．以下にそれぞれについて取り扱う．

[小型オリフィス]

　図3・4のように水槽の側壁の断面積 a の小型オリフィスから水が放出されている場合を考える．ただし，水槽にはオリフィスからの流出流量 Q の水が供給され，水位は一定に保たれている．このとき，水表面の点Aとオリフィスの点B間にオリフィスの位置を基準高としてベルヌーイの定理を適用し，$v_A=0$, $z_A=H$（オリフィスから水面までの高さ），$z_B=0$, $p_A/\rho g=p_B/\rho g=0$（大気に接する）と置くと，オ

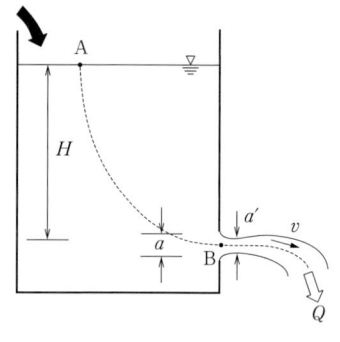

図 3・4 小型オリフィス

リフィスからの流出速度 $v=v_B$ および流出流量 Q は

$$\underbrace{\frac{v_A^2}{2g}}_{\sim 0} + \underbrace{\cancel{\frac{p_A}{\rho g}}}_{\sim 0} + \underbrace{z_A}_{\sim H} = \frac{v_B^2}{2g} + \underbrace{\cancel{\frac{p_B}{\rho g}}}_{\sim 0} + \underbrace{\cancel{z_B}}_{\sim 0} \Rightarrow H = \frac{v_B^2}{2g} \qquad (3\cdot 17)$$

$$\Rightarrow \quad v = v_B = \sqrt{2gH} \quad :流出速度$$
$$\Rightarrow \quad Q = av_B = a\sqrt{2gH} \quad :流出流量 \qquad (3\cdot 18)$$

ただし，実際の流出流速 v は補正係数 C_v（流速係数と呼ぶ）を導入して
$$v = C_v\sqrt{2gH} \qquad (3\cdot 19)$$

なお，現実のオリフィスからの放流水は放流直後に一旦縮流（ベナコントラクタという，図 3·4 参照）する．この縮流部の流水断面を a' とすると流出流量 Q は

$$Q = va' = C_v\sqrt{2gH}\,a' = C\sqrt{2gH}\,a \qquad (3\cdot 20)$$

ここに，C は断面収縮係数 $C_a = a'/a$ を使用して $C = C_v C_a$ で定義される実験定数であり，流量係数と呼ばれる（$C=0.6$ 程度の値をとることが多い）．

POINT 小型オリフィスと大型オリフィス

小型オリフィスでは流出孔の断面が小さいため，オリフィスの断面内の全域で流出流速が一定（$v=\sqrt{gH}$）と近似できる．一方，大型オリフィスとは流出孔の断面が大きいので，オリフィスの断面内の高さに応じて流出流速が異なる（後述の［大型オリフィス］参照）．

POINT 縮流と流出流量

放流管からの水の放出では縮流はほとんど生じず，流出流量 Q は管の断面積 a を使用して $Q=va$ で求まる．一方，縮流が生じる小型オリフィスでは，Q は縮流部の流水の断面積 a' を使用して $Q=va'$ として求める．

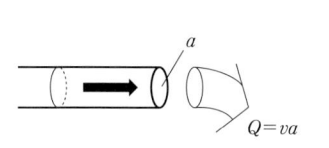

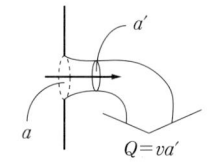

(a) 放流管からの放出 　　(b) 小型オリフィスからの放出

[大型オリフィス]

図3・5のように水が連続的に供給され水位が一定に保たれている水槽の側壁に設置された高さ H_0，幅 B の四角形の大型オリフィスを考える．水面からオリフィスの上端および下端までの距離をそれぞれ H_1，H_2 とする．このとき水深 H のオリフィスの微小部分（斜線部分の面積：$dA = B \cdot dH$）から放出される流量 dQ は，小型オリフィスの流出速度 $\sqrt{2gH}$ を準用するとともに流量係数 C を導入して

$$dQ = C\sqrt{2gH}\,dA = C\sqrt{2gH}\,B\,dH \tag{3・21}$$

同式を $H = H_1 \sim H_2$ で積分して，オリフィスの流出流量 Q は

$$\begin{aligned}Q &= \int dQ = \int_{H_1}^{H_2} C\sqrt{2gH}\,B\,dH = CB\sqrt{2g}\int_{H_1}^{H_2} H^{\frac{1}{2}}\,dH \\ &= \frac{2}{3}CB\sqrt{2g}\,H^{\frac{3}{2}}\Big|_{H_1}^{H_2} = \frac{2}{3}CB\sqrt{2g}\,(H_2^{\frac{3}{2}} - H_1^{\frac{3}{2}})\end{aligned} \tag{3・22}$$

なお，流量が既知の問題では流量係数 C は式(3・22)より求められ

$$C = \frac{3Q}{2B\sqrt{2g}\,(H_2^{\frac{3}{2}} - H_1^{\frac{3}{2}})} \tag{3・23}$$

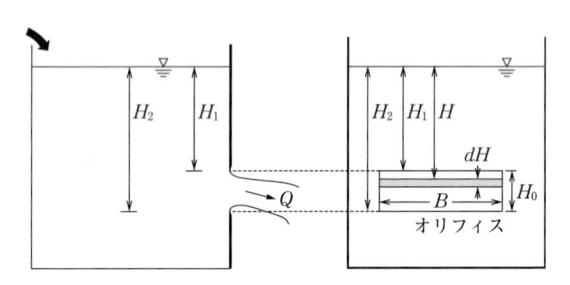

図 3・5 大型オリフィス

(b) 各種の堰と流量測定

開水路の流れ（水表面を持つ流れ，第7章参照）の流量測定には流れを堰止めて越流させる構造物（**堰**という）がしばしば用いられる．堰は越流する水脈を安定させるために上部を刃形にすることが一般的である（**刃形堰**と呼ぶ）．また，堰には正面から見た形状によって四角堰や三角堰などがあり流量の条件などに応じて使い分けられる．以下では四角堰と三角堰について述べる．

[四角堰]

図3·6に示すように水脈（**ナップ**という）が完全越流している四角堰を考える．また，堰の十分上流の水面（点A）と堰天端の高さの差をH（越流水深という），堰天端地点の水面（点B）の点Aよりの低下高さをh_dとする．このとき，点Aと点B間で堰の天端を基準高としてベルヌーイの式を適用し，$v_A=0$（堰の十分上流地点の流速は極めて小さい），$p_A/\rho g = p_B/\rho g = 0$（大気に接する），$z_A=H$，$z_B=H-h_d$と置くと，堰からの流出流速$v(=v_B)$は

$$\underbrace{\frac{v_A^2}{2g}}_{\sim 0} + \underbrace{\frac{p_A}{\rho g}}_{\sim 0} + \underbrace{z_A}_{\sim H} = \underbrace{\frac{v_B^2}{2g}}_{} + \underbrace{\frac{p_B}{\rho g}}_{\sim 0} + \underbrace{z_B}_{\sim H-h_d} \quad (3 \cdot 24)$$

$$\Rightarrow \quad H = \frac{v_B^2}{2g} + (H-h_d) \quad \Rightarrow \quad v = v_B = \sqrt{2gh_d}$$

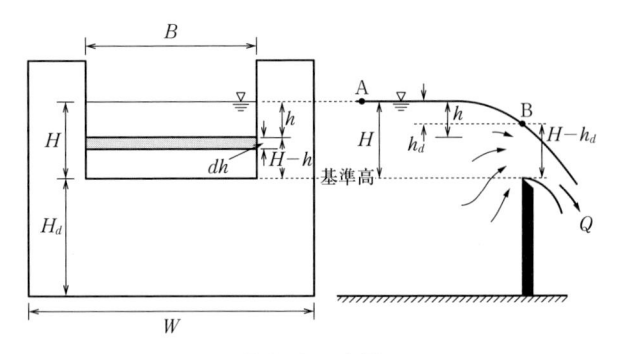

図 3·6 四角堰

上式のh_dを任意の水深hに置き換えたうえで式(3·24)と同様に，A地点の水面下の任意の地点を通る流線に沿ってベルヌーイの式を立てると，$v=\sqrt{2gh}$を得る．よって，図3·6の微小部分（斜線部分で面積dAは$dA=Bdh$）を通過する流れの越流量dQは流量係数をCとして，$dQ=C\sqrt{2gh}\,dA$で与えられる．結局，堰からの全越流量Qは断面内積分により

$$\begin{aligned}
Q &= \int_A dQ = \int C\sqrt{2gh}\,dA = \int_0^H C\sqrt{2gh}\,B\,dh \\
&= CB\sqrt{2g}\int_0^H h^{\frac{1}{2}}dh = \frac{2}{3}CB\sqrt{2g}\left|h^{\frac{3}{2}}\right|_0^H = \frac{2}{3}CB\sqrt{2g}\,H^{\frac{3}{2}}
\end{aligned} \quad (3 \cdot 25)$$

式(3·25)は大型オリフィスの流出流量Qを求める式(3·22)で$H_2=H$，H_1

=0 を代入して簡単に求めることもできる．また，実務においては $K=(2/3)C\sqrt{2g}$（定数）と置いて $Q=KBH^{3/2}$ の形がよく使用される．

[三角堰]

　四角堰では越流量が小さい場合は越流した水脈が堰下面に付着するようになる．この状態では越流量が不安定となり堰の公式は使用できない．このような場合は越流量が小さくてもナップが形成される三角形断面の堰（三角堰という）が使用される．三角堰は上部ほど幅が広くなっているので小流量から大流量までに対応できることが特徴である（**図3・7**参照）．ここでは頂角 2θ の三角堰を越流する流量 Q を求めることを考える．

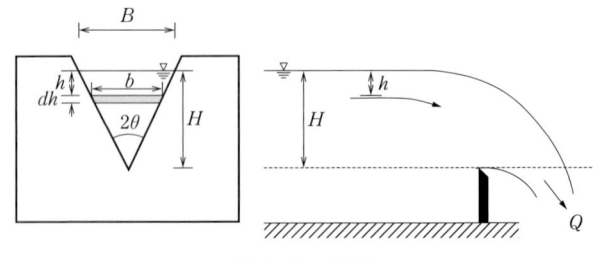

図 3・7　三角堰

　四角堰と同様に図3・7の微小部分（斜線部分で面積が $dA=b\,dh$）の越流量 dQ は，$dQ=C\sqrt{2gh}\,dA$ で与えられる．また，堰幅 b と水深 h の関係は

$$\frac{\frac{b}{2}}{H-h}=\tan\theta \Rightarrow b=2(H-h)\tan\theta \tag{3・26}$$

よって，dQ，および堰からの越流量 Q は

$$dQ=C\sqrt{2gh}\,dA=C\sqrt{2gh}\,b\,dh=C\sqrt{2gh}\,2(H-h)\tan\theta\,dh$$

$$\Rightarrow Q=\int dQ=\int_0^H C\sqrt{2gh}\,2(H-h)\tan\theta\,dh$$

$$=2C\sqrt{2g}\,\tan\theta\int_0^H \sqrt{h}\,(H-h)\,dh$$

$$=2C\sqrt{2g}\,\tan\theta\left|\frac{2}{3}Hh^{\frac{3}{2}}-\frac{2}{5}h^{\frac{5}{2}}\right|_0^H=\frac{8}{15}C\sqrt{2g}\,\tan\theta H^{\frac{5}{2}} \tag{3・27}$$

　なお，実務においては $K=(8/15)C\sqrt{2g}\tan\theta$（定数）とおいて，$Q=KH^{5/2}$ の形がよく使用される．

POINT 四角堰と三角堰の越流量を表す式の整理

四角堰と三角堰の越流量を表す公式はそれぞれ以下のようである．

四角堰：$Q = KBH^{\frac{3}{2}}$ $\left(K = \dfrac{2}{3}C\sqrt{2g}\right)$

三角堰：$Q = KH^{\frac{5}{2}}$ $\left(K = \dfrac{8}{15}C\sqrt{2g}\tan\theta\right)$

このように越流水深 H を知ることによって越流量が算定可能となる．K の値については多くの実用式が提案されている（水理公式集など参照）．なお，越流量が小さく，ナップが堰下面に再付着する場合は堰の公式は適用できない．

演習問題

1 円管水路の断面①（断面積 $A_1 = 100 \text{ cm}^2$）から断面②（断面積 $A_2 = 20 \text{ cm}^2$）に水が流れる場合を考える．断面①と断面②に立てたマノメータの水位差 Δh が 100 cm である場合の管内流量 Q を求めよ．

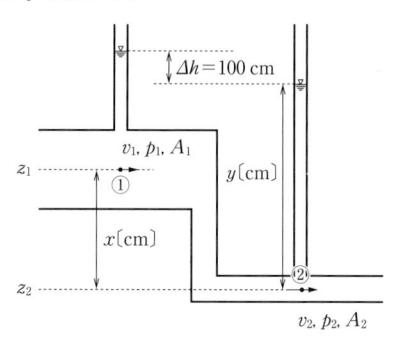

2 図のように水が連続的に供給され，水位 h は一定に保たれている貯水槽に接続された円管より水が放流されている．このとき，水槽および円管内の水圧分布を求めよ．

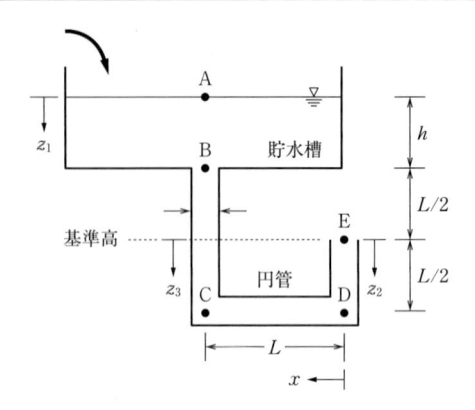

3　水が流れる鉛直円管に設置されたベンチュリー管に設置されたマノメータの水銀の高低差 Δh が $\Delta h = 30.0\,\mathrm{cm}$ の場合の管内流量を求めよ．ただし，管内を流れる水の密度 ρ は $\rho = 996\,\mathrm{kg/m^3}$，水銀の比重 σ_H は $\sigma_H = 13.6$ とする．

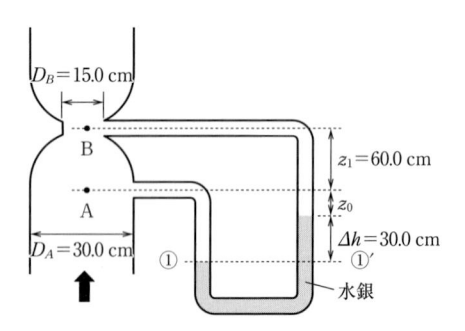

4　図に示すように瓶の側面の小型オリフィスから瓶中の水が流出する．このとき，瓶の上部のゴム栓を通してオリフィスから h_2 の高さまで水中にストローを差し込む．このオリフィスから水が流出し，瓶中の水位が h_1 から h_2 に低下する間のオリフィスの流出速度はどのように変化するか論ぜよ．

演習問題

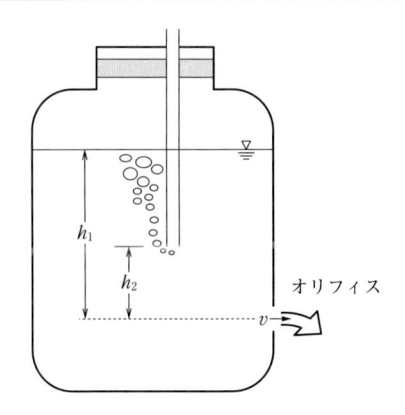

5 断面積が A_1, A_2 の二つの水槽①, ②が面積 A_0, 流量係数 C のオリフィスでつながっている．ここで，時刻 $t=0$ の水槽①, ②の水深 H_1, H_2 の水位差 $\Delta H (= H_1 - H_2)$ の時間 t に対する変化を表す式を求めよ．ただし，$t=0$ の ΔH を ΔH_0 とする．

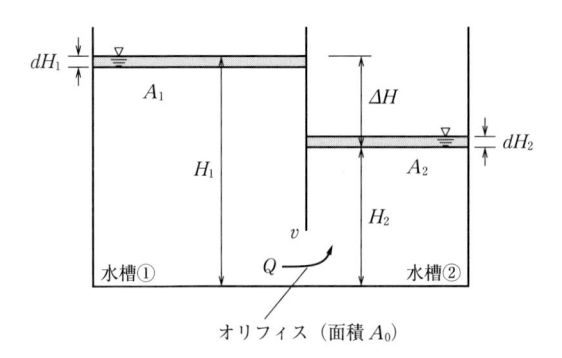

6 頂角 $2\theta = 60°$ の三角堰において，越流水深 $H=20\,\mathrm{cm}$ の場合の堰の越流量 Q を求めよ．また，越流量 Q が3倍になる越流水深を求めよ．ただし，流量係数 C は $C=0.6$ とする．

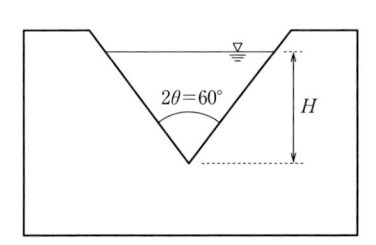

運動量の保存則

第4章

　本章では，ニュートンの運動の第二法則を流体に適用することにより運動量保存則を誘導し，水理学の基礎的な問題を取り扱う．運動量の保存則を水流に適用すると，流れが壁面に衝突するとき壁面に及ぼす力や，水面が急激に変化する跳水などの現象を取り扱うことができる．

第4章 運動量の保存則

1 基礎原理

1 ニュートンの運動方程式と運動量の定理

質点の運動に関するニュートンの第二法則を考える（**図4・1** 参照）．

$$f = ma = m\frac{dv}{dt} = \frac{d(mv)}{dt} \qquad (4・1)$$

ここに，f：作用力，m：質量，a：加速度，v：速度，t：時間である．mv は質量と流速の積であり，**運動量**と呼ばれる．式(4・1)から，「作用力＝質量×加速度」というニュートンの第二法則は，「作用力＝運動量の時間変化率」と同義であることがわかる．このため，式(4・1)は，**運動量の定理**とも呼ばれる．

微分形式で書かれている式(4・1)を差分形式（有限の時間間隔 Δt における変化を表現）に書き直すと

$$f = \frac{\Delta(mv)}{\Delta t} = \frac{(mv_2 - mv_1)}{\Delta t} \qquad (4・2)$$

式(4・2)は次式のように書き直すことができる．

$$mv_2 - mv_1 = f\Delta t \qquad (4・3)$$

ここで，$t = t_0$ の速度を v_1，$t = t_0 + \Delta t$ での速度を v_2 としている．式(4・3)は，**図4・1**に示すように，質量 m の物体に，力 f が時間 Δt 作用した結果（力積 $f\Delta t$），物体の運動量が mv_1 から mv_2 に変化することを表している．力が働かなければ運動量は一定に保たれることから，運動量の定理は**運動量保存則**とも呼ばれる．

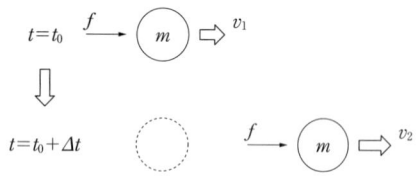

図4・1 運動量の定理

2 流体運動への運動量の定理の適用

運動量の定理を流体運動へ適用してみよう．**図4・2** に示す断面が変化する管路内の定常流（同じ場所の流れが時間によって変化しない流れ）を例に考える．流れの中に流れと直角に断面①と断面②を設定する．この断面を**検査面**と呼び，検

4・1 基 礎 原 理

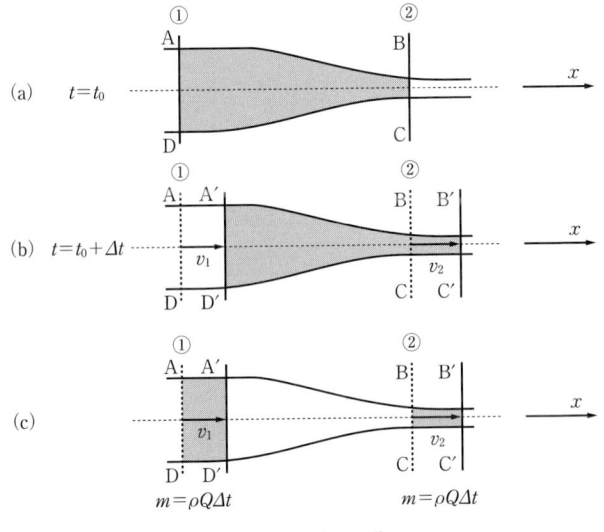

図 4・2 流体の運動

査面に挟まれた領域 ABCD を**検査領域**と呼ぶ．また，密度 ρ の水が流量 Q で断面①から断面②に向けて流れているとする．

$t=t_0$ において，検査領域 ABCD にあった流体塊（図 4・2(a)）は，$t=t_0+\Delta t$ に領域 A′B′C′D′ に移動する（図 4・2(b)）．流体に対する運動量の定理は，検査領域内の流体が持つ運動量の時間変化が検査領域内の流体に作用する力に等しいことと考えられる．

はじめに，運動量の時間変化について考える．図 4・2 に示すように，Δt の間の運動量の変化は，領域 A′B′C′D′ の持つ運動量 $(t=t_0+\Delta t)$ − 領域 ABCD の持つ運動量 $(t=t_0)$ で示される．流れは定常であるので，重なった領域 A′BCD′ の持つ運動量は時間によらず同一であるので次式が成立する．

$mv_2 - mv_1 =$ 領域 A′B′C′D′ の運動量 $(t=t_0+\Delta t)$ （図 4・2(b)）
$\qquad\qquad$ − 領域 ABCD の運動量 $(t=t_0)$ （図 4・2(a)）
$\qquad =$ 領域 BB′C′C の運動量 − 領域 AA′D′D の運動量 （図 4・2(c)）

領域 BB′C′C および領域 AA′D′D の質量は時間 Δt の間に断面①あるいは②を通過した水の質量 $m=\rho Q\Delta t$ であることから次式を得る．

$$mv_2 - mv_1 = \rho Q\Delta t v_2 - \rho Q\Delta t v_1 = (\rho Q v_2 - \rho Q v_1)\Delta t$$

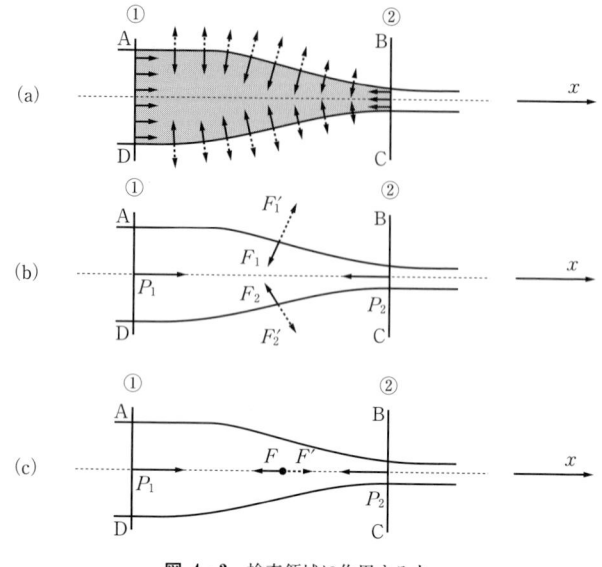

図 4・3 検査領域に作用する力

$$\Rightarrow \quad \frac{mv_2 - mv_1}{\Delta t} = \rho Q v_2 - \rho Q v_1 \qquad (4 \cdot 4)$$

ここで，$\rho Q v$ は単位時間に断面を通過する運動量で，**運動量束**と呼ばれる．流体の運動量の時間変化は，定常流の場合，流管の出口と入口での運動量束の差で表現できる．

次に，検査領域 ABCD の水塊が受ける力 f について考える．水塊が受ける力は，検査領域の内部に作用する力（例えば，重力）と，検査領域の表面に作用する力（例えば，圧力やせん断力）の合力となる．多くの場合，重力の影響は無視できるので，最も影響の大きい圧力による力について考える．

図 4・3(a)に検査領域の表面（ABCD）における圧力の分布を模式的に示す．検査面である面 AD, BC では，周囲の流体から圧力を受ける．これに対して，面 AB, CD では，壁面から圧力を受ける（図中の実線）．その反力として壁面は流体から圧力を受ける（図中の破線）．図 4・3(b)は各面で圧力を積分した力を示している．面 AD には全水圧 P_1 が流れ方向に，面 BC には全水圧 P_2 が流れとは反対方向にかかる．また，側壁面 AB からは大きさ F_1 の力，側壁面 CD から大きさ F_2 の力がかかる．さらに，図 4・3(c)では側壁面 AB からの力と側壁面 CD

からの力を足し合わせた総和 F を記している．壁面が受ける力 F' は，流体が受ける力の反力として破線で示している．すなわち，力の大きさは等しく $F=F'$，作用方向は逆方向となる．

図 $4\cdot3(c)$ から，検査領域 ABCD の流体が流れの方向に受ける力の総和 f は
$$f = P_1 - P_2 - F \tag{4・5}$$
式(4・4)，式(4・5)を式(4・2)に代入すると運動量保存則として次式を得る．
$$\rho Q v_2 - \rho Q v_1 = P_1 - P_2 - F \tag{4・6}$$

> **POINT** 力の作用方向と符合
>
> 運動量保存則を考えるときには，力の作用方向を考えることが重要である．図 $4\cdot3$ において，F の大きさの力は，x 軸の負方向に向いているので，式(4・5)で F の符合は負とした．これに対して，下図のよう例では，F の大きさの力は x 軸の正方向に向かうので，$f = P_1 - P_2 + F$ であり，運動量保存則は次式となる．
>
> $$\rho Q v_2 - \rho Q v_1 = P_1 - P_2 + F$$
>
> 力は大きさと方向を持つベクトル量であるが，本書ではベクトル表記を用いていない．したがって，問題の内容を図示し，流れの方向と作用力の方向を確認して，力に付す正負の符合を決めた後に，式を書くことにする．ただし，二次元の問題では力の向きをあらかじめ知ることが困難なケースがあるため，以下に示すように力の大きさと向きを仮定して式を書くこととする（式(4・7)，式(4・8)，図 $4\cdot4$ 参照）．

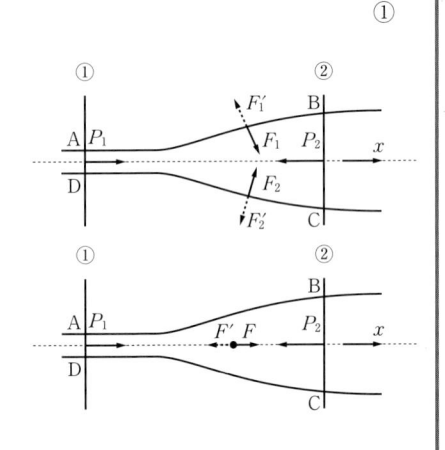

次に，上記の考え方を**図 $4\cdot4$** に示すような二次元の流れに拡張してみよう．x 軸と y 軸を図 $4\cdot4$ のようにとり，検査面①における流向を x 軸に対し θ_1，検査面②における流向を x 軸に対し θ_2 として，運動量保存則を各成分に分解すれば，二次元の運動量保存則として，次式を得る．

$$\rho Q v_2 \cos\theta_2 - \rho Q v_1 \cos\theta_1 = P_1 \cos\theta_1 - P_2 \cos\theta_2 + F\cos\alpha \qquad (4\cdot 7)$$

$$\rho Q v_2 \sin\theta_2 - \rho Q v_1 \sin\theta_1 = P_1 \sin\theta_1 - P_2 \sin\theta_2 + F\sin\alpha \qquad (4\cdot 8)$$

ここで，α は x 軸から反時計回りに測った検査領域内の流体が壁面から受ける力の作用方向である．また，流体が受ける力（大きさ F の力）の x 方向，y 方向成分を次式で定義する．

$$F_x = F\cos\alpha, \qquad F_y = F\sin\alpha \qquad (4\cdot 9\text{a, b})$$

これから，二次元の運動量方程式は

$$\rho Q v_2 \cos\theta_2 - \rho Q v_1 \cos\theta_1 = P_1 \cos\theta_1 - P_2 \cos\theta_2 + F_x \qquad (4\cdot 10)$$

$$\rho Q v_2 \sin\theta_2 - \rho Q v_1 \sin\theta_1 = P_1 \sin\theta_1 - P_2 \sin\theta_2 + F_y \qquad (4\cdot 11)$$

流体が壁面や物体表面に作用する力（大きさ F'，x 軸から時計回りに測った作用方向 α'）は，流体塊が受ける力（大きさ F，作用方向 α）の反力として作用する．すなわち，両者は，大きさは等しく（$F=F'$），作用方向は逆向きとなる．これを成分で書けば次式となる．

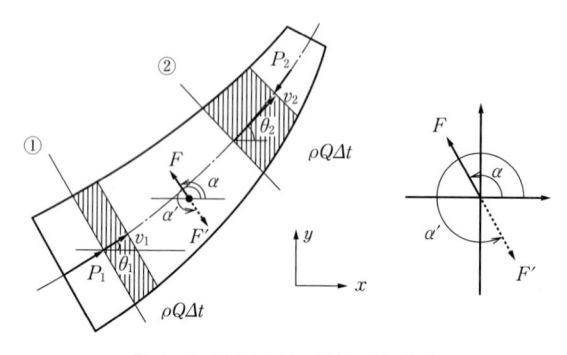

$$F'_x = -F_x \qquad F'_y = -F_y \qquad (4\cdot 12\text{a, b})$$

図 4・4 二次元流れの運動量保存則

【POINT】 力の成分 F_x, F_y から力の大きさ F と力の作用方向 α の求め方

力の成分は

$$F_x = F\cos\alpha \qquad F_y = F\sin\alpha \qquad \text{①, ②}$$

よって，力の大きさ F は

$$F = \sqrt{F_x^2 + F_y^2} \qquad \text{③}$$

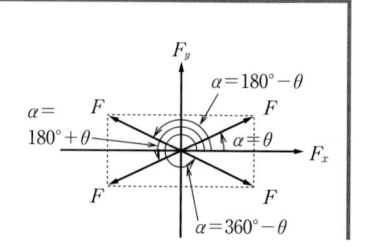

力の作用方向 α は

$$\alpha = \begin{cases} \theta & : F_x>0,\ F_y>0 \\ 180°-\theta & : F_x<0,\ F_y>0 \\ 180°+\theta & : F_x<0,\ F_y<0 \\ 360°-\theta & : F_x>0,\ F_y<0 \end{cases} \quad ④$$

ただし，$\theta = \tan^{-1}(|F_y/F_x|)$ である．なお，α' は

$$\alpha' = \begin{cases} \alpha + 180° : 0° < \alpha < 180° \\ \alpha - 180° : 180° < \alpha < 360° \end{cases} \quad ⑤$$

もっと詳しく学ぼう　重力・せん断力の影響

運動量保存則において重力やせん断力の影響を加える場合には式(4・10)，式(4・11)に重力（W）やせん断力（S）の成分を加えればよい．

$$\rho Q v_2 \cos\theta_2 - \rho Q v_1 \cos\theta_1 = P_1 \cos\theta_1 - P_2 \cos\theta_2 + W_x + F_x + S_x \quad ①$$

$$\rho Q v_2 \sin\theta_2 - \rho Q v_1 \sin\theta_1 = P_1 \sin\theta_1 - P_2 \sin\theta_2 + W_y + F_y + S_y \quad ②$$

ただし，水理学において運動量保存則を適用する場合，通常，重力の影響は無視できる．また検査面の間隔が短くとられるので，摩擦の影響も無視できる場合が多い．

2　運動量保存則の応用

1　直線管路の断面変化部にかかる力

図 4・5 に示すような円管路の先端のノズルから空中に水を放出する場合を例に，管水路流れに運動量保存則を適用してみる．管路の中の流れにおいては，検

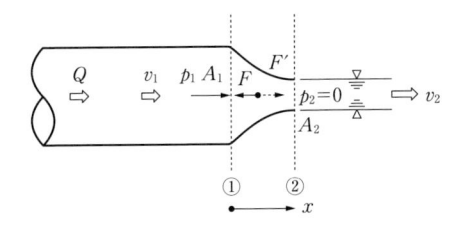

図 4・5　円形断面ノズルからの放水

査断面における圧力は一様であり $P_1=A_1p_1$, $P_2=A_2p_2$ が成り立つ．また，連続式(3・2) と運動量保存則（4・6）を用いると流体が管路壁から受ける力 F は

$$F=-A_2(\rho v_2^2+p_2)+A_1(\rho v_1^2+p_1) \tag{4・13}$$

式(4・13)は断面①，②における流速，断面積，圧力がわかれば，流体が管路壁から受ける力 F を求められることを示している．

例題 4・1　ノズルからの放水

図4・5 に示すように，ノズルから流量 $Q=0.01$ m^3/s を空中に放水する．このとき，水流がノズルに作用する力 F' を求めよ．ただし，ノズルの内径を断面①，②においてそれぞれ $d_1=60$ mm, $d_2=30$ mm, $\rho=1\,000$ kg/m^3 とする．

（解）

流速 v_1, v_2 は，$v_1=Q/A_1=Q/(\pi d_1^2/4)=0.01/0.002826=3.54$ m/s, $v_2=Q/A_2=Q/(\pi d_2^2/4)=0.01/0.0007065=14.15$ m/s である．また，断面②の圧力は，大気圧に開放されているので，$p_2=0$ より断面①と断面②との間にベルヌーイの定理（式(3・7)）を適用すると，圧力 p_1 は

$$p_1=(\rho/2)(v_2^2-v_1^2)=(1\,000/2)\times(14.15^2-3.54^2)=93\,845 \text{ N/m}^2 \quad ①$$

よって，式(4・13)より

$$\begin{aligned}F&=-(\rho v_2^2+p_2)A_2+(\rho v_1^2+p_1)A_1\\&=-(1\,000\times14.15^2+0)\times0.0007065\\&\quad+(1\,000\times3.54^2+93\,845)\times0.002826=159.2 \text{ N}\end{aligned} \quad ②$$

$$F'=F=159.2 \text{ N}=16.2 \text{ kgf} \quad ③$$

すなわち，流体は 159.2 N の力を x 軸の負の向きに受け，ノズルの壁面は流体により 159.2 N の力を x 軸の正の向きに受けることになる．

2　管路の湾曲部の壁面に働く力

管路の湾曲部を通過する流れがあると，管に大きな力がかかる．二次元の運動量の定理を応用すればこの力を求めることができる（**図 4・6**）．管路流れでは圧力は断面内にほぼ一様であり $P_1=A_1p_1$, $P_2=A_2p_2$ が成り立つ．また，連続式(3・2) が成り立つので，運動量保存則（式(4・10)，(4・11)）は

$$\rho A_2v_2^2\cos\theta_2-\rho A_1v_1^2\cos\theta_1=A_1p_1\cos\theta_1-A_2p_2\cos\theta_2+F_x \tag{4・14}$$

$$\rho A_2v_2^2\sin\theta_2-\rho A_1v_1^2\sin\theta_1=A_1p_1\sin\theta_1-A_2p_2\sin\theta_2+F_y \tag{4・15}$$

これより，流れが湾曲管路からうける力の x, y 成分は

$$F_x=(\rho v_2^2+p_2)A_2\cos\theta_2-(\rho v_1^2+p_1)A_1\cos\theta_1 \tag{4・16}$$

4・2 運動量保存則の応用

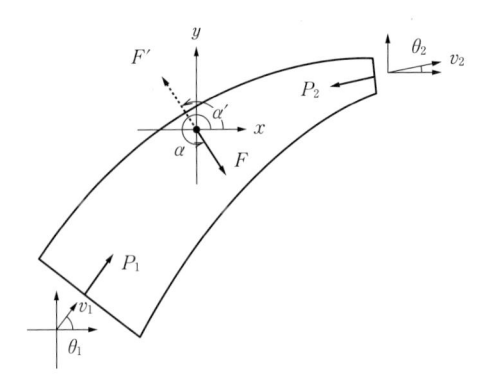

図 4・6 湾曲管路に作用する力

$$F_y = (\rho v_2^2 + p_2) A_2 \sin\theta_2 - (\rho v_1^2 + p_1) A_1 \sin\theta_1 \tag{4・17}$$

例題 4・2 曲がり管に作用する力

右図に示すように①断面の内径 $d_1 = 0.4$ m, $\theta_1 = 30°$ から②断面の内径 $d_2 = 0.2$ m, $\theta_2 = 45°$ まで湾曲しながら縮小されている管がある．この管に，断面①における圧力 $p_1 = 150$ kN/m^2 のもとに，密度 $\rho = 1\,000$ kg/m^3 の水を流量 $Q = 0.5$ m^3/s で流した．このとき，水流が管壁に及ぼす力 F' およびその方向 α' を求めよ．ただし，管は水平面内にあり自重（高低差）は無視できるとする．

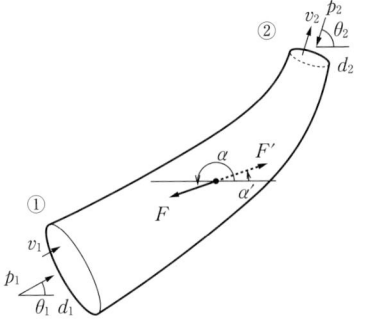

$d_1 = 0.4$ m
$d_2 = 0.2$ m
$p_1 = 150$ kN/m^2
$\theta_1 = 30°$
$\theta_2 = 45°$

(解)

連続式より，流速 v_1, v_2 は，$v_1 = Q/A_1 = Q/(\pi d_1^2/4) = 0.5/0.12566 = 3.979$ m/s, $v_2 = Q/A_2 = Q/(\pi d_2^2/4) = 0.5/0.031416 = 15.915$ m/s である．

ベルヌーイの定理（式(3・7)）から，断面②での圧力を求める．題意より，$z_1 = 0$, $z_2 = 0$, $p_1 = 150\,000$ N/m^2 であるから

$$p_2 = p_1 + (1/2)\rho(v_1^2 - v_2^2)$$
$$= 150\,000 + (1/2) \times 1\,000 \times (3.979^2 - 15.915^2)$$

$$= 31\,273 \text{ N/m}^2 = 31.27 \text{ kN/m}^2 \qquad ①$$

運動量保存則（式(4·16), 式(4·17)）から流体が壁面から受ける力の x 成分 F_x, y 成分 F_y は

$$F_x = (\rho v_2^2 + p_2)A_2\cos\theta_2 - (\rho v_1^2 + p_1)A_1\cos\theta_1$$
$$= 8\,939.7 \times \cos 45° - 20\,838.5 \times \cos 30° = -11\,725.3 \text{ N} = -11.7 \text{ kN} \qquad ②$$

$$F_y = (\rho v_2^2 + p_2)A_2\sin\theta_2 - (\rho v_1^2 + p_1)A_1\sin\theta_1$$
$$= 8\,939.7 \times \sin 45° - 20\,838.5 \times \sin 30° = -4\,097.9 \text{ N} = -4.1 \text{ kN} \qquad ③$$

流体が管壁から受ける力 F は

$$F = \sqrt{F_x^2 + F_y^2} = \sqrt{(-11.7)^2 + (-4.1)^2} = 12.4 \text{ kN} \qquad ④$$

また，この力の作用方向 α は，$F_x < 0$, $F_y < 0$ であるので，$\alpha = \tan^{-1}|F_y/F_x| + 180° = \tan^{-1}(4.1/11.7) + 180° = 199.3°$ となる．

一方，水流が管壁に及ぼす力 F' は，$F' = F = 12.4 \text{ kN}$ であり，その作用方向は，$\alpha' = \alpha - 180° = 199.3° - 180° = 19.3°$ となる．

3 噴流が平板に作用する力

噴流が平板に作用する力も運動量保存則から求めることができる．例題を通して説明する．

例題 4·3 平板にあたる噴流

図に示すように，大気中に鉛直に設置された平板に直角方向から噴流が衝突し，90°曲げられている．直径 8 cm の噴流が 45 m/s の速度で板に垂直に衝突している場合に板に働く力 F を求めよ．ただし，重力の影響は無視してよい．

（解）
図の断面①，②，③では $p_1 = p_2 = p_3 = 0$ であるから，運動量保存則（式(4·6)）を断面①と壁面間に適用すれば $F = \rho A_1 v_1^2$ となる．よって，F' は $F' = F = \rho A_1 v_1^2$ となり，$F' = \rho v_1^2 A_1 = \rho v_1^2 (1/4)\pi d^2$

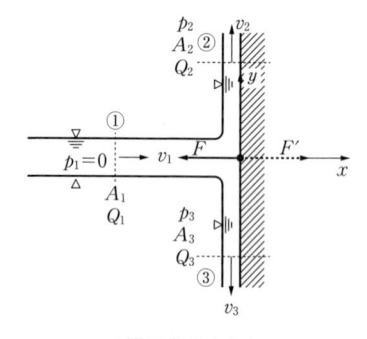

平板に作用する力

$= 1\,000.0 \times 45^2 \times 5.027 \times 10^{-3} = 10\,179 \text{ N} = 10.18 \text{ kN}$ で与えられる．

[解説] 平板が x の正の方向に速度 V で移動する場合は移動する座標系で運動量保存則を考える．そのとき平板が受ける力 F' は $F' = \rho(v-V)^2 A_1$ で考えられる（本章の演習問題 [4] 参照）．

例題 4·4　斜め噴流による力

図に示すように，大気中に鉛直に設置された平板に斜めから噴流が衝突し，平板に沿った方向に分流している．このとき
1) それぞれの方向に分かれる流れの流速を求めよ．
2) それぞれの方向に分かれた水脈の厚さを求めよ．
3) 平板に働く力を求めよ．

ただし，流れは非粘性として，重力の影響は無視してよい．

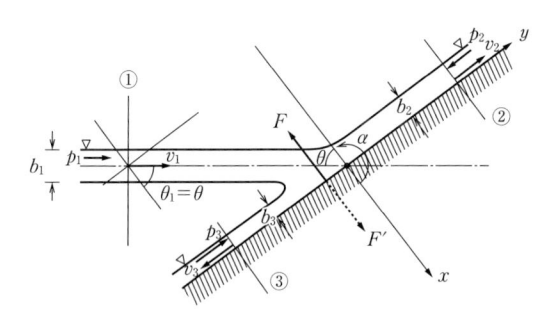

傾斜した平板に衝突する噴流

（解）

図に示した検査領域を考える．検査面に流入断面として①，流出断面として②，③の合計三つを考え，断面①，②，③の量には添え字 1，2，3 を付すことにする．ここで，座標は図に示す通り，x 軸を平板に直交して，y 軸を平板に沿ってとる．運動量の変化は，流出する運動量から流入する運動量を差し引いたもので表される．よって，式(4·7)，(4·8) を参考に，x 方向，y 方向の運動量保存則として次式を得る．

$$-\rho A_1 v_1^2 \cos\theta = A_1 p_1 \cos\theta + F\cos\alpha \quad \text{①}$$

$$\rho A_2 v_2^2 - \rho A_3 v_3^2 - \rho A_1 v_1^2 \sin\theta = A_1 p_1 \sin\theta - A_2 p_2 + A_3 p_3 + F\sin\alpha \quad \text{②}$$

水脈の厚さを b_1，b_2，b_3 として，単位高さの運動を考える．水表面での圧力は，大気圧と考えられるので，$p_1 = p_2 = p_3 = 0$ となる．また，非粘性を仮定しているので，流体の受ける力は平面に直角方向に作用し $\alpha = 180°$ となる．これらより，x 方向，y 方向の運動量保存則（式①，式②）は

$$-\rho v_1^2 b_1 \cos\theta = -F \quad \text{③}$$

$$\rho v_2^2 b_2 - \rho v_3^2 b_3 - \rho v_1^2 b_1 \sin\theta = 0 \quad \text{④}$$

1) 流速の算出：連続の式(3·2) より

$$v_1 b_1 = v_2 b_2 + v_3 b_3 \quad \text{⑤}$$

断面①-②間,断面①-③間にベルヌーイの定理を適用して,$p_1=p_2=p_3=0$ を考えると

$$v_1^2/2g = v_2^2/2g, \quad v_1^2/2g = v_3^2/2g \qquad ⑥,⑦$$

式⑥,式⑦より各断面の流速は等しくなることがわかる.つまり

$$v_1 = v_2 = v_3 \qquad ⑧$$

2) 水脈厚の算出:式⑧を式⑤に代入すれば,$b_2+b_3-b_1=0$,式⑧を式④に代入すれば $b_2-b_3-b_1\sin\theta=0$ である.これより,水脈厚は

$$b_2 = (1/2)(1+\sin\theta)b_1, \quad b_3 = (1/2)(1-\sin\theta)b_1 \qquad ⑨,⑩$$

3) 壁が流体からうける力の算出:式③より,平板から流体が受ける力 F は

$$F = \rho v_1^2 b_1 \cos\theta \qquad ⑪$$

壁が流体からうける力 F' は

$$F' = F = \rho v_1^2 b_1 \cos\theta \qquad ⑫$$

4　流体中の構造物が受ける力の評価

運動量保存則は開水路流れにも適用することができる.図4·7に示すように幅 B の水平床水路に密度 ρ の水が流量 Q で流れているとする.この水路の底部に設置された突起物に作用する力 F' を求める.検査領域として突起物の上流側に断面①を下流側に断面②を設定する.開水路流れであるので,圧力分布として静水圧分布を用いれば

$$P_1 = (1/2)\rho g h_1^2 B, \quad P_2 = (1/2)\rho g h_2^2 B \qquad (4\cdot18,19)$$

これらを運動量保存則を示す式(4·6)に代入すれば

$$F = \rho Q v_1 - \rho Q v_2 + (1/2)\rho g B (h_1^2 - h_2^2) \qquad (4\cdot20)$$

突起物に作用する力の大きさ F' は

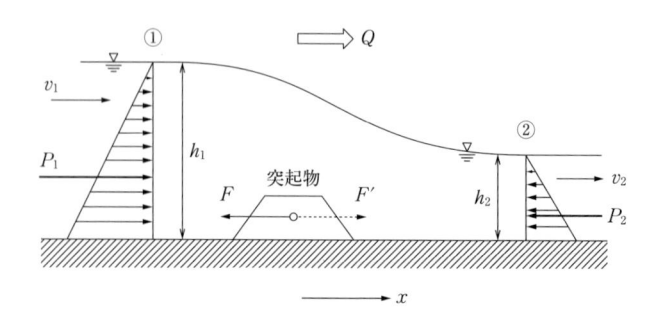

図4·7　水中に設置された物体に作用する力

$$F' = F \tag{4·21}$$

であり，作用方向は流下方向である．

5 跳水現象の解析

ベルヌーイの定理は流体のエネルギー保存則を表す式であるので，エネルギーの損失が未知の流れに対しては適用することはできない．一方，運動量保存則はエネルギー損失が未知の流れに対しても適用することができる．ここでは，急激なエネルギー損失を伴う流れの例として跳水現象を取り上げる．

ゲートの下端から水深が小さく流速が大きな流れが流出する現象を考える．この流れの下流側に堰などがあると，水深が大きく流速が小さい流れに急激に遷移する**跳水現象**と呼ばれる現象が観察される．跳水現象が発生すると水路横断方向に回転軸をもった強い渦（ローラーとも呼ばれる）が形成され，そこでは大きなエネルギー損失が生ずる（第4章扉頁の写真参照）．

図4·8に示すように幅Bの水平床水路に密度ρの水が流量Qで流れている．検査領域を図に示す通り，跳水の上流側に断面①を，下流側に断面②を設定する．運動量保存則（式(4·6)）において，壁面から水平力は受けない（$F=0$）ので，運動量保存則は，次式となる．

$$\rho Q(v_2 - v_1) = (1/2)\rho g B(h_1^2 - h_2^2) \tag{4·22}$$

連続の式，式(3·2)より

$$Q = Bh_1 v_1 = Bh_2 v_2 \;\Rightarrow\; v_2 = \frac{h_1}{h_2} v_1 \tag{4·23, 24}$$

式(4·23)，式(4·24)を式(4·22)に代入して，Q，v_2を消去すると次式となる．

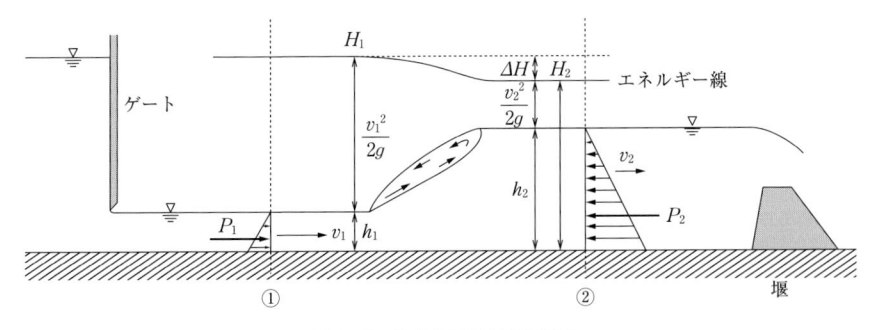

図4·8 跳水の解析と検査領域

$$-\frac{1}{2}\left(1-\frac{h_2}{h_1}\right)\left\{\frac{h_2}{h_1}\left(1+\frac{h_2}{h_1}\right)-2\frac{v_1^2}{gh_1}\right\}=0 \quad (4\cdot25)$$

式 (4・25) の解は

$$\frac{h_2}{h_1}=1, \quad \frac{h_2}{h_1}=\frac{1}{2}(-1\pm\sqrt{1+8Fr_1^2}) \quad (4\cdot26)$$

ここに，$Fr_1=v_1/\sqrt{gh_1}$ は，断面①で定義される無次元数で，**フルード数**と呼ばれる．このうち $h_2/h_1=1$ は流れが変化しないことを示している．また，$h_2/h_1<0$ となる解は，物理的には意味がないので，跳水の前後の水深比を示す式は

$$\frac{h_2}{h_1}=\frac{1}{2}(-1+\sqrt{1+8Fr_1^2}) \quad (4\cdot27)$$

ここで，跳水のローラー部におけるエネルギー損失水頭 ΔH を求める．ΔH は跳水の前後での全エネルギー水頭の差であるので

$$\Delta H=H_1-H_2=\left(\frac{v_1^2}{2g}+h_1\right)-\left(\frac{v_2^2}{2g}+h_2\right)=\frac{v_1^2}{2g}\left\{1-\left(\frac{h_1}{h_2}\right)^2\right\}+(h_1-h_2)$$

$$(4\cdot28)$$

式 (4・25) より得られる

$$v_1^2=\frac{gh_1}{2}\frac{h_2}{h_1}\left(1+\frac{h_2}{h_1}\right) \quad (4\cdot29)$$

式 (4・29) を式 (4・28) に代入するとエネルギー損失水頭 ΔH は

$$\Delta H=\frac{h_1}{4}\frac{h_2}{h_1}\left(1+\frac{h_2}{h_1}\right)\left\{1-\left(\frac{h_1}{h_2}\right)^2\right\}+(h_1-h_2)=\frac{(h_2-h_1)^3}{4h_1h_2} \quad (4\cdot30)$$

式 (4・27) より跳水の前後の水深は $h_2>h_1$ であるから，式 (4・30) からエネルギー損失水頭 ΔH は正，すなわちエネルギーが減衰することがわかる．

【POINT】 フルード数

フルード数 $Fr=v/\sqrt{gh}$ を使用して，流れを分類することができる．流速が遅く $Fr<1$ の流れを**常流**，流速が速く $Fr>1$ の流れを**射流**，$Fr=1$ の現象を**限界流**と呼ぶ．跳水は流れが射流から常流に遷移するときに生ずる現象であり，跳水の上流側の射流の水深 h_1 と下流側の常流の水深 h_2 との関係（式 (4・27)）を**共役水深**の関係にあるという．

例題 4・5　跳水

水路幅 $B=2.0$ m の開水路にゲートが設置されている．ゲートからの流量 $Q=4.0$ m³/s が，$h_1=0.3$ m で流出している．今，下流側の水深を調整して跳水を発生させたとする．

1) 跳水発生前のフルード数を求めよ．
2) 跳水発生後の水深を求めよ．
3) このとき失うエネルギー損失水頭を求めよ．

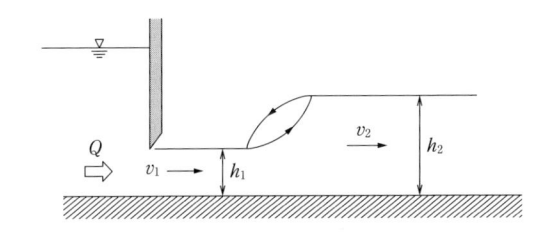

（解）

1) 跳水発生前のフルード数：フルード数の定義式より

$$Fr_1 = \frac{v_1}{\sqrt{gh_1}} = \frac{Q/Bh_1}{\sqrt{gh_1}} = \frac{4.0/(2.0\times 0.3)}{\sqrt{9.8\times 0.3}} = 3.888 \quad ①$$

$Fr>1$ であるので，射流状態である．

2) 跳水発生後の水深：共役水深の関係式(4・27) から

$$\frac{h_2}{h_1} = \frac{1}{2}(-1+\sqrt{1+8Fr_1^2}) = \frac{1}{2}(-1+\sqrt{1+8\times 3.888^2}) = 5.021 \quad ②$$

$$h_2 = 5.021\times h_1 = 5.021\times 0.3 = 1.506 \text{ m} \quad ③$$

3) エネルギー損失水頭は，式(4・30) より

$$\Delta H = \frac{(h_2-h_1)^3}{4h_1 h_2} = \frac{(1.506-0.3)^3}{4\times 0.3\times 1.506} = 0.971 \text{ m} \quad ④$$

6　段波現象の解析

跳水に似た現象として段波現象がある．図4・9(a)に示すように跳水現象が生じている水路を考える．この水路で，ゲート操作などにより上下流の水理条件が変化すると跳水地点が上流あるいは下流に移動する．この移動する跳水のことを**段波**と呼ぶ．

段波も不連続面を含むので，運動量保存則を適用するのに適した現象である．

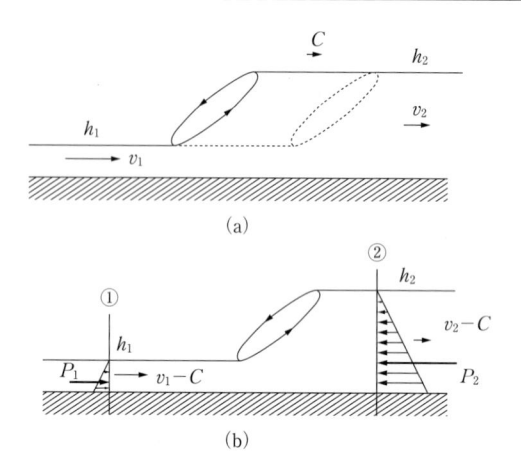

図 4·9 段波の解析

しかし,今までは定常流に対して運動量保存則を導いてきた.段波現象では跳水が移動するので定常とはいえず,直接運動量保存則を適用することはできない.そこで,ここでは段波の進行速度(**波速**と呼ぶ)C で移動する座標から観察することにより定常の問題として現象を取り扱うこととする(図 4·9(b) 参照).つまり,図 4·9(b) に示すように検査領域を設置すると,$v_1 \to v_1 - C$, $v_2 \to v_2 - C$ とすることで,定常跳水と同様の扱いが可能となる.このとき,連続式は式(3·2)より

$$Q = Bh_1(v_1 - C) = Bh_2(v_2 - C) \tag{4·31}$$

式(4·31)は次式のように変形できる.

$$v_1 h_1 - v_2 h_2 = -C(h_2 - h_1) \tag{4·32}$$

一方,運動量保存則は式(4·22)より

$$\rho B h_2(v_2 - C)\{(v_2 - C) - (v_1 - C)\} = (1/2)\rho g B(h_1^2 - h_2^2) \tag{4·33}$$

同式は次式のように変形できる.

$$h_2(v_2 - C)(v_2 - v_1) = (g/2)(h_1^2 - h_2^2) \tag{4·34}$$

式(4·32)と式(4·34)より,v_2 を消去すると波速 C を表す次式を得る.

$$C = v_1 \pm \sqrt{\frac{1}{2}g\frac{h_2}{h_1}(h_1 + h_2)} \tag{4·35}$$

例題 4·6 段波の速度

図に示すような段波（$h_2/h_1>1$ で $x>0$ 方向に伝播）において，$v_1=8.3$ m/s，$h_1=0.3$ m，$h_2=2.5$ m とするとき，段波の波速を求めよ．

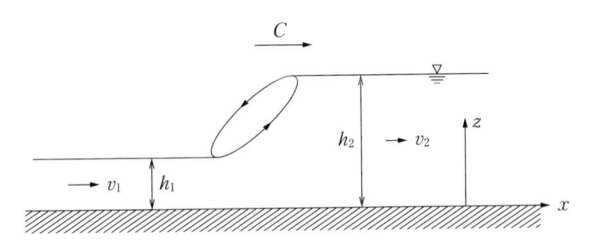

（解）

式(4·35) より

$$C=v_1\pm\sqrt{\frac{1}{2}g\frac{h_2}{h_1}(h_1+h_2)} \qquad ①$$
$$=8.3\pm\sqrt{0.5\times9.8\times(2.5/0.3)\times(0.3+2.5)}=18.99 \text{ m/s},\ -2.39 \text{ m/s}$$

題意より，段波は $x>0$ の方向に伝播するので（$C>0$），段波の波速は，18.99 m/s となる．

演習問題

1 例題 4·1 において，このノズルを保持するのに必要な力を求めよ．

2 図に示すように直径 $d=2.0$ m の円管路に中心角 $45°$ の曲線部がある．この管路の中を流速 $v=20$ m/s で水が流れるとき，曲線部にかかる力を求めよ．ただし，重力の影響は無視し，断面①での圧力 $p_1=980$ N/m² とする．

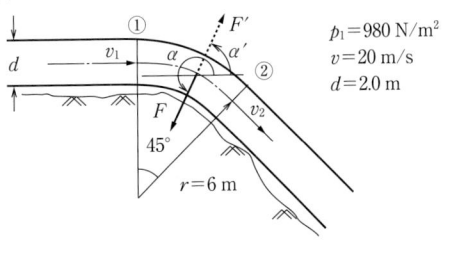

$p_1=980$ N/m²
$v=20$ m/s
$d=2.0$ m

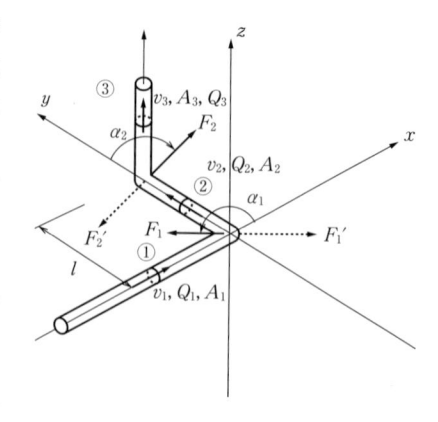

3. 図に示すよう直角に2度曲がった管がある．管の断面積 A，管を流れる水の流量を Q としたとき，管にかかる力を導出せよ．ただし重力の影響は無視して良い．

4. 例題4・3の図に示すように直径 8 cm の噴流が 45 m/s の速度で板に垂直に衝突して 90° 曲げられる．板が 20 m/s で噴流の方向に動いている場合に板に働く力を求めよ．

5. 跳水の前後での単位時間，単位幅当たりのエネルギー損失は，単位幅流量を q として $\Delta E_K = \rho g q \Delta H = \rho g q (h_2 - h_1)^3 / (4 h_1 h_2)$ で与えられる（ρ は水の密度）．この跳水により失われたエネルギーは粘性により熱に変換され，結果として水温の上昇につながる．なお，単位幅流量 q で流れている比熱 c の液体を $\Delta T°$ 上昇させるのに必要となる単位時間，単位幅当たりの熱エネルギーは $\Delta E_H = c \rho q \Delta T$ で与えられる．

今，$h_1 = 1.0$ m，$h_2 = 5.0$ m の跳水が生じているとき，跳水の前後で水温は何度上昇するか求めよ．ただし，比熱 $c = 4.2 \times 10^3$ J/kg°C とする．

6. 図に示すように水深 h_1，流速 v_1 を持つ津波が襲来した．直立の防潮堤により津波は反射して段波となって沖に戻るとする．防潮堤の位置での水深を h_2，流速を v_2 とする．$v_2 = 0$ として，水深 h_2 と水深 h_1 の関係を示す関係式を導け．

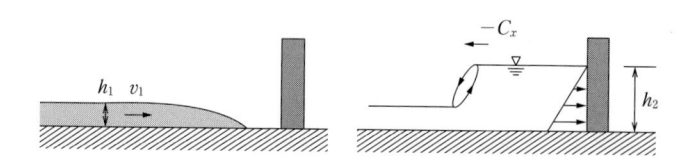

流れと抵抗

第5章

　　流体が物体に及ぼす力を見積もることは，構造物の設計上重要である．本章ではまず物体が流れから受ける力を考える上での基礎となる境界層の概念について学ぶ．その上で形状抵抗，表面抵抗，揚力について触れる．さらに管路の表面抵抗を見積もるための摩擦損失係数の定義と実際の例について学ぶ．

1 境界層の概念

図5・1に示すように，平板上の一様流れ（流速 U）を考える．平板の壁面においては，その表面上の微小な凹凸（目では判別できないほど小さい場合を含めて）によって，そこでの流速は0となる．また，粘性の効果によって壁面に近づくほど流速は遅くなる．このように，粘性の効果の及ぶ範囲を**境界層**と呼んでいる（しばしば，流速 u が $u=0.99U$ となる地点を，境界層外縁の位置と定義する）．

境界層は平板始点から成長を始めるが，その厚さ δ が小さい領域では，境界層中の流れは層流状態となり，層流境界層が形成される．δ が大きくなると，境界層中の流れは遷移領域を経て乱流状態となり，乱流境界層に至る．

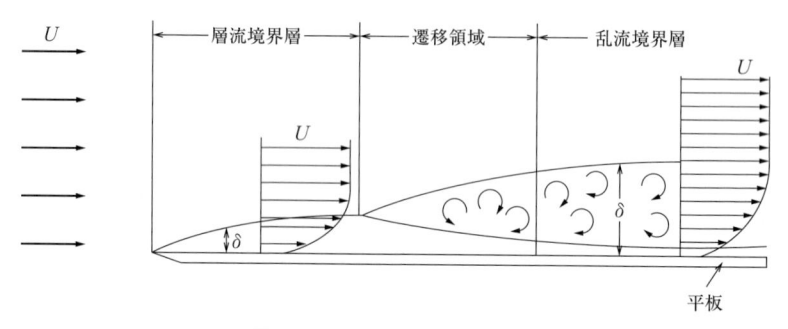

図 5・1 平板上に発達する境界層

もっと詳しく学ぼう

ダランベールの背理

図に示すように，粘性のない一様流中（完全流体）の平面内に置かれた半径 a の円柱のまわりの流れを考える．流体の粘性が無視しうる場合は，円柱のまわりに境界層は形成されず，また円柱の下流部で流体のはく離は発生しない．したがって，円柱のまわりの流れは，同図に示すように円柱の上下左右で対称となる．このとき，流れの十分上流における流速および圧力を U, p_∞，円柱表面の任意の地点の流速および圧力を v, p とすると，十分に上流の点と円柱表面の任意の点で立てられたベルヌーイの式は，それぞれの位置水頭が等しい（$z_\infty = z$）ため

$$\frac{p_\infty}{\rho g} + \frac{U^2}{2g} = \frac{p}{\rho g} + \frac{v^2}{2g} = 一定値\ C \qquad ①$$

式①を変形して，圧力 p は

$$\frac{p}{\rho g} = \left(\frac{p_1}{\rho g} + \frac{U^2}{2g}\right) - \frac{v^2}{2g} = C - \frac{v^2}{2g} \qquad ②$$

ここで，v の値は，完全流体では円柱の上下左右で対称になる（$v = 2U\sin\theta$，他書参照）．したがって，式②より圧力 p も円柱の上下左右で対称となる．これは，円柱が流れから力を受けないことを意味し，われわれが日常経験することに反する結果となる．この矛盾は**ダランベールの背理**（d'Alembert's paradox）と呼ばれており，粘性の効果を無視したために生じたものである．同背理は，現実の流体の取扱いにおいては粘性の効果を考慮する必要があることを示している．

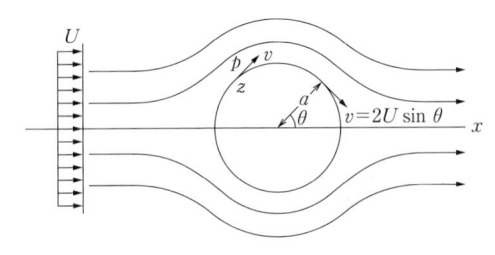

円柱まわりの流れ（完全流体）

2 形状抵抗と表面抵抗

粘性を考慮しない場合，「流れの中に置かれた円柱は力を受けない」という．われわれの経験に反する結果が導かれることを第 5 章"もっと詳しく学ぼう"「ダランベールの背理」で示した．実際の流れにおいては，粘性の効果によって円柱の上流側で境界層が発達し，それが下流側ではく離して，**カルマン渦**と呼ばれる渦が円柱の上下端（流れる方向から見ると左右端）から交互に放出される（**図 5・2** 参照）．このとき物体の後部に低圧部が形成され，結果として円柱の上下流部の圧力差に起因する

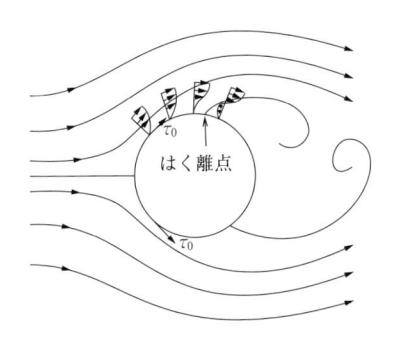

図 5・2 円柱まわりの流れと境界層のはく離

抵抗が物体に作用する．この抵抗は物体の形状に起因するので，**形状抵抗**と呼ばれる．

一方，流れの中に置かれた物体の表面には表面せん断応力 τ_0 が作用する．これによって，物体は下流方向の抵抗を受けることとなるが，これは**表面抵抗**と呼ばれる．

図 5·3 は，形状抵抗と表面抵抗の効果を概念的に示したものである．同図(a)のケースは平板を流れの方向に対して垂直に設置した場合であり，形状抵抗が卓越し，表面抵抗は無視できる．一方，同図(b)のケースは平板を流れに対して平行な方向に設置した場合であり，平板表面に働く表面抵抗が卓越し，形状抵抗は無視できる．一般的には，同図(c)に示すように形状抵抗と表面抵抗の双方が無視できないケースが多い．したがって，実際の物体にかかる抵抗 F_D は表面抵抗 F_{DS} と形状抵抗 F_{DF} の合力として次式で与えられる．

$$F_D = F_{DS} + F_{DF}$$
$$= C_S A \frac{\rho U^2}{2} + C_F A \frac{\rho U^2}{2} = C_D A \frac{\rho U^2}{2} \quad (5\cdot1)$$

ここに，C_S は表面抵抗係数，C_F は形状抵抗係数，C_D は抵抗係数，A は代表面積，ρ は流体の密度，U は接近流速である．

工学的には，表面抵抗と形状抵抗を分離して取り扱うことは困難なことが多く，しばしば両者を足し合わせた抵抗 $F_D(=F_{DS}+F_{DF})$ と，それを見積るための抵抗係数 $C_D(=C_S+C_F)$ がよく使用される（式(5·1)参照）．

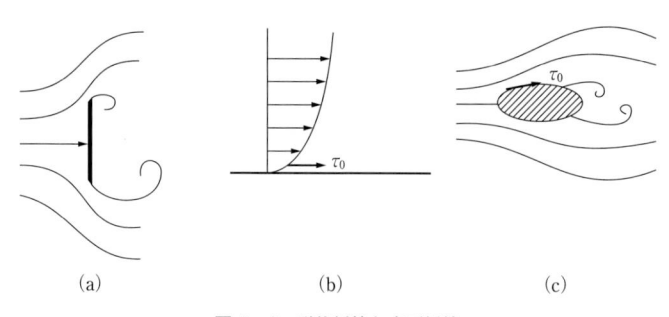

図 5·3 形状抵抗と表面抵抗

5·2 形状抵抗と表面抵抗

1 柱状物体に作用する抵抗

図5·4は，柱状物体である円柱の抵抗係数 C_D とレイノルズ数 Re（$=Ud/\nu$，d は円柱の直径，ν は流体の動粘性係数）の関係を整理して示したものである．同図には，実験結果とそのベストフィットラインを実線で示している．なお，円柱の抵抗 $F_D=C_D A(\rho U^2/2)$ における代表面積 A は，$A=dl$（d は円柱の直径，l は長さ）である．同図より Re 数が大きくなると C_D が小さくなることがわかる．また，$Re=3\times10^5$ 近傍で C_D が Re 数に対して急激に低下するのは層流境界層から乱流境界層への遷移によるものである（第5章"もっと詳しく学ぼう"「球の抵抗（層流境界層と乱流境界層）」参照）．また，**表5·1** に種々の柱状物体の，Re 数の大きい（$Re=10^5$）乱流中で作用する抵抗係数 C_D の値を整理して示す．

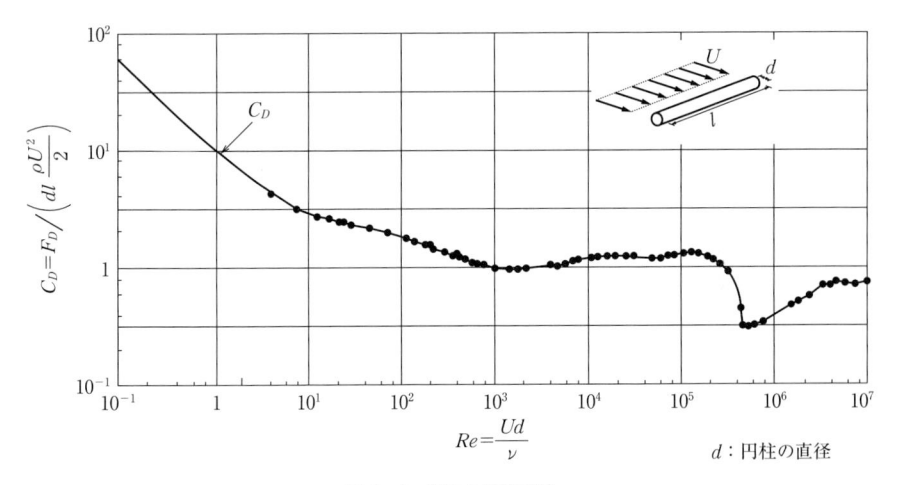

図 5·4 円柱の抵抗係数
（出典：流体力学ハンドブック，日本流体力学会）

表 5・1 種々の柱状物体の抵抗係数 ($Re=10^5$)

形状	d_0/d_1	r/d_0	C_D	形状	d_0/d_1	r/d_0	C_D
円(円柱)	1	—	1.00	角丸長方形	2	0.021	2.2
					2	0.083	1.9
					2	0.250	1.6
楕円	2	—	1.6	角丸正方形	1	0.021	2.0
					1	0.167	1.2
					1	0.333	1.0
楕円	1/2	—	0.6	角丸長方形	1/2	0.042	1.4
					1/2	0.167	0.7
					1/2	0.500	0.4
ひし形	2	0.021	1.8	三角形	1	0.021	1.2
	2	0.083	1.7		1	0.083	1.3
	2	0.167	1.7		1	0.250	1.1
正方形(傾斜)	1	0.015	1.5	三角形	1	0.021	2.0
	1	0.118	1.5		1	0.083	1.9
	1	0.235	1.5		1	0.250	1.3
ひし形	1/2	0.042	1.1				
	1/2	0.167	1.1				
	1/2	0.333	1.1				

(出典:流体力学ハンドブック,日本流体力学会)

2 三次元物体に作用する抵抗

ここではまず,代表的な三次元物体として球の抵抗係数 C_D とレイノルズ数 Re の関係について述べる.

ストークスは流速 U が極めて遅く ($Re=Ud/\nu$ が十分に小さい),層流と見なせる条件において球(直径 d)の抵抗係数 C_D を理論的に取り扱い次式を得ている(詳しくは専門書をご参照いただきたい).

$$C_D = \frac{24}{Re} : \text{ストークスの抵抗則} \tag{5・2}$$

式(5・2)の適用範囲は $Re<1$ である.一方,オセーンはストークスの理論を

Re 数がより大きな場合に適用できるように拡張して次式を得ている．

$$C_D = \frac{24}{Re}\left(1 + \frac{3}{16}Re\right) : \text{オセーンの抵抗則} \tag{5・3}$$

同式の適用範囲は $Re\sim2$ 程度までであり，ストークスの抵抗則に比較して適用範囲が大きく拡大したわけではない．

図5・5 は球の C_D と Re 数の関係についての実験結果と，そのベストフィットライン，および式(5・2)，式(5・3) を比較して示している．球の抵抗 $F_D=C_D A$ $(\rho U^2/2)$ における代表面積 A は $A=\pi d^2/4$ である．工学的な計算では，ストークスもしくはオセーンの抵抗則の適用範囲より Re 数が大きい領域については同図に示す実験曲線を使用して C_D を推定する．なお，同図より Re が大きくなると C_D は小さくなることがわかる．また，$Re\sim 3\times 10^5$ 程度で C_D が急減するのは，層流境界層から乱流境界層への遷移によるものである（第5章"もっと詳しく学ぼう"「球の抵抗（層流境界層と乱流境界層）」参照）．

表5・2 にさまざまな三次元物体のケースの十分に Re 数が大きな（$Re=10^4\sim 10^6$）乱流中で作用する抵抗係数 C_D の値を整理して示す．同図より類似の形状の物体でもスプリッタの有無によって C_D の値が大きく異なることがわかる（スプリッタによって後流を分離して下流の低圧部の影響を小さくすることができるため）．

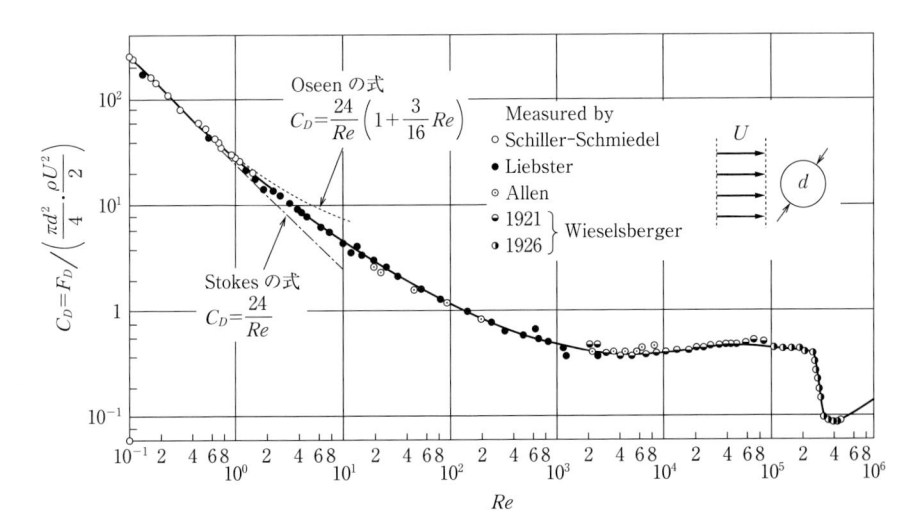

図 5・5 球の抵抗係数（出典：流体力学ハンドブック，日本流体力学会）

表 5・2 種々の三次元物体の抵抗係数 ($Re=10^4 \sim 10^6$)

形 状	C_D	形 状	C_D	形 状	C_D	形 状	C_D
sting support	0.47	3:4	0.59	separation	1.17		1.38
	0.38	cube	0.80		1.17	cube	1.05
	0.42	60°	0.50		1.42		

注）流れの方向はすべて→　　　　　　　　　（出典：流体力学ハンドブック，日本流体力学会）

例題 5・1　円柱に作用する抵抗

　図のように，流速 $U=0.3$ m/s の一様流中に直径 $d=2.0$ cm，長さ $L=100$ cm の円柱が置かれている．このとき，この円柱の抵抗係数 C_D および円柱に作用する全抵抗 F_D を求めよ．ただし，流体の密度 ρ を $\rho=1.000$ g/cm^3，動粘性係数 ν を $\nu=0.013$ cm^2/s とする．

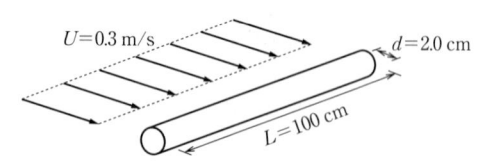

（解）

　レイノルズ数 $Re(=Ud/\nu)$ は次式で与えられる．

$$Re = \frac{Ud}{\nu} = \frac{30.0 \text{ cm/s} \times 2.0 \text{ cm}}{0.013 \text{ cm}^2/\text{s}} = 4.62 \times 10^3 \qquad ①$$

よって，抵抗係数 C_D は図 5・4 より $C_D = 1.10$ となる．また，代表面積 A は $A = Ld$ で与えられるので，全抵抗 F_D は

$$F_D = \frac{1}{2} C_D \rho U^2 A = \frac{1}{2} C_D \rho U^2 L d$$

$$= \frac{1}{2} \times 1.10 \times 1.000 \times 10^3 \text{ kg/m}^3 \times 0.3^2 \text{ m}^2/\text{s}^2 \times 1.00 \text{ m} \times 0.02 \text{ m} = 0.990 \text{ N}$$

　　　　　　　　　　　　　　　　　　　　　　　　　　　　　　　　　　　　②

もっと詳しく学ぼう　カルマン渦

　　流れの中の物体後部の左右（流れ方向に向かって）より交互にカルマン渦と呼ばれる渦が放出されることは本文中に既述した．このカルマン渦は一対の渦列から形成されるが，このような現象は，河川橋脚の下流の流れなど，身近な流れの中によく観察される．また，風の強い日に電線が振動するのはカルマン渦が電線の上下部で交互に放出されるためであり，そのときピューピューとい

う，われわれが風の音と思っている音を発生させることとなる．

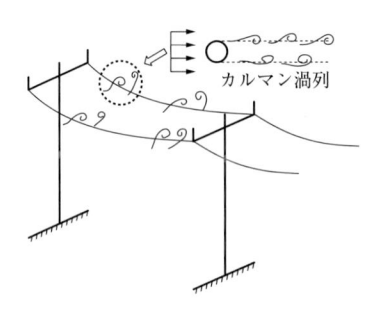

もっと詳しく学ぼう　キャビテーション

　管路の縮流部やダムの越流部の斜面のように流速が速い場所では水圧が低下する（ベルヌーイの定理を思い出す）．その結果，水圧が飽和蒸気圧以下になると水中に気泡が発生する（キャビテーション（空洞現象）と呼ぶ）．この気泡は流下して流速の遅い高圧部に至ると，急激に圧縮されて崩壊する．このとき発生する衝撃的・間欠的な高圧が物体表面の浸食や騒音などの工学上の問題を引き起こすので対策が必要となる．

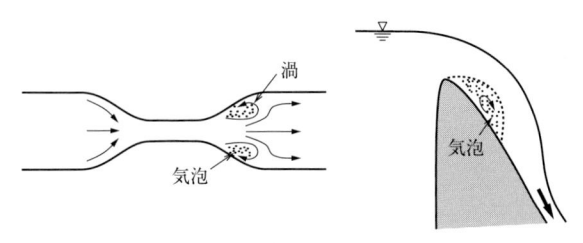

POINT　物体の抵抗

　物体の抵抗は，（全抵抗）＝（表面抵抗）＋（形状抵抗）で与えられる．鋭い物体の場合は，両者を別々に算定する．しかし，物体後部ではく離を生ずる鈍い物体の場合には，両者を分離して取り扱うことが困難であるケースが多いので，全抵抗を抵抗係数（図5・4，図5・5）を使用して論ずることが多い．

例題 5・2　球に作用する抵抗

密度 ρ_w の静水中に水より重い密度 ρ，直径 d の球状の粒子を入れると，沈降しながら加速し，最終的に一定の速度となる．このときの速度は最終沈降速度 v_c と呼ばれる．この v_c の理論式を導け．また，C_D がストークスの式 $C_D=24/Re$ で近似しうる場合，v_c はどのように表せるか．

（解）

図に示すように粒子に作用する重力，浮力，抵抗力をそれぞれ W，B，F_D とし，また，水の密度を ρ_w とすると

$$W=\frac{\rho g \pi d^3}{6}, \qquad B=\frac{\rho_w g \pi d^3}{6}$$

$$F_D=C_D A \frac{\rho v_c^2}{2}=C_D\left(\frac{\pi d^2}{4}\right)\frac{\rho v_c^2}{2} \qquad ①$$

沈降する粒子の力の釣合い式は，$F_D=W-B$ より，v_c は

$$v_c=\sqrt{\frac{4}{3C_D}\frac{\rho-\rho_w}{\rho_w}gd} \qquad ②$$

ここで，C_D にストークスの理論解 $C_D=24/Re$ を適用すると，v_c は

$$v_c=\frac{1}{18}\cdot\frac{(\rho-\rho_w)g}{\rho_w}\frac{d^2}{\nu} \qquad ③$$

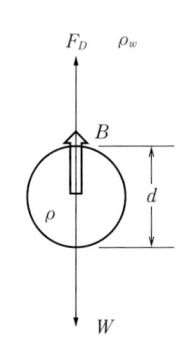

【POINT】　球の最終沈降速度と抵抗の工学的計算

工学的計算において球の最終沈降速度 v_c を求めるには，一旦，v_c を仮定して計算される Re 数を使用して図5・5より C_D を推定する．この C_D を使用して例題5・2の式②より v_c を求める．このとき，仮定した v_c の値と計算された v_c の値が異なる場合は両者が一致するまで繰り返し計算を実施して v_c を決定する．ただし，$Re<1$ が明らかな場合は式③を使用して直接 v_c を求めればよい．

もっと詳しく学ぼう　　球の抵抗（層流境界層と乱流境界層）

図中に示すように，球の抵抗 F_D と流れのレイノルズ数 $Re=Ua/\nu$ の関係は境界層の剥離と密接に関係している．図中の点 a は境界層が乱流境界層に至らず，層流境界層のまま球の後部で剥離する場合である（層流剥離領域）．Re が大きくなると（点 b），球面上の層流境界層は一担剥離するものの，球面に再

付着する．その後に乱流境界層に移行し，再び球より剥離する．この場合，後流の幅は層流境界層のまま剥離する場合より小さくなり，抵抗 F_D が減少する（遷移剥離領域）（図5・5において Re が Re~3×10^5 程度で Re に対して C_D が急減するのは境界層が層流から乱流へ遷移することによるものである）．さらに，Re が大きくなると（点c），境界層は完全に乱流に遷移した後に剥離するようになる（乱流剥離領域）．乱流剥離領域では後流の幅はあまり変化せず，Re が大きいほど（U が大きいほど）F_D は大きくなる．なお，ゴルフボールにはディンプル（表面の凹凸）があるが，これは乱流境界層の発達を促がして，流れの抵抗を減少させることによって飛距離を伸ばすためのものである．

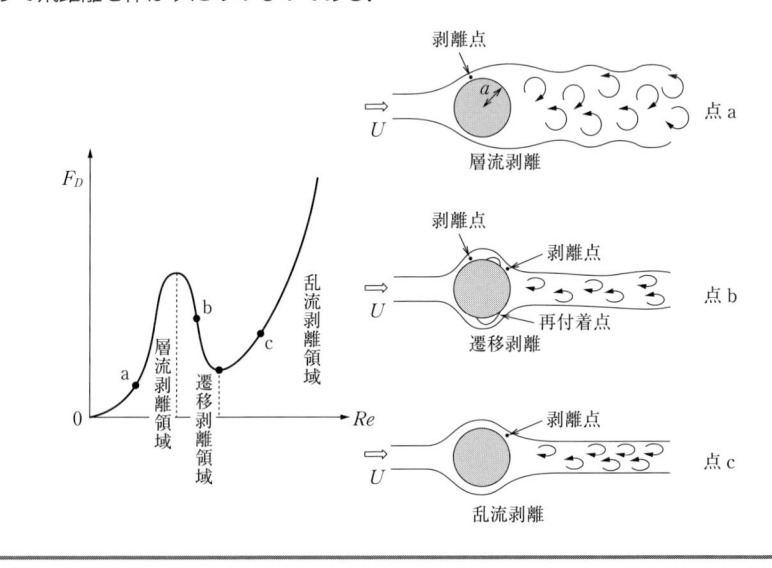

3 平板に作用する表面抵抗

図5・6に示すように，流速 U の一様流中に置かれた幅 B，長さ l の平板を考える．この場合，平板に作用する抵抗のうち形状抵抗は無視できるので，表面抵抗のみを考えればよい．表面抵抗 F_{DS} は

$$F_{DS}=B\int_0^l \tau_0 dx=C_S A\frac{\rho U^2}{2}=C_S\frac{\rho U^2}{2}Bl \tag{5・4}$$

ここで，τ_0 は壁面せん断応力，C_S は表面抵抗係数である．

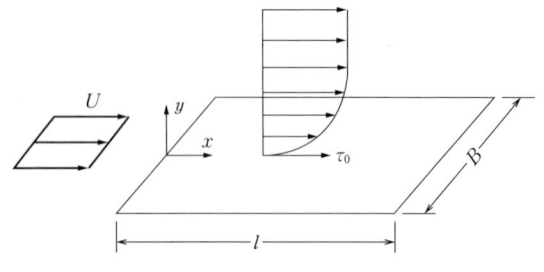

図 5・6 平板に作用する表面抵抗

　以下に物体表面に形成される境界層が層流境界層の場合と乱流境界層の場合に分けて C_S の値について整理して示す．層流境界層における C_S の値としてはブラジウスによって理論的に得られた次式がよく使用される．

$$C_S = \frac{1.328}{\sqrt{Re_l}} : Re_l \leq 5 \times 10^5 \tag{5・5}$$

ここに，Re_l は $Re_l = Ul/\nu$ であり，長さのスケールに平板の長さ l を使用したレイノルズ数である．また，同式の適用範囲は $Re_l < 5 \times 10^5$ である．

　乱流境界層で Re_l が $5 \times 10^5 < Re_l < 10^7$ の範囲における C_S の値はブラジウスが円管乱流について求めた理論解を平板の問題に拡張した次式がよく使用される（誘導の詳細は他書参照）．

$$C_S = \frac{0.074}{Re_l^{1/5}} : 5 \times 10^5 < Re_l < 10^7 \tag{5・6}$$

また，乱流境界層で Re_l がより大きな $10^7 < Re_l < 10^9$ の範囲では次式のプラントル・シュリヒティングの式がよく使用される．

$$C_S = \frac{0.455}{(\log_{10} Re_l)^{2.58}} : 10^7 < Re_l < 10^9 \tag{5・7}$$

一方，次式のプラントルの式は遷移領域を含めて成立する式である．

$$C_S = \frac{0.074}{Re_l^{1/5}} - \frac{1\,700}{Re_l} \tag{5・8}$$

以上の式(5・5)～式(5・8)と実験結果との比較を**図 5・7** に示す．同図より $Re_l \geq 5 \times 10^5$ では遷移領域を経て乱流境界層に遷移してゆくことがわかる．

5・2 形状抵抗と表面抵抗

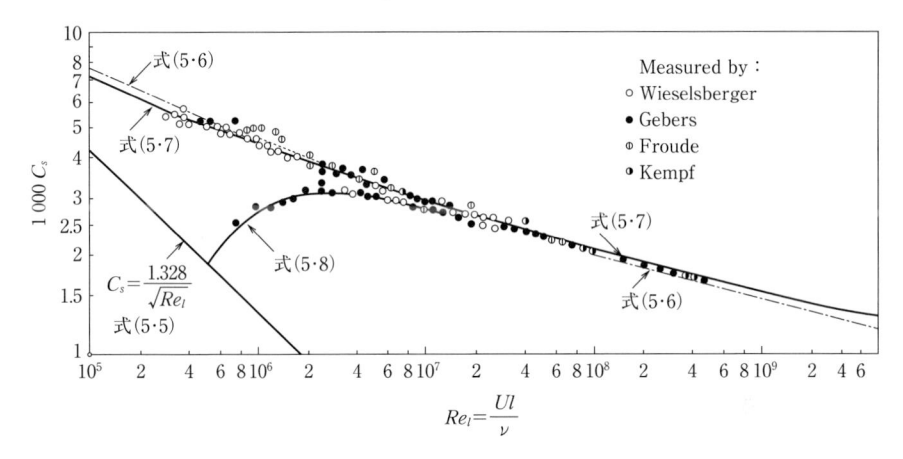

図 5・7 平板の表面抵抗係数（出典：土木学会編　水理公式集，p.41（昭和46年版））

例題 5・3　**平板に作用する抵抗**

図に示すように，流速 $U=20$ m/s の一様流中に長さ $l=5.0$ m，幅 $B=10.0$ m の薄い平板が流れと平行に置かれている．このとき，平板に作用する抵抗の種類と全抵抗 F_D を求めよ．ただし，流体の密度 ρ を $\rho=0.999$ g/cm³，粘性係数 μ を $\mu=0.011$ g/(cm·s) とする．

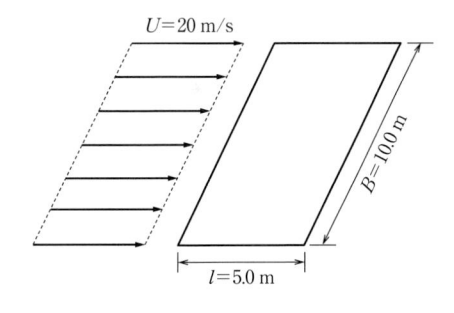

(**解**)

平板の厚さが薄いため，形状抵抗は無視できる．よって，平板に作用する抵抗は表面抵抗のみである．なお，レイノルズ数 $Re_l(=Ul/\nu)$ は動粘性係数 $\nu=\mu/\rho=0.011$ cm²/s より

$$Re_l = \frac{Ul}{\nu} = \frac{20.0\times 10^2 \text{ cm/s} \times 5.0\times 10^2 \text{ cm}}{0.011 \text{ cm}^2/\text{s}} = 9.09\times 10^7 \qquad ①$$

よって，表面抵抗係数 C_S は図 5・7 より $C_S=2.2\times 10^{-3}$ となる．したがって，全抵抗 $F_D(=$ 表面抵抗 $F_{DS})$ は

$$F_D = F_{DS} = \frac{1}{2}C_S\rho U^2 Bl \times 2 = \frac{1}{2} \times 2.2 \times 10^{-3} \times 9.99 \times 10^2 \text{ kg/m}^3$$
$$\times 20.0^2 \text{ m}^2/\text{s}^2 \times 10.0 \text{ m} \times 5.0 \text{ m} \times 2 = 4.40 \times 10^4 \text{ N} \qquad ②$$

なお，全抵抗 F_D の算定式の最後に 2 を掛けるのは，平板の両面に等しい表面抵抗が作用することを考慮するためである．

3 揚 力

一様流中に置かれた円柱を時計回りに回転させることを考える．図 5・8 に示すように，円柱の回転によって誘起される流れにより，円柱の下部（流れ方向から見ると右側）で流速が遅くなり，また円柱の上部で流速が速くなる．ベルヌーイの定理によれば，流速が遅くなると圧力は高くなる．つまり，同図のケースにおいて，円柱は下から上への力を受けることとなる．この力を**揚力** F_L と呼んでいる．

また，図 5・9 に示すような航空機の翼状の物体を流れの中に置くと，翼の下流端より反時計回りの渦が放出される．一方，その反作用として，時計回りの渦が翼のまわりに形成されることとなる．この時計回りの渦によって，翼の下部の流速は遅くなり，また，上部の流速は速くなる．その結果として，翼は揚力を受けることとなる（ベルヌーイの定理より）．なお揚力 F_L は次式で定義される．

$$F_L = C_L A \frac{\rho U^2}{2} \qquad (5 \cdot 9)$$

ここに，C_L は揚力係数，A は代表面積である．

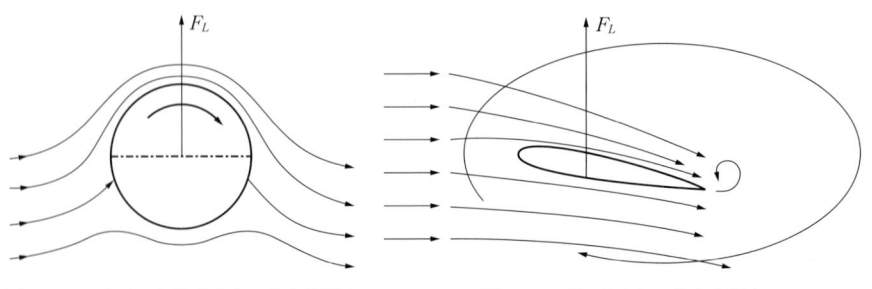

図 5・8 回転する円柱まわりの流れと揚力   図 5・9 翼のまわりの流れと揚力

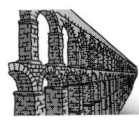

4 管内流の摩擦抵抗

円管内を流体が流れるとき，管には壁面せん断応力 τ_0 に基づく表面抵抗が作用する．円管に作用する表面抵抗（管内流が管壁に与える力）は，構造物としての管路に外力として働くので構造工学上は重要であるが，水理学上はあまり問題とされない（平板にかかる表面抵抗が水理学的に重要であることと対照的である）．

一方，管内流の側から見ると，表面抵抗と同じ大きさの力が流れに作用する．この力の作用方向は，流れ方向と反対向きであり，流れにとって摩擦抵抗となる．なお，管内流は，壁面せん断応力に抵抗して流れ，仕事をすることになる．その結果，エネルギー損失が発生する．このエネルギー損失は管内圧力の低下を生じせしめるので，その評価は水理学上の重要な課題となる．本節においては，管水路の摩擦損失が生ずる理論的な背景を述べる．また，第6章の「管水路の流れ」において摩擦損失を実務的にどのように取り扱うかを述べている．

ところで，円管内の壁面せん断応力に起因するエネルギー損失を**摩擦損失**と呼び，また，それを水頭の形で表したものを**摩擦損失水頭**と呼んでいる．ダルシーとワイズバッハは，管路の距離 l だけ離れた二点間で発生する摩擦損失水頭 h_f が管内の平均流速 u_m の2乗に比例し，また，管径 d に反比例すると考えて，次式で摩擦損失水頭を表すことを提案している．

$$h_f = f \frac{l}{d} \frac{u_m^2}{2g} \tag{5・10}$$

ここに，f は摩擦損失係数である．

なお，第3章，第4章，第7章では断面平均流速として v を用いている．しかし，この章では流速分布を論ずる部分があるので，区別して局所流速を u，断面平均流速を u_m として取扱う．なお，本節の応用としての第6章でもこの記号を用いている．

以下で，円管内の流れが層流もしくは乱流である場合の摩擦損失係数についてそれぞれ論ずる．

1 層流の摩擦損失係数

図5・10に示す円管内を層流状態で流体が流れている場合を考える．このとき，円管内の微小ユニットについて，次式が成立する．ただし，管は水平に置かれているものとする．

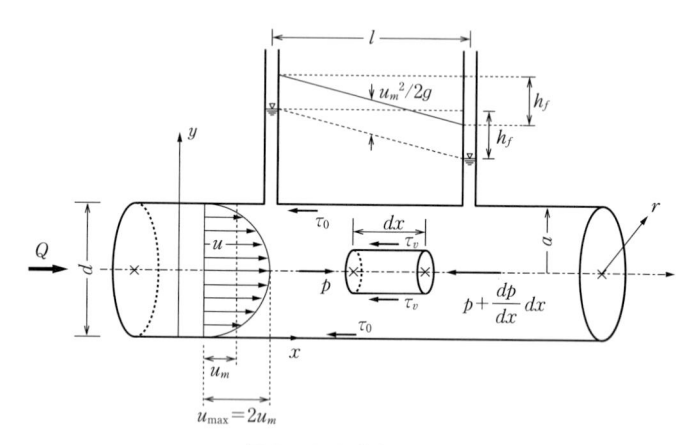

図 5・10 円管内の層流

$$p\pi r^2 - \left(p + \frac{dp}{dx}dx\right)\pi r^2 - 2\pi r dx \cdot \tau_\nu = 0 \Rightarrow \tau_\nu = -\frac{dp}{dx} \cdot \frac{r}{2} \quad (5 \cdot 11)$$

ここに，pは水圧，τ_νは流れに作用するせん断応力である．流れが層流の場合を考えているのでτ_νは水の粘性係数をμとするとニュートンの粘性則より次式となる（ただし，r方向にuが小さくなるので－を付加する）．

$$\tau_\nu = -\mu \frac{du}{dr} \quad (5 \cdot 12)$$

式(5・11)，(5・12)を等置すると，$du/dr = (1/\mu)(dp/dx)(r/2)$となり，これを壁面（$r=a$）で$u=0$の境界条件のもとに積分すると，流速分布式として放物線形状の次式を得る．

$$u = -\frac{1}{4\mu}\frac{dp}{dx}a^2\left(1 - \frac{r^2}{a^2}\right) = u_{\max}\left(1 - \frac{r^2}{a^2}\right) = 2u_m\left(1 - \frac{r^2}{a^2}\right) \quad (5 \cdot 13)$$

ここに，$u_{\max} = -(1/4\mu)(dp/dx)a^2$は管中心（$r=0$）において生ずる最大流速，また，$u_m$は管内平均流速である（図5・10，式(5・13)参照）．

ここで，管内の平均流速 u_m は式(5・13) を断面内で平均して

$$u_m = \frac{1}{\pi a^2} \int_0^a 2\pi r u\, dr = \frac{a^2}{8\mu}\left(-\frac{dp}{dx}\right) \tag{5・14}$$

つまり，$2u_m = u_{\max}$ の関係があることがわかる（式(5・13) 参照）．なお，dp/dx は圧力勾配と呼ばれ，式(5・10) より $dp/dx = -(h_f/l)\cdot \rho g$ である．また，$d = 2a$ であるから式(5・14) より

$$\frac{dp}{dx} = -\frac{32\mu u_m}{d^2} = -\rho g \frac{h_f}{l} \tag{5・15}$$

結局，式(5・15) の h_f に式(5・10) を代入して円管内を層流で流れる場合の摩擦損失係数 f は

$$f = \frac{64\nu}{u_m d} = \frac{64}{Re} \tag{5・16}$$

同式より，f はレイノルズ数 $Re = u_m d/\nu$ のみの関数であることがわかる．

【POINT】 層流における管内流量とハーゲン-ポアズイユの法則

層流では管中央の最大流速 $u_{\max}$ と平均流速 u_m の関係は，$u_{\max} = 2u_m$ である（式(5・13) 参照）．また，管内流量 $Q = \pi a^2 u_m$ を使用すれば，式(5・14)，式(5・15) より次式の関係式が得られる．

$$Q = \frac{\pi d^4 \rho g}{128\mu} \frac{h_f}{l}$$

同式は，管内流量は管径 d の4乗と圧力勾配 h_f/l に比例し，かつ粘性係数 μ に反比例することを示している．この関係式は**ハーゲン-ポアズイユの法則**と呼ばれている．

例題5・4　円管内の流速と壁面せん断応力

半径 $a = 3.0\,\text{cm}$ の円管内を水が流量 $Q = 10\,\text{cm}^3/\text{s}$ で流れている．このとき，管壁から1cm 離れた位置における流速 $u_{1.0}$ および管壁に作用するせん断応力 τ_0 を求めよ．ただし，水の密度 ρ を $\rho = 1.000\,\text{g/cm}^3$，粘性係数 μ を $\mu = 0.010\,\text{g/(cm·s)}$ とする．

（解）

層流・乱流の判定：管内平均流速 u_m は

$$u_m = Q/\pi a^2 = 10.0/(\pi \times 3.0^2) = 0.35 \text{ cm/s} \qquad ①$$

また，動粘性係数 ν は $\nu = \mu/\rho = 0.010 \text{ cm}^2/\text{s}$ であるから，レイノルズ数 Re は $Re = 2u_m a/\nu = 210$ となり，流れは層流である．ここで，管内最大流速 $u_{\max}$ は $u_{\max} = 2u_m$ であるので，式(5・13)の層流の流速分布より，$Q = 10 \text{ cm}^3/\text{s}$, $a = 3.0 \text{ cm}$, $r = 2.0 \text{ cm}$ を代入して $u_{1.0}$ は

$$u_{1.0} = 2 \times \frac{10.0 \text{ cm}^3/\text{s}}{\pi \times 3.0^2 \text{ cm}^2} \times \left(1 - \frac{2.0^2 \text{ cm}^2}{3.0^2 \text{ cm}^2}\right) = 0.39 \text{ cm/s} \qquad ②$$

ここで，r は管中心からの距離であるので，管壁から1 cm 離れた位置では $r = 2.0$ cm となることに注意が必要である．

<u>円管内のせん断応力 τ_ν</u>：式(5・13)を式(5・12)に代入して $r = a$ とすると τ_0 は

$$\tau_0 = \mu \frac{4Q}{\pi a^3} = 0.010 \times 10^{-3} \times 10^2 \text{ kg/(m·s)} \times \frac{4 \times 10.0 \times 10^{-6} \text{ m}^3/\text{s}}{\pi \times (3.0 \times 10^{-2})^3 \text{ m}^3} \qquad ③$$
$$= 4.72 \times 10^{-4} \text{ N/m}^2$$

2 乱流の摩擦損失係数

図5・11 のように管径 d の円管内を乱流状態で流体が流れている場合を考える．円管流中の微小ユニットにおける力の釣合い式より，壁面せん断応力 τ_0 は

$$0 = \frac{\pi}{4}d^2\left\{p - \left(p + \frac{dp}{dx}dx\right)\right\} - \tau_0 \pi d \cdot dx \Rightarrow \tau_0 = \frac{d}{4}\left(-\frac{dp}{dx}\right) \quad (5・17)$$

式(5・10) より，$dp/dx = -(h_f/l) \cdot \rho g$ は

$$-\frac{dp}{dx} = f\frac{\rho}{d}\frac{u_m^2}{2} \qquad (5・18)$$

同式を式(5・17)に代入して

$$U_* = \sqrt{\frac{\tau_0}{\rho}} = \sqrt{\frac{f}{8}}u_m \qquad (5・19)$$

ここに，$U_* = \sqrt{\tau_0/\rho}$ は壁面せん断応力 τ_0 の大きさの指標であり，速度の次元を持つことから**摩擦速度**と呼ばれている．また，式(5・19) より，f は

$$f = \frac{8\tau_0}{\rho u_m^2} = 8\left(\frac{U_*}{u_m}\right)^2 \qquad (5・20)$$

同式の u_m/U_* の値は壁面が滑らかな場合（滑面円管路という）と粗い場合（粗面円管路という）で異なる．滑面円管路における u_m/U_* の値は第5章"もっと詳しく学ぼう"「円管内の乱流流速分布と平均流速」の式⑤で与えられるから，若干の計算後，滑面の f の値は

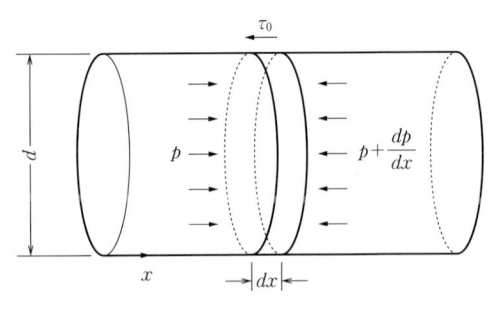

図 5・11 円管内の乱流

$$\frac{1}{\sqrt{f}}=2.03\log_{10}(Re\sqrt{f})-0.91：滑面円管路 \quad (5・21)$$

なお，実際には，式中の 0.91 の値の代わりに実験結果と一致する 0.8 の値がよく使用される．同式より，滑面の場合には f はレイノルズ数のみの関数であるが，両辺に f が含まれるので同式から f を求めるためには繰返し計算が必要である．

一方，粗面円管路の流れにおける u_m/U_* の値は第 5 章 "もっと詳しく学ぼう"「円管内の乱流流速分布と平均流速」の式⑦で与えられるから，粗面円管路における f の値は，滑面のケースと同様にして

$$\frac{1}{\sqrt{f}}=2.03\log_{10}\frac{d}{2k_s}+1.68：粗面円管路 \quad (5・22)$$

ここに，k_s は粗度の高さの指標であり，また，k_s/d は相対粗度（第 5 章 "もっと詳しく学ぼう"「壁面の粗滑」参照）と呼ばれる．なお，実際には，式中の 1.68 の値の代わりに実験結果と一致する 1.74 の値がよく使用される．同式より，粗面管路の場合の f の値は k_s/d のみの関数であることがわかる．

もっと詳しく学ぼう

乱流におけるせん断応力と混合距離理論

層流中におけるせん断応力 τ_ν は，第 1 章で述べたように，

$$\tau_\nu=\mu\frac{du}{dy} \quad ①$$

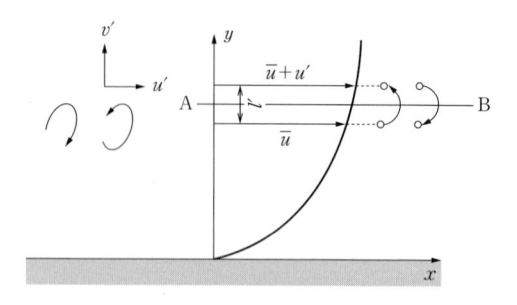

一方，乱流中のせん断応力を求めるためには，図に示すように，流れの中にとられた水平線 A-B を通しての乱れによる運動量の移動を考慮する必要がある．x, y 方向の流速を u, v とし，諸量の時間平均量に ￣，また，変動量 ′ をつけて表すこととすると，u, v は平均流速と乱れによる変動成分からなり，それぞれ $u=\bar{u}+u'$, $v=\bar{v}+v'$ と表すことができる．$\bar{v}=0$ であるので，面 A-B を通して v 方向に輸送される単位時間当たりの x 方向の運動量は，若干の計算の後（他書参照）$\rho\overline{u'v'}$ で与えられる（￣は時間平均値を表す）．この乱れによる運動量の輸送によって面 A-B に乱れによるせん断応力 $\overline{u'v'}$ が作用することになる．$\overline{u'v'}$ は一般に負の値を持つので（他書参照），乱れによるせん断応力 τ_t は負号をつけて $\tau_t=-\rho\overline{u'v'}$ と表す．

　結局，流れの中にかかるせん断応力 τ は，粘性によるせん断応力 τ_ν と乱れによるせん断応力 τ_t （レイノルズストレスと呼ばれる）の合計 $\tau=\tau_\nu+\tau_t$ で表され次式で与えられる．

$$\tau=\tau_\nu+\tau_t=\mu\frac{d\bar{u}}{dy}-\rho\overline{u'v'} \qquad ②$$

　なお，乱流中では第 2 項の乱れに基づく成分が卓越し，層流成分である第 1 項は無視しうることが多い．

　ところで，乱れの速度成分 u' は流れの中の微小流体塊が乱れによって鉛直方向に移動する距離を l' として次式で近似できる．

$$u'=l'\frac{du}{dy} \qquad ③$$

ここで，$|v'|\propto|u'|$ と考え，その比例定数を α とすれば，$\overline{u'v'}$ は

$$|\overline{u'v'}|=\alpha l'^2\left|\frac{d\bar{u}}{dy}\right|^2 \qquad ④$$

　また，l' に類似な混合距離 $l=\sqrt{\alpha}\,l'$ を導入するとともに，τ_t が $d\bar{u}/dy$ と同符号となるように配慮すれば次式を得る．

5・4 管内流の摩擦抵抗

$$\tau_t = -\rho\overline{u'v'} = \rho l^2 \left|\frac{d\overline{u}}{dy}\right|\frac{d\overline{u}}{dy} = \rho\varepsilon\frac{d\overline{u}}{dy} \qquad ⑤$$

ここに，$\varepsilon = l^2|d\overline{u}/dy|$ は乱れの渦に起因するので，**渦動粘性係数**と呼ばれている．したがって，流れの中にかかるせん断応力 τ は式②を書き直して

$$\tau = \tau_\nu + \tau_t = (\mu + \rho\varepsilon)\frac{d\overline{u}}{dy} \qquad ⑥$$

これは，**ブシネスク**（Boussinesq）により初めて導入された形式である．なお，$\overline{u}$, $\overline{v}$ は以下では単に u, v と表す．

3 管水路流れの摩擦損失係数の整理

管水路流れの摩擦損失係数 f について，実験結果と理論的検討結果を整理して**図 5・12** に示す．$Re \leq 2\,000$ の層流域では，式(5・16) の $f = 64/Re$ と実験結果がよく一致している．一方，レイノルズ数が十分に大きい場合，つまり完全な乱流の領域では，滑面では f が式(5・21) に一致し（f がレイノルズ数のみの関数となる）．また，粗面の場合に f が式(5・22) に一致していることがわかる．

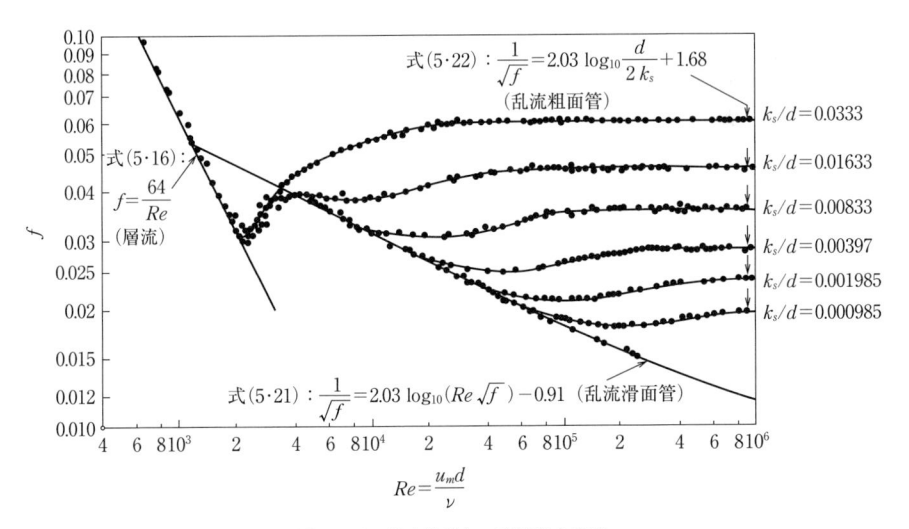

図 5・12　管水路流れの摩擦損失係数

| もっと詳しく 学ぼう | **レイノルズの実験，層流・乱流** |

　　レイノルズは管内流れにおいて層流もしくは乱流の状態が観察されることを実験的に報告している（1-3節②　層流と乱流参照）．レイノルズによる実験により得られた，一様管路の二点間の摩擦損失水頭 h_f と管内平均流速 u_m もしくはレイノルズ数 Re との関係は図のようである．

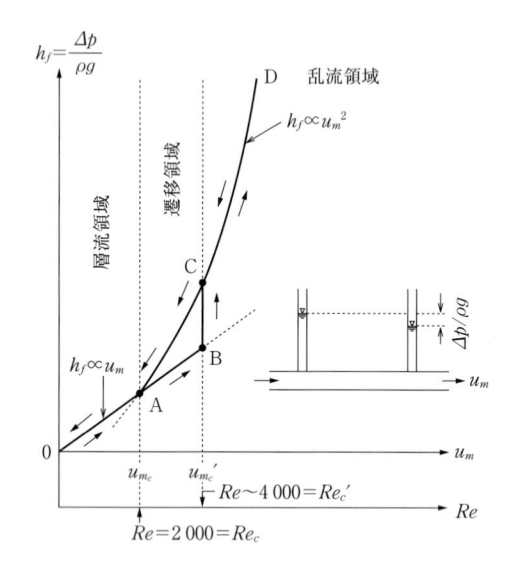

　同図に示すように，流速を 0 から速くしていくと，層流状態で原点から点 A を経由して点 B に至り，乱流状態の点 C を通って点 D に至る．一方，乱流状態の点 D から流速を遅くすると，点 C で層流に移行せず点 A に至って層流状態となる．つまり，層流と乱流の限界の流速およびレイノルズ数は，層流から乱流に遷移する場合（点 B）と乱流から層流に遷移する場合（点 A）で異なる．点 A に対応する流速を限界平均流速 u_{m_c}，レイノルズ数を**限界レイノルズ数** Re_c と呼び，$Re_c \sim 2\,000$ である．一方，点 B の流速は上限界平均流速 u_{m_c}'，レイノルズ数は**上限界レイノルズ数** Re_c' と呼ばれている．Re_c' の値は管路入口の形状などによって大きく異なるが，ほぼ 4\,000 程度であるとされている．なお，点 A～B に対応するレイノルズ数の領域は層流もしくは乱流の不安定な領域であり，**遷移領域**と呼ばれている．以上より，層流領域は $Re \leq Re_c$，遷移領域は $Re_c < Re < Re_c'$，乱流領域は $Re > Re_c'$ で与えられることとなる．

　ところで，層流の場合の f の理論式は $f = 64/Re$ であり，また粗面でレイノル

数が十分大きい場合は，式(5・22)に示したように f はレイノルズ数に無関係となる．一方，ダルシー–ワイズバッハの式は $h_f = f(l/d)(u_m^2/2g)$ であるので，層流の場合には $h_f \propto u_m$，レイノルズ数が十分大きな乱流の場合には $h_f \propto u_m^2$ となる必要がある．つまり，図中に示す $h_f \propto u_m$ の領域は管内流れが層流であり，$h_f \propto u_m^2$ の領域は乱流であることを示している．

もっと詳しく学ぼう　**壁面の粗滑**

一般に壁面には凹凸があり，これを**粗度**と呼んでいる．また，管水路流れが乱流の状態であっても，壁面のごく近傍にはきわめて流速が遅く，粘性の効果が強い粘性底層が存在する．粗度の高さを k_s，粘性底層の高さを δ_ν とするとき，$k_s < \delta_\nu$ の場合には壁面は水理学的に滑らか（滑面）であるといい，$k_s > \delta_\nu$ の場合には壁面は水理学的に粗（粗面）であるという．k_s の値は，実際の管では一定でないので実験により平均的な k_s の値を定めるが，これを**相当粗度**と呼んでいる．また，k_s/d（d は円管の内径）は相対粗度と呼ばれる．なお，δ_ν の値は，ニクラーゼの実験によれば次式で与えられる．

$$\delta_\nu = \frac{11.6\nu}{U_*} \qquad ①$$

なお，市販の管の k_s の値については水理公式集などに示されている．例えば，鋼：0.0046 cm，鋳鉄：0.026 cm，水：0.018～0.092 cm，コンクリート：0.030～0.30 cm であるとされる．ところで，実際の管の δ_ν の値は条件にもよるが，せいぜい紙程度の厚さであり，極めて薄いものである．

もっと詳しく学ぼう　**円管内の乱流流速分布と平均流速**

滑面管路内の乱流流速分布と平均流速：既述のように，乱流流れのせん断応力 τ は $\tau \sim \tau_t$ で与えられ，また，壁面近傍の τ は $\tau \sim \tau_0$ で近似できるから，第5章"もっと詳しく学ぼう"「乱流におけるせん断応力と混合距離理論」の式⑤より

$$\tau = \tau_t = \tau_0 = \rho l^2 \left(\frac{du}{dy}\right)^2 = \rho k^2 y^2 \left(\frac{du}{dy}\right)^2 \qquad ①$$

ここに，y は管壁からの距離，l（混合距離）$= ky$ である（この式は壁面近傍で成立する）．k はカルマン定数と呼ばれ，$k = 0.4$ である．式①より，du/dy は

$$\frac{du}{dy} = \frac{1}{ky}\sqrt{\frac{\tau_0}{\rho}} = \frac{U_*}{k}\frac{1}{y} \qquad ②$$

式②を管の中心部の流速が $u=U$ の境界条件のもとに積分すると，流速分布式として次式を得る．

$$\frac{U-u}{U_*} = 5.75 \log_{10}\frac{a}{y} \qquad ③$$

同式は次式のように変形できる．

$$\frac{u}{U_*} = 5.75 \log_{10}\frac{U_* y}{\nu} + A \qquad ④$$

ここに，A はニクラーゼの実験によって与えられ，$A=5.50$ である．
また，平均流速 u_m は，式④より

$$\frac{u_m}{U_*} = \frac{1}{U_*}\left(\frac{1}{\pi a^2}\int_0^a 2\pi r u \, dr\right) = 5.75\log_{10}\frac{U_* a}{\nu}+1.75 \qquad ⑤$$

粗面管路内の乱流流速分布と平均流速：粗面管路の場合は相当粗度 k_s の影響を受けると考えるのが自然であるから，流速分布は，滑面の流速分布式④を相当粗度 k_s を含む形に変形して，

$$\frac{u}{U_*} = 5.75\log_{10}\left(\frac{y}{k_s}\frac{U_* k_s}{\nu}\right) + 5.50$$

$$= 5.75\log_{10}\frac{y}{k_s} + 5.50 + 5.75\log_{10}\left(\frac{U_* k_s}{\nu}\right)$$

$$= 5.75\log_{10}\frac{y}{k_s} + A_r \qquad ⑥$$

ここに，A_r の値は，$A_r = 5.50 + 5.75\log_{10}(U_* k_s/\nu)$ である．
下図は A_r に関する実験結果を整理して示したものである．同図を使用して A_r

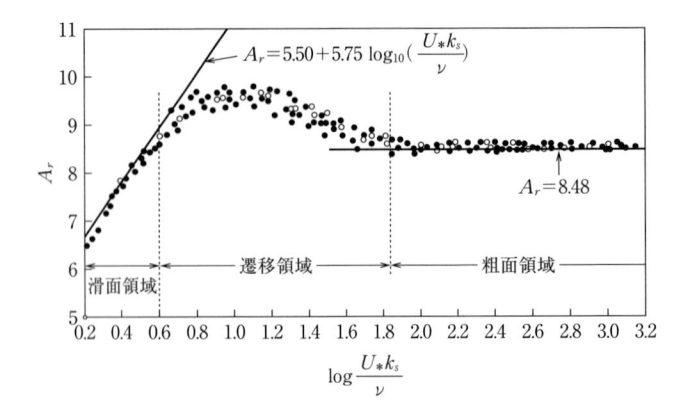

の値を定めることによって，滑面から粗面の領域までの流速分布を式⑥を使用して求めることができる．なお，同図より，粗面領域では $A_r=8.48$ となることがわかる．

また，平均流速 u_m は，$A_r=8.48$ として次式で与えられる．

$$\frac{u_m}{U_*}=\frac{1}{U_*}\left(\frac{1}{\pi a^2}\int_0^a 2\pi r u\,dr\right)=5.75\log_{10}\frac{d}{2k_s}+4.75 \qquad ⑦$$

例題 5・5 摩擦損失係数の計算

内径 $d=10\,\mathrm{cm}$ の鋳鉄製の円管内を平均流速 $u_m=2\,\mathrm{m/s}$ で水が流れているとき，管長 $l=100\,\mathrm{m}$ 当たりの摩擦損失水頭 h_f を求めよ．ただし，相当粗度 $k_s=0.0045\,\mathrm{cm}$，水の動粘性係数 $\nu=0.013\,\mathrm{cm^2/s}$ とする．

(解)

相対粗度 $k_s/d=0.0045/10=4.5\times 10^{-4}$，レイノルズ数 $Re=u_m d/\nu=200\times 10/0.013=1.54\times 10^5$ である．

ここで，壁面を滑面と仮定すると，第 5 章 "もっと詳しく学ぼう"「円管内の乱流流速分布と平均流速」の式⑤の u_m/U_* に $u_m=2\,\mathrm{m/s}$，$d=10\,\mathrm{cm}$，$\nu=0.013\,\mathrm{cm^2/s}$ を代入すると

$$\frac{200}{U_*}=5.75\log_{10}\frac{U_*\times 10}{2\times 0.013}+1.75$$

本式をニュートン法などの数値解法で解くか，もしくは，U_* を仮定して右辺と左辺が一致するように繰り返し計算によって解くと，$U_*=9.04\,\mathrm{cm/s}$ を得る．

ところで，粘性底層の厚さ δ_ν は第 5 章 "もっと詳しく学ぼう"「壁面の粗滑」の式①より

$$\delta_\nu=\frac{11.6\nu}{U_*}=\frac{11.6\times 0.013}{9.04}=0.017\,\mathrm{cm}$$

これより，$\delta_\nu>k_s$ であるから，設問の鋳鉄管は滑面である．よって，f は式(5・21)に $Re=1.54\times 10^5$ を代入した上で U_* の場合と同様な繰り返し計算により，$f=0.0164$ を得る．この f を使用して，h_f は

$$h_f=f\frac{l}{d}\frac{u_m^2}{2g}=0.0164\times\frac{100}{0.1}\times\frac{2^2}{2\times 9.8}=3.35\,\mathrm{m}$$

演習問題

1 流速 $U=0.5$ m/s の一様流水中に一辺 $a=30$ cm，長さ $l=5$ m の正四角柱が置かれている．この正四角柱に作用する全抵抗 F_D が $F_D=1.20\times10^2$ N であるとき，正四角柱の抵抗係数 C_D を求めよ．ただし，水の密度 ρ を $\rho=0.998$ g/cm^3 とする．

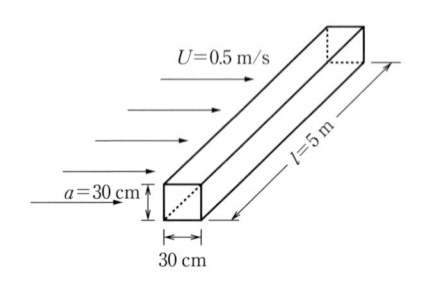

2 管径 $d=1.0$ m の円管内を流量 $Q=5.0$ m^3/s で水が流れている．次の問いに答えよ．ただし，水の動粘性係数 ν を $\nu=0.010$ cm^2/s とする．
1) 円管を滑管とした場合の管中心の流速 u_{max} を求めよ．
2) 円管の相当粗度 k_s を $k_s=0.06$ cm とした場合の管中心の流速 u_{max} を求めよ．なお，壁面は十分粗いものと仮定する．

3 貯水池 A から貯水池 B に，円管路を使用して毎秒 0.3 m^3 の水を送水する．円管路の長さを 2 km，両貯水池の水位差を 50 m とするとき，円管路の内径はいくら必要か．ただし，摩擦損失以外のエネルギー損失は無視できるものとする．また，摩擦損失係数 $f=0.018$ とする．

4 管径 $d=0.4$ m の円管内を管内平均流速 $u_m=4.0$ m/s で水が流れている．この円管の 50 m 離れた 2 点間の摩擦損失水頭 h_f が 2.5 m であった．次の問いに答えよ．ただし，円管の管壁の相当粗度 k_s を $k_s=0.2$ mm，水の動粘性係数 ν を $\nu=0.012$ cm^2/s とする．
1) 摩擦損失係数 f を求めよ．
2) 摩擦速度 U_* を求めよ．
3) 粘性底層の厚さ δ_ν を求めよ．
4) この円管の粗滑を判定せよ．

管水路の流れ

第6章

　管水路の流れは，次章で学ぶ開水路の流れとともに水理学で学ぶ重要な項目である．前章においては，管路の表面抵抗を見積もるための摩擦損失係数について学んだが，本章では表面抵抗以外の原因によるエネルギー損失，いわゆる形状損失について学ぶ．
　また，単線管水路，サイホン，水車，分岐・合流管路，管鋼について学び，管路設計のための基礎学力をつける．

第6章 管水路の流れ

1 基礎方程式

　定常状態の管水路流れにおいて，エネルギー損失が無視しうる場合は，流れの流線に沿ってベルヌーイの式が成立する（式(3·8)）．ここでは，同式を管断面内の平均値を使って表すことを考える．式(3·8) に $\frac{1}{A}\cdot\int_A dA$（$A$：管の断面積）の操作を実施すると，断面内平均されたベルヌーイの式は

$$\frac{p}{\rho g} + z + \alpha \frac{u_m^2}{2g} = H_E (=一定値) \tag{6·1}$$

ここに，u_m は管内平均流速，α は $\alpha = (1/A)\int_A (u/u_m)^2 dA$ で定義され，管内流速分布が一様でないことを補正するための係数であり，**エネルギー補正係数**と呼ばれる．一般には，$\alpha = 1.1$ とされるが，しばしば簡単のために $\alpha = 1.0$ が使用される．

　ところで，現実の管路流れにおいては，摩擦損失や形状損失などのエネルギー損失が発生し，式(6·1) の右辺は一定ではなくなる．摩擦損失水頭を h_f，それ以外の損失水頭を h_l とすると，エネルギー損失を考慮したベルヌーイの式は次式で与えられる．

$$\frac{p}{\rho g} + z + \alpha \frac{u_m^2}{2g} + h_f + h_l = C (=一定値) \tag{6·2}$$

すなわち，式(6·1) の左辺と損失水頭とを合計したものが一定値となる．

　ここで，図6·1に示すように，管径 d の一様断面管路において距離 l だけ離れた二点 A，B の間の流れを考える．同図で，任意の高さに取られた基準面より管路中心線までの高さ z を**位置水頭**，管中心からマノメータの水位までの高さ $p/\rho g$ を**圧力水頭**と呼ぶ．また，それらの合計 $E_p = p/\rho g + z$ は**ピエゾ水頭**と呼ばれる．したがって，流れの持つ全エネルギー水頭 H_E は，ピエゾ水頭に速度水頭 $\alpha u_m^2/2g$ を加えた $H_E = p/\rho g + z + \alpha u_m^2/2g$ で与えられる．そのとき，流下方向（x方向）にピエゾ水頭 E_p を連ねた線を**動水勾配線**，全エネルギー水頭 H_E を連ねた線を**エネルギー線**と呼ぶ．また，ピエゾ水頭の勾配を**動水勾配** $I(=-dE_p/dx)$，全エネルギー水頭の勾配を**エネルギー勾配** $I_e(=-dH_E/dx)$ と呼んでいる．

　A-B の二点間においては一様管路と考えているので，この区間では摩擦損失

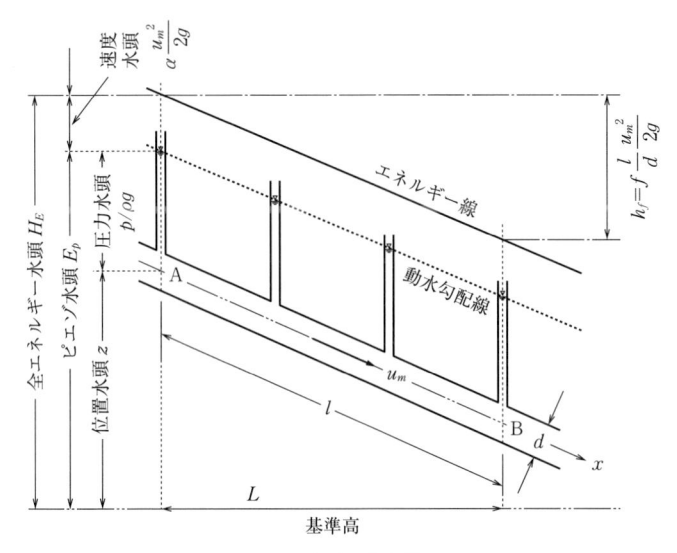

図 6・1　摩擦損失を伴う管路の流れ

h_f のみが発生する．したがって，点 B の全エネルギー水頭 H_E は点 A より h_f だけ小さくなることとなる．また，$\alpha u_m^2/2g$ は一定であるからピエゾ水頭 E_p も点 B では点 A より h_f だけ小さくなる．このように，一様管路で摩擦損失のみを考えればよいときは，エネルギー線と動水勾配線は平行であり，その勾配は等しくなる．

> **POINT　管水路で使用される用語**
>
> 圧力水頭：$p/\rho g$，位置水頭：z，速度水頭：$\alpha u_m^2/2g$
> 全エネルギー水頭 H_E：$H_E = p/\rho g + z + \alpha u_m^2/2g$
> エネルギー線：H_E を連ねた線，エネルギー勾配 I_e：$I_e = -dH_E/dx$
> ピエゾ水頭 E_p：$E_p = p/\rho g + z$
> 動水勾配線：E_p を連ねた線，動水勾配 I：$I = -dE_p/dx$
> エネルギー補正係数 α：$\alpha = 1.1$ もしくは 1.0（一般に 1.0 とする）
> ［注］$l \sim L$ の場合（管路の勾配が緩やかな場合，図 6・1 参照）は，$I = I_e = h_f/l \sim h_f/L$ となる．

2 摩擦損失係数

1 円管の摩擦損失係数の整理

円管内の摩擦損失水頭 h_f と摩擦損失係数 f については第5章で述べた．ここではそれらを整理して再記する．摩擦損失係数を定義するためのダルシー–ワイズバッハの式は

$$h_f = f \frac{l}{d} \frac{u_m^2}{2g} \tag{6・3}$$

同式中の摩擦損失係数 f の値は円管流内の流れが層流（$Re = u_m d/\nu$（レイノルズ数）$\leq 2 \times 10^3$）と乱流（$Re \geq 4 \times 10^3$）に分け，また，乱流の場合については壁面が滑面と粗面に分けてそれぞれ次式に示すような理論解が得られている．

$$\text{層流} \quad f = \frac{64}{Re} : (Re \leq 2 \times 10^3) \tag{6・4a}$$

$$\text{乱流（滑面円管）} \quad \frac{1}{\sqrt{f}} = 2.03 \log_{10}(Re\sqrt{f}) - 0.8$$
$$: (Re \geq 4 \times 10^3) \tag{6・4b}$$

$$\text{乱流（粗面円管）} \quad \frac{1}{\sqrt{f}} = 2.03 \log_{10} \frac{d}{2k_s} + 1.74$$
$$: (Re \text{が十分大きい}) \tag{6・4c}$$

上式中の式(6・4b)には両辺に f が含まれているので，f の値を定めるためには繰り返し計算が必要である．この煩雑さを避けるため，$3 \times 10^3 < Re < 2 \times 10^5$ の範囲では次式のブラジウスの式が良く使用される．

$$f = 0.3164 Re^{-1/4} \tag{6・5}$$

ところで，実際の管路設計などの工学的計算では f の値の算定に詳細な実験結果に基づいて描いた**図6・2**に示す**ムーディ図表**と呼ばれる推定図表が使用される．同図表に示されるように $Re \leq 2 \times 10^3$ の層流域での f の値は $f = 64/Re$ である．一方，Re の大きい乱流領域の破線より右側は f が k_s/d のみの関数となる粗面領域であり，式(6・4c)の適用範囲である．また，破線の左側は Re と相当粗度 k_s/d の関数となる粗滑遷移領域である．さらに，同領域で k_s/d が十分に小さ

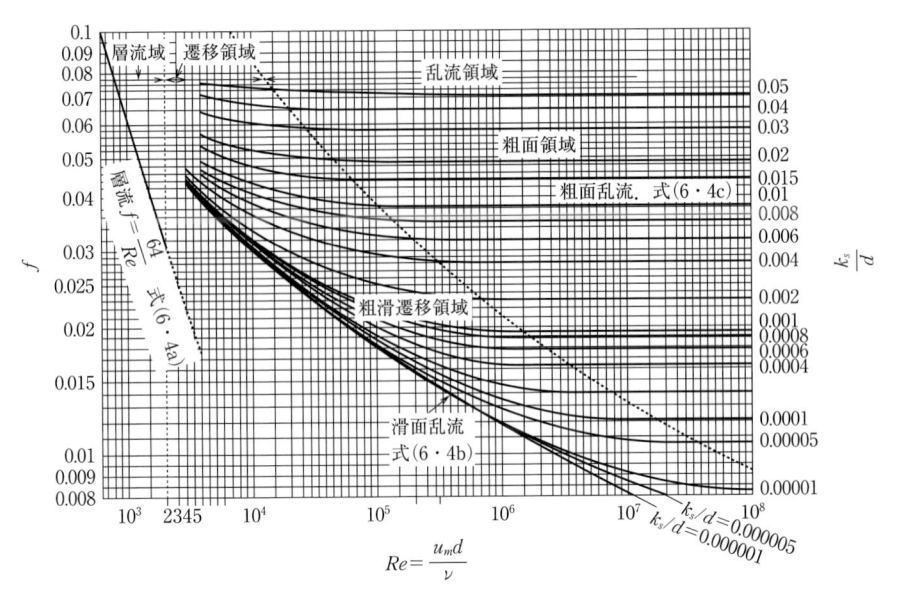

図 6・2 ムーディ図表（出典：土木学会編　水理公式集，p. 36（昭和 46 年版））

く滑面と見做せる場合は式 (6・4b) の滑面式が適用できる．なお，図 6・2 を使用して f を評価するためには，相当粗度 k_s の値を知る必要があるが，市販の円管の k_s の値の概略を**表 6・1** に示す．

　実際のムーディ図表の使用に当たっては，まず，与えられた条件より $Re = u_m d / \nu$ と k_s/d を計算する．次に，この k_s/d に対応する曲線上で与えられた Re における f の値を読み取り f を決定することになる．

表 6・1 代表的市販円管の k_s の値

管壁の材料	k_s [cm]
鋼	0.0046
アスファルト塗鋳鉄	0.012
亜鉛引き鉄	0.015
鋳鉄	0.026
木	0.018〜0.092
コンクリート	0.030〜0.30
リベット継ぎの鋼	0.091〜0.91

2 潤辺と径深の概念の導入と摩擦損失係数

円以外の断面の管の場合は，管の断面積 A を潤辺 S (断面内で管壁と水が接する部分の長さ，7-4 節参照）で割った径深 $R=A/S$ が，円管の内径 d の代わりに使用される．つまり，摩擦損失水頭 h_f を推定する場合には，ダルシー–ワイズバッハの式において管径 d の代わりに径深 R を，f の代わりに f' を使用する．すなわち

$$h_f = f' \frac{l}{R} \frac{u_m^2}{2g} \qquad (6\cdot 6)$$

ここで，円管の場合は $R=A/S=(\pi d^2/4)/(\pi d)=d/4$ であるから，f' と f の関係は $f'=f/4$ となる．なお，円管以外の管路の摩擦損失水頭を評価するためには，円管における $Re=u_m d/\nu$，k_s/d の代わりに $Re=4u_m R/\nu$，$k_s/(4R)$ を使用して，図 6·2 より f の値を定めたうえで，$f'=f/4$ として f' を求めればよい．また，h_f は f' を使用して式(6·6) より求める．なお，**図 6·3** に，水理学でよく使用される各種の断面形状の A, S, R の値をまとめて示す．

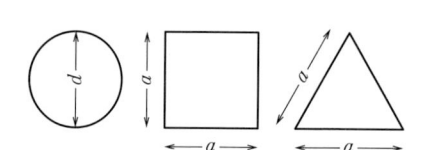

	円　形	正方形	正三角形
A	$\pi d^2/4$	a^2	$\sqrt{3}/4 \cdot a^2$
S	πd	$4a$	$3a$
R	$d/4$	$a/4$	$\sqrt{3}/12 \cdot a$

図 6·3 代表的管断面の断面積 A，潤辺 S，径深 R

3 マニングの粗度係数 n と f, f' の関係

一般には現場の管路流れは Re 数が十分大きく，f が Re 数の影響を受けない領域（乱流の完全粗面領域，図 6·2 で式(6·4c) が成立する領域）を取り扱うことが多い．同領域の平均流速 u_m の算定には次式に示す河川などの平均流速のためのマニングの公式がよく準用される．

$$u_m = \frac{1}{n} R^{2/3} I^{1/2} \qquad (\text{m·s 単位系}) \qquad (6\cdot 7)$$

ここに，動水勾配 I は $I=h_f/l$，n はマニングの粗度係数である．式(6·6) より $I=h_f/l=(f'/R)(u_m^2/2g)$ であり，これと式(6·7) より I を求め，等置とする

と f' と n の関係は

$$I = \frac{f'}{R}\frac{u_m^2}{2g} = \frac{n^2 u_m^2}{R^{4/3}} \Rightarrow f' = \frac{2gn^2}{R^{1/3}} \tag{6・8}$$

これより，n が与えられれば，f' の値がムーディ図表を使用することなく，式(6・8) より定まることとなる．なお，円管の場合 $(R=d/4)$ について書き直して $f=4f'$ を求めると f は

$$f = \frac{12.7gn^2}{d^{1/3}} \quad (\text{m・s 単位系}) \tag{6・9}$$

代表的円管路の n の値を，**表 6・2** に示す．マニングの式を用いるときには，長さの単位として〔m〕，流速の単位として〔m/s〕を用いることに注意する必要がある．よって，重力の加速度 g は $g=9.8\,\text{m/s}^2$ とする．また n の次元は $[L^{-1/3}T]$ であり，単位は〔$\text{m}^{-1/3}$s〕であるが，一般には単位なしで表記される．なお，一般の工学計算では式(6・8)，式(6・9) に n を与えて f もしくは f' を算出することが多い．つまり，ムーディ図表を使用することは少ない．

表 6・2 大型管路の n の値〔$\text{m}^{-1/3}$・s〕

	鋼管，鋳鉄管		コンクリート管		木　管	
	新	普　通	滑らか	粗	滑らか	粗
n の範囲	0.011〜0.012	0.013〜0.015	0.012〜0.013	0.014〜0.016	0.010〜0.012	0.013〜0.015

もっと詳しく学ぼう　**水工学の諸分野と平均流速公式**

　平均流速公式については古くから多くの実験公式が提案されている．その中で，$v=CR^aI^b$（v は平均流速，C, a, b は定数，R は径深，I は動水勾配）の形の指数公式の代表的なものを次表に示す．

指数公式表

式名	公式
Chézy（シェジー）	$v = C\sqrt{RI}$
Manning（マニング）	$v = \dfrac{1}{n}R^{\frac{2}{3}}I^{\frac{1}{2}}$
Hazen-Williams（ヘーゼン・ウェイリアムズ）	$v = C'R^{0.63}I^{0.54} = 0.849C_H R^{0.63}I^{0.54}$

本書では平均流速公式としてマニングの式を使用しているが，他の分野では異なる抵抗則が慣用的に用いられている．例外はあるが概略は以下のようである．
　河川：マニングの式，電力土木分野：管水路はマニングの式，上水道：ヘーゼン・ウィリアムズの式，下水道：マニングの式（地域によりガンギレ・クッターの式），農業：管水路はヘーゼン・ウィリアムズの式，開水路はマニングの式
　歴史的には平均流速公式としては開水路流れの観測結果より得たシェジーの式が最初である．その後，さまざまな式が提案され使用されてきたが，近年ではマニングの式を用いる分野が多くなっている．なお，シェジーの C とマニングの n の関係は両式を等置して，$C = R^{1/6}/n$ で与えられる．

3 円管路の形状損失水頭

管路中においては摩擦損失に加えて曲りなどの形状の変化によるエネルギーの損失，つまり形状損失が生ずる．形状損失 h_l は次式で定義される．

$$h_l = f_l \frac{u_m^2}{2g} \tag{6・10}$$

ここに，f_l は形状損失係数，h_l は形状損失水頭である．
　一般に，形状損失は，管内断面の変化に基づく境界層のはく離による渦や，管路の曲りによって形成される**縦渦**と呼ばれる渦によって流れのエネルギーが逸散される結果として生ずるものである．以下に，代表的な形状損失について考察する．

1 急拡・急縮による損失水頭

（a）急拡による損失水頭 h_{se}

　図 6・4 に示すように管路の断面が急拡大する場合は，流れは直ちには断面の変化には追従できず（粘性の効果），その結果，急拡部に渦が形成される．この渦によって生ずるエネルギーの損失水頭を急拡損失水頭 h_{se} という．急拡の前後の断面①-②間で成立するベルヌーイの式を立て，また，$z_1 = z_2$（両断面の位置エネルギーは一定）とおくと h_{se} は

$$\frac{p_1}{\rho g} + z_1 + \frac{\alpha u_{m1}^2}{2g} = \frac{p_2}{\rho g} + z_2 + \frac{\alpha u_{m2}^2}{2g} + h_{se}$$

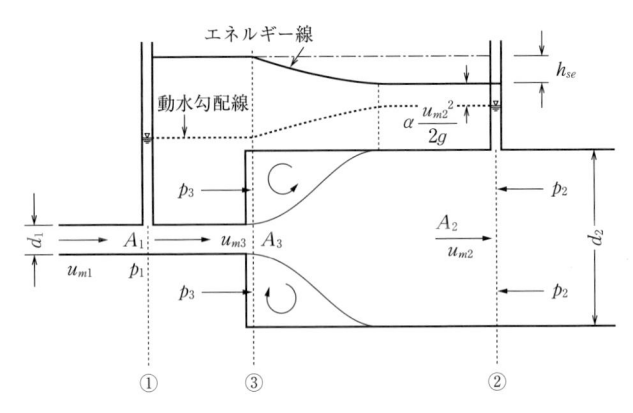

図 6・4 管路の急拡部における流れ

$$\Rightarrow h_{se} = \alpha \frac{u_{m1}^2 - u_{m2}^2}{2g} + \frac{p_1 - p_2}{\rho g} \tag{6・11}$$

式(6・11)の右辺第2項の圧力水頭の差を知るために,急拡部始点の断面を断面③として③-②間に運動量の保存則を適用すると次式を得る(第4章参照).

$$\rho Q(u_{m2} - u_{m3}) = p_3 A_3 - p_2 A_2 \tag{6・12}$$

ここで,$p_3 \sim p_1$,$u_{m3} \sim u_{m1}$ と近似し,$A_3 = A_2$,$Q = u_{m1}A_1$ の関係を代入すると,$\rho u_{m1}A_1(u_{m2} - u_{m1}) = A_2(p_1 - p_2)$ となる.ここで,$Q = A_1 u_{m1} = A_2 u_{m2}$(連続の条件)を考慮すると式(6・12)は

$$\frac{p_1 - p_2}{\rho g} = \frac{A_1}{A_2} \frac{u_{m1}}{g}(u_{m2} - u_{m1}) = \frac{u_{m2}(u_{m2} - u_{m1})}{g} \tag{6・13}$$

式(6・13)を式(6・11)に代入し,$\alpha = 1.0$ と置くと,h_{se} の値は

$$h_{se} = \frac{(u_{m1} - u_{m2})^2}{2g} = \left(1 - \frac{A_1}{A_2}\right)^2 \frac{u_{m1}^2}{2g} = \left\{1 - \left(\frac{d_1}{d_2}\right)^2\right\}^2 \frac{u_{m1}^2}{2g} = f_{se} \frac{u_{m1}^2}{2g} \tag{6・14}$$

ここに,f_{se} は急拡損失係数と呼ばれ,上式より

$$f_{se} = \left(1 - \frac{A_1}{A_2}\right)^2 \tag{6・15}$$

なお,式(6・15)より計算される f_{se} の値を**表 6・3**に示す.ここに,$d_1/d_2 = 0$ のケースは後述の出口損失にあたり $f_{se} = \alpha = 1.0$,また,$d_1/d_2 = 1.0$ は管路断面が変化しない場合に相当するので形状損失は発生せず $f_{se} = 0$ となる.

表 6・3 急拡損失係数

d_1/d_2	0	0.1	0.2	0.3	0.4	0.5	0.6	0.7	0.8	0.9	(1.0)
f_{se}	1.00	0.98	0.92	0.82	0.7	0.56	0.41	0.26	0.13	0.04	(0)

(出典：土木学会編 水理公式集, p.245 (昭和46年版))

(b) 急縮による損失水頭 h_{sc}

図 6・5 に示すように管路断面が急縮する場合の流れを考える．この場合の流れは，断面③で縮小した後に断面②で再び拡大することとなる．一般に，流れの断面が収縮する場合に発生する渦は小さいので，それによるエネルギー損失は無視しうる．したがって，急縮管路における損失水頭は，断面③から断面②にかけて流れの断面が急拡大する部分で生ずることになる．断面③における流れの断面積，流速，流れ断面の直径をそれぞれ A_3', u_{m3}', d_3' とすると，断面③-②間で立てられたベルヌーイの式より，急拡の場合と同様にして急縮損失水頭 h_{sc} と急縮損失係数 f_{sc} が求められ

$$\begin{aligned}
h_{sc} &= \frac{(u_{m3}' - u_{m2})^2}{2g} = \left(\frac{u_{m3}'}{u_{m2}} - 1\right)^2 \frac{u_{m2}^2}{2g} \\
&= \left(\frac{A_2}{A_3'} - 1\right)^2 \frac{u_{m2}^2}{2g} = f_{sc} \frac{u_{m2}^2}{2g} \\
\Rightarrow\ & f_{sc} = \left(\frac{A_2}{A_3'} - 1\right)^2 = \left(\frac{1}{C_c} - 1\right)^2
\end{aligned} \quad (6\cdot16)$$

ここに，$C_c(=A_3'/A_2)$ は，**縮流係数**と呼ばれるが，理論的には定まらず，実験的に求める必要がある．**表 6・4** にワイズバッハが実験的に求めた C_c の値を使

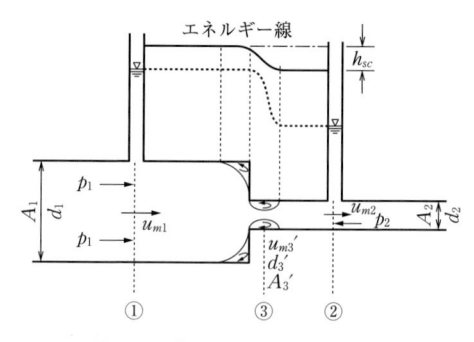

図 6・5 管路の急縮部における流れ

6・3 円管路の形状損失水頭

表 6・4 急縮損失係数

d_2/d_1	0	0.1	0.2	0.3	0.4	0.5	0.6	0.7	0.8	0.9	(1.0)
f_{sc}	0.50	0.50	0.49	0.49	0.46	0.43	0.38	0.29	0.18	0.07	(0)

（出典：土木学会編 水理公式集，p.245（昭和 46 年版））

用して求めた f_{sc} の値の概略値を示す．

2 入口・出口の損失水頭

（a） 入口の損失水頭 h_e

貯水池などの容積の大きな水域から管内へ水が流入するときに発生するエネルギー損失は，**入口損失水頭**と呼ばれ次式で定義される．

$$h_e = f_e \frac{u_m^2}{2g} \tag{6・17}$$

ここに，h_e は入口損失水頭，f_e は入口損失係数である．

f_e の値は入口の形状によって異なるが，代表的な形状のケースについて，f_e の値を**図 6・6** に示す．

なお，同図左端のケースは $d_2/d_1=0$ とした場合の急縮損失係数の値と一致し，$f_{sc}=0.5=f_e$ である．ところで，工学的には入口損失を小さくすることが望ましいので，入口の形状を同図に示すようなベルマウス（流れに渦が形成されないようなラッパ状の形状）とすることがよく行われる．

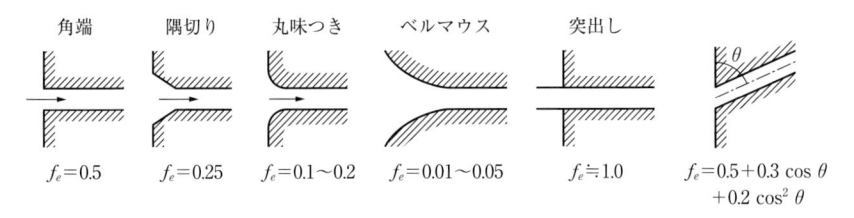

角端	隅切り	丸味つき	ベルマウス	突出し	
$f_e=0.5$	$f_e=0.25$	$f_e=0.1〜0.2$	$f_e=0.01〜0.05$	$f_e≒1.0$	$f_e=0.5+0.3\cos\theta+0.2\cos^2\theta$

図 6・6 入口損失係数

（b） 出口の損失水頭 h_o

管から容積が十分に大きな水域に水を放流する場合に生ずるエネルギー損失水頭は，**出口損失水頭 h_o** と呼ばれる．出口損失水頭は水域へ放流された速度エネルギーが，水域内に形成される渦によって，すべて消費されることに起因してい

る．出口損失水頭 h_o は次式で定義される．

$$h_o = f_o \frac{u_m^2}{2g} \quad (6 \cdot 18)$$

ここに，f_o は出口損失係数である．

なお，出口損失係数は $d_1/d_2=0$ とした場合の急拡損失係数と一致し，$f_o=1.0$ となる．ただし，より正確には $f_o=\alpha=$ エネルギー補正係数 $=1.1$ である．

3　漸拡・漸縮による損失水頭

（a）　漸拡による損失水頭 h_{ge}

漸拡する円管路では拡がり角 θ が $8°\sim10°$ 以上に大きくなると，流れが壁面からはく離して管内に渦が形成されることによって損失水頭が生ずる．漸拡による損失水頭は次式で定義される．

$$h_{ge} = f_{ge}\frac{(u_{m1}-u_{m2})^2}{2g} = f_{ge}\left(1-\frac{A_1}{A_2}\right)^2\frac{u_{m1}^2}{2g} \quad (6 \cdot 19)$$

ここに，h_{ge} は漸拡損失水頭，f_{ge} は漸拡損失係数である．

式中の右辺（　）^{2} は急拡損失係数 f_{se} と一致しているから，h_{ge} は次式で与えられる．

$$h_{ge} = f_{ge} f_{se} \frac{u_{m1}^2}{2g} \quad (6 \cdot 20)$$

f_{se} の値はすでに理論的に求められているので，h_{ge} の値を得るためには f_{ge} の

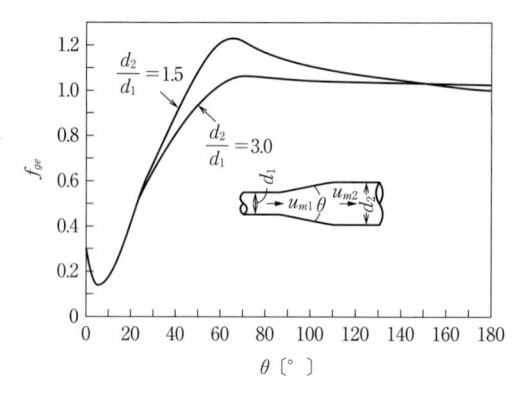

図 6・7　漸拡損失係数
　　　　　（出典：土木学会編　水理公式集，p. 246（昭和 46 年版））

値を知ればよい．ギブソンによって実験的に得られている f_{ge} の値を図 6・7 に示す．

（b） 漸縮による水頭損失

管路の断面が漸縮する場合は，管内に発生する渦はきわめて小さく，通常の場合にはエネルギー損失は無視できる．

4 曲り・屈折による損失水頭

（a） 曲りによる損失水頭 h_b

曲りを持つ円管路では，流れに垂直な断面内に**縦渦**と呼ばれる渦が発生し，それによる損失水頭が生ずる．曲りによる損失水頭 h_b は次式で定義される．

$$h_b = f_b \frac{u_m^2}{2g} = f_{b1} f_{b2} \frac{u_m^2}{2g} \qquad (6・21)$$

ここに，$f_b = f_{b1} f_{b2}$ は曲がり損失係数と呼ばれる．なお，f_{b1} は曲りの中心角 θ が 90°の場合に対する損失係数であり，曲りの曲率半径 r_c と管径 d を使用して r_c/d の関数として定まる値であるが，その概略値を図 6・8(a)に示す．また，f_{b2} は任意の中心角 θ における曲がり管路の f_{b1}（$\theta = 90°$に対する値）に対する補正係数であるが，その概略値を同図(b)に示す．図 6・8 に示すように f_{b1} の値は r_c/d が大きいほど（管の曲りの程度が小さいほど）小さくなり，f_{b2} の値は θ が大きいほど大きくなることがわかる．なお，同図中に式(6・22)に示す実験式とともに Anderson-Straub によって得られている値も示している．

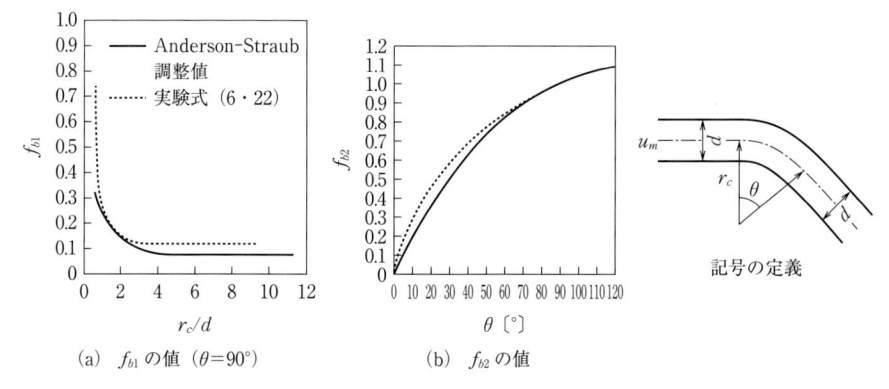

(a) f_{b1} の値（$\theta = 90°$）　　(b) f_{b2} の値　　記号の定義

図 6・8 曲りによる損失係数（出典：土木学会編　水理公式集，p. 248（昭和 46 年版））

$$f_{b1}=0.131+0.1632\left(\frac{d}{r_c}\right)^{7/2}, \quad f_{b2}=\left(\frac{\theta°}{90°}\right)^{1/2} \tag{6・22}$$

(b) 屈折による水頭損失 h_{be}

円管が屈折している部分を**エルボ**と呼んでいる．エルボの中では，はく離による渦や曲りによる縦渦によってエネルギー損失が発生する．エルボによる損失水頭 h_{be} は次式で定義される．

$$h_{be}=f_{be}\frac{u_m^2}{2g} \tag{6・23}$$

ここに，f_{be} は屈折損失係数である．

f_{be} の値の概要を**表 6・5** に示す（θ の定義は**図 6・9** 参照）．同表より，屈折損失係数は θ が大きくなるとかなり大きい値となることがわかる．

表 6・5 屈折損失係数

$\theta(°)$	15	30	45	60	90	120
f_{be}	0.022	0.073	0.183	0.365	0.99	1.86

（出典：土木学会編 水理公式集，p.248（昭和46年版））

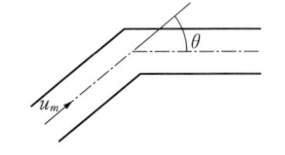

図 6・9 円管の屈折

5 その他の形状損失

その他の形状損失としては，弁による損失や分流・合流による損失などがある．それらの詳細については，水理公式集などを参照されたい．

【POINT】 損失水頭の定義に用いる代表流速

急拡損失係数や急縮損失係数などの形状損失の評価式 $h_l=f_l(u_m^2/2g)$ における代表流速 u_m には，流速が速い方，つまり管径が小さい方の流速を採用する．これは，出口損失水頭もしくは入口損失水頭の評価に当たって遅い方の流速を代表流速 u_m として採用すると，u_m が 0 となり不合理が生ずるためである．

6・4 単線管水路の水理

4 単線管水路の水理

本節では各種の水頭損失を考慮した円管水路の水理計算法について学ぶ．

1 単線管水路の損失水頭と水理諸量

図 6・10 に示すように容積の大きな二つの水槽を 1 本の一様円管路で結ぶ．この管水路を**単線管水路**と呼んでいる．単線管水路中では，摩擦損失 h_f のほかに種々の形状損失 h_l が生ずる．水槽Ｉと水槽Ⅱの落差を H（総落差という）とすると，両水槽の水表面 A-G 間でベルヌーイの式を立てると

$$\underbrace{\frac{p_A}{\rho g}+z_A+\frac{u_{mA}^2}{2g}}_{\text{水槽 I}}=\underbrace{\frac{p_G}{\rho g}+z_G+\frac{u_{mG}^2}{2g}}_{\text{水槽 II}}+h_f+h_l \qquad (6・24)$$

ここに，u_m は平均流速，h_f は摩擦損失水頭，h_l は形状損失水頭である．また，添字 A, G は水槽Ｉ，Ⅱでの値であることを表す．

式(6・24)において両水槽内の流速 u_{mA}, u_{mG} は，両水槽の容積が大きいと考えているので無視しうる（$u_{mA}=0$, $u_{mG}=0$）．$p_A/\rho g=p_G/\rho g=0$（大気に接する）の条件を考慮すると $H=z_A-z_G$ は l を管路全長として次式のように求められる．

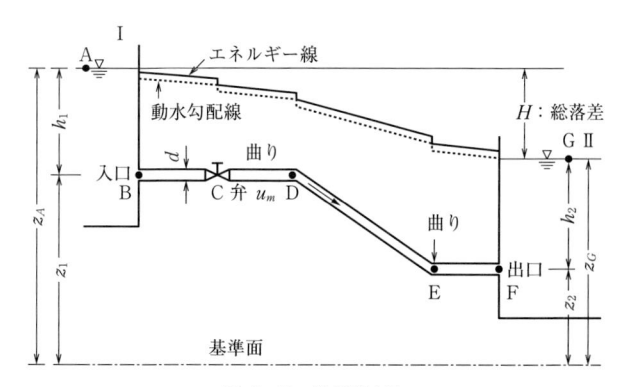

$$H = \underbrace{h_f}_{\text{摩擦損失水頭}} + \underbrace{h_l}_{\text{形状損失水頭}}$$

図 6・10 単線管水路

$$= f\frac{l}{d}\frac{u_m^2}{2g} + f_e\frac{u_m^2}{2g} + f_v\frac{u_m^2}{2g} + \sum f_b\frac{u_m^2}{2g} + f_o\frac{u_m^2}{2g}$$

摩擦損失　入口損失　弁による損失　曲り損失　　　出口損失
(ここでは2カ所)

(6・25)

また，式(6・25)より，管内平均流速 u_m，管内流量 Q は

$$u_m = \sqrt{\frac{2gH}{f(l/d) + f_e + f_v + \sum f_b + f_o}} \tag{6・26}$$

$$Q = \frac{\pi d^2}{4}u_m = \frac{\pi}{4}d^2\sqrt{\frac{2gH}{f(l/d) + f_e + f_v + \sum f_b + f_o}} \tag{6・27}$$

さらに式(6・27)より総落差 H で流量 Q を流すための管径 d は

$$d = \left[\frac{8}{\pi^2 g}\{fl + (f_e + f_v + \sum f_b + f_o)d\}\frac{Q^2}{H}\right]^{1/5} \tag{6・28}$$

式(6・26)，(6・27)より f と各種の f_l が与えられれば u_m，Q を求めることができる．しかし，f をムーディ図表より定める必要がある場合は f は $Re = u_m d/\nu$ の関数（図6・2参照）であるので，u_m，Q は一義的には定まらない．よってその解を求めるためには，繰り返し計算が必要になる．しかしながら，一般に，現場の管路における Re の値は十分大きく，乱流でかつ粗面領域の流れであることが多い．そのような条件では式(6・4c)を使用して一義的に u_m，Q，を定めることができる．一方，式(6・28)より d を求める場合は右辺にも d が含まれているので（$Q = u_m(\pi d^2/4)$），やはり繰り返し計算が必要となる．なお，後述の設問のようにマニングの粗度係数 n が与えられる場合は式(6・9)より f が定まる．よって，式(6・26)～式(6・28)を使用して u_m，Q，d を一義的に定めることができる．

なお，管水路中のエネルギー線および動水勾配線を，図6・10にそれぞれ実線および破線で示している．同図より，水頭損失に伴うエネルギーの変化および圧力の変化のようすがわかる．このように，エネルギー線および動水勾配線を描くことは管路系設計に際して重要な知識を与えるものであり，以下にその計算法について述べる．

2 水頭表の作成とエネルギー線・動水勾配線の作図

本項では水頭表を作成する手順とエネルギー線および動水勾配線の作図について学ぶ．

6・4 単線管水路の水理　139

|例題 6・1|　両水槽を接続する一様単線管水路

図のような両水槽を接続する単線管水路の設問について水頭表を作成し，また，エネルギー線，動水勾配線を描け．ただし，マニングの粗度係数 $n=0.015$ であり，その他の各種条件は図中に示す通りである．

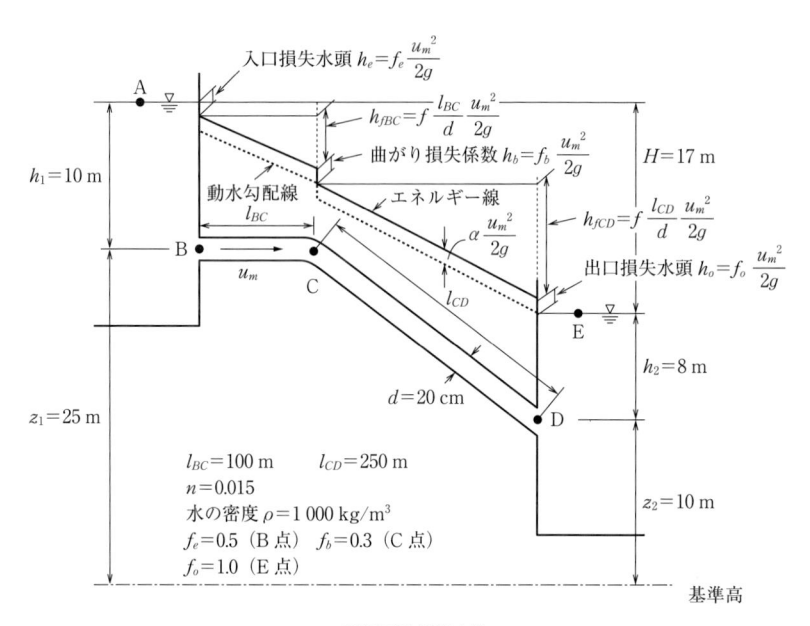

入口損失水頭 $h_e = f_e \dfrac{u_m^2}{2g}$

$h_{fBC} = f \dfrac{l_{BC}}{d} \dfrac{u_m^2}{2g}$

曲がり損失係数 $h_b = f_b \dfrac{u_m^2}{2g}$

$h_{fCD} = f \dfrac{l_{CD}}{d} \dfrac{u_m^2}{2g}$

出口損失水頭 $h_o = f_o \dfrac{u_m^2}{2g}$

$h_1 = 10$ m，$H = 17$ m，$h_2 = 8$ m，$z_1 = 25$ m，$z_2 = 10$ m

$l_{BC} = 100$ m，$l_{CD} = 250$ m，$d = 20$ cm
$n = 0.015$
水の密度 $\rho = 1\,000$ kg/m³
$f_e = 0.5$（B 点），$f_b = 0.3$（C 点）
$f_o = 1.0$（E 点）

一様断面単線管水路

（a）　水理諸量の計算

$n=0.015$ であるから，摩擦損失係数 f は式(6・9) より

$$f = \frac{12.7 g n^2}{d^{1/3}} = \frac{12.7 \times 9.8 \times 0.015^2}{0.2^{1/3}} = 0.048 \qquad ①$$

上流側水槽の水表面の点 A と下流側水槽の水表面の点 E 間にベルヌーイの式を適用すると管路の全長を $l(l_{BC}+l_{CD})$ として総落差 H は（式(6・25) 参照）

$$H = h_f + h_l = f \frac{l}{d} \frac{u_m^2}{2g} + f_e \frac{u_m^2}{2g} + f_b \frac{u_m^2}{2g} + f_o \frac{u_m^2}{2g} \qquad ②$$

よって，管内平均流速 u_m は

$$u_m = \sqrt{\frac{2gH}{f(l_{BD}/d) + f_e + f_b + f_o}} = \sqrt{\frac{2 \times 9.8 \times 17}{0.048(350/0.2) + 0.5 + 0.3 + 1.0}} \qquad ③$$
$$= 1.97 \text{ m/s}$$

これより，流量 Q と速度水頭 $u_m^2/2g$ は

$$Q = \frac{1}{4}\pi d^2 u_m = \frac{1}{4} \times \pi \times 0.2^2 \times 1.97 = 0.0619 \text{ m}^3/\text{s}$$

$$\frac{u_m^2}{2g} = \frac{1.97^2}{2 \times 9.8} = 0.198 \text{ m}$$

③

(b) 水頭表の作成法

　以上の準備の基にエネルギー線・動水勾配線を描くための水頭表の作成方法を箇条書にして示す．なお，以下の節名文中で＊1，＊2，…は同表の該当箇所を示している．

（Ⅰ）各点間の水頭損失の分類のために，A，B^+，C^-，C^+，D^-，D^+，E の計算点を定めて1行目に記す．

（Ⅱ）1列目に①損失水頭（式），②損失水頭（数値），③全エネルギー水頭 $H_E = p/\rho g + z + \alpha u_m^2/2g$，④速度水頭 $u_m^2/2g$，⑤ピエゾ水頭 $E_p = p/\rho g + z$，⑥位置水頭 z，⑦圧力水頭 $p/\rho g$ と記入する．ただし，題意によっては他の項目を加えたり，一部省略してよい．

一様断面単線管水路の水頭表

		A	B^+	C^-	C^+	D^-	D^+	E
(Ⅲ)	①損失水頭（式）	—	$f_e \dfrac{u_m^2}{2g}$	$f \dfrac{l_{BC}}{d}\dfrac{u_m^2}{2g}$	$f_b \dfrac{u_m^2}{2g}$	$f \dfrac{l_{CD}}{d}\dfrac{u_m^2}{2g}$	$f_o \dfrac{u_m^2}{2g}$	—
(Ⅳ)	②損失水頭数値〔m〕	0.000	＊1 0.099	＊3 4.752	＊5 0.059	11.880	0.198	0.000
(Ⅴ)	③$H_E = \dfrac{p}{\rho g} + z + \dfrac{u_m^2}{2g}$ 全エネルギー水頭〔m〕	35.000 ＊0	34.901 ＊2	30.149 ＊4	30.090 ＊6	18.210	18.012	注1) 18.012
(Ⅵ)	④ $\dfrac{u_m^2}{2g}$　注4) 速度水頭〔m〕	0.000 ＊7	0.198 ＊9	0.198 ＊11	0.198 ＊13	0.198	0.000	0.000
(Ⅶ)	⑤ $E_p = \dfrac{p}{\rho g} + z$ ピエゾ水頭〔m〕	35.000 ＊8	34.703 ＊10	29.951 ＊12	29.892 ＊14	18.012	18.012	注2) 18.012
(Ⅷ)	⑥ z 位置水頭〔m〕	35.000 ＊15	25.000 ＊17	25.000 ＊19	25.000 ＊21	10.000	10.000	18.000
(Ⅸ)	⑦ $\dfrac{p}{\rho g}$ 圧力水頭〔m〕	0.000 ＊16	9.703 ＊18	4.951 ＊20	4.892 ＊22	8.012	8.012	注3) 0.012

注1），注2）厳密には 18.000 m，注3）厳密には 0.000 m，よって，水頭誤差 $|e| = 0.012$ m である．
注4）速度水頭は本来 $\alpha u_m^2/2g$ であるが，$\alpha = 1.0$ とおいている．

(Ⅲ) 2行目にそれぞれの地点もしくは対象区間で生ずる損失水頭を式形で記入する．例えば，点 B^+ で入口損失が生ずるので，$f_e u_m^2/2g$ と記入する．
(Ⅳ) 3行目に損失水頭式の計算結果を記入する．
(Ⅴ) 全エネルギー水頭 H_E の計算結果を4行目に記入する．まず，点 A の H_E の値は $p/\rho g=0$，$u_m=0$ であるので，基準高さよりの水表面の高さとなる（*0，$H_E=35$ m）．次に，点 B^+ の H_E の値は点 A の値から点 B^+ の損失水頭の値（*1）を引いて求められ，*2中に記入する．以下同様に各地点の H_E の値を左から右に順次計算して表中に記入する．
(Ⅵ) 速度水頭の行に $\alpha u_m^2/2g$ の値を記入する．（ただし，$\alpha=1.0$ とする．以下同じ）．一様管路部では $u_m^2/2g$ は一定となり，また，水槽中の点 A，D^+，E では $u_m^2/2g=0$ となる．
(Ⅶ) $H_E-u_m^2/2g$ を計算してピエゾ水頭 E_p の行に記入する．例えば点 A では水頭は*0から*7を引いて*8に，B^+ 点では*2から*9を引いて*10に記入する．
(Ⅷ) 位置水頭 z の行には題意により与えられている値を記入する．
(Ⅸ) 圧力水頭 $p/\rho g$ の欄にピエゾ水頭 E_p の欄の値から位置水頭 z を引いた値を記入する．例えば，*8－*15＝*16，*10－*17＝*18とする．

> **POINT** 計算誤差・有効数字と水頭表作成の注意
>
> 水頭表では右側ほど誤差は大きくなる．より精度を上げるためには有効数字の桁数を大きくするとよい．ただし，現地規模の管水路計算では各種損失水頭の値そのものも誤差をもっているので，数 cm 程度の誤差は無視してよい．なお，水頭表の有効数字は一般に小数点以下3桁，つまり mm の単位までとすることが多い．
>
> 例題6・1の水頭表は題意に合わせて必要な行を追加したり，不必要な行を削除してよい．また，B^+ は単に B と表されることや，点 D^+ と点 E を一つの列として表すなど（表中の1行目に D^+（E）と記して点 D^+ の値を記入する），簡略化することも多い．

(c) エネルギー線・動水勾配線の作図

水頭表の計算結果より，各点の H_E の値を直線で結んだものがエネルギー線であり，各点の $E_p=p/\rho g+z$ の値を直線で結んだものが動水勾配線である（設問の図中に挿入）．なお，水頭表より各地点の水圧を簡単に求めることができる．例えば，点 C の曲りの

前後の圧力 p_{c-}, p_{c+} は，それぞれの水頭表における圧力水頭 $p/\rho g$ を使用して次式で与えられる．ただし，水の密度 ρ は $\rho = 1\,000\text{ kg/m}^3$ とする．

$$p_{c-}/\rho g = 4.951 \Rightarrow p_{c-} = 4.85 \times 10^4 \text{ N/m}^2$$
$$p_{c+}/\rho g = 4.891 \Rightarrow p_{c+} = 4.79 \times 10^4 \text{ N/m}^2$$
⑤

【POINT】 圧力を直接計算で求める方法

本文中では水頭表から水圧を求めたが，直接計算して求めることができる．例えば，$p_{c+}/\rho g$ は $\text{A}-\text{C}^+$ でベルヌーイの式を立てて次式のように得られる．

$$\frac{p_{c+}}{\rho g} = h_1 - \alpha \frac{u_m^2}{2g} - f_e \frac{u_m^2}{2g} - f \frac{l_{BC}}{d} \frac{u_m^2}{2g} - f_b \frac{u_m^2}{2g}$$
　　　　　　　　　　入口損失水頭　摩擦損失水頭　曲がり損失水頭

例題 6・2 断面が変化し，かつ開放端を持つ単線管水路

図のような断面が変化し，かつ開放端を持つ管水路の設問について水頭表を作成し，また，エネルギー線・動水勾配線を描け．ただし，管内を流れる流量は $Q = 0.1214 \text{ m}^3/\text{s}$，マニングの粗度係数 $n = 0.015$ であり，その他の各種条件は図中に示す通りである．

（a） 水理諸量の計算

$n = 0.015$ であるから，各区間の摩擦損失係数 f は

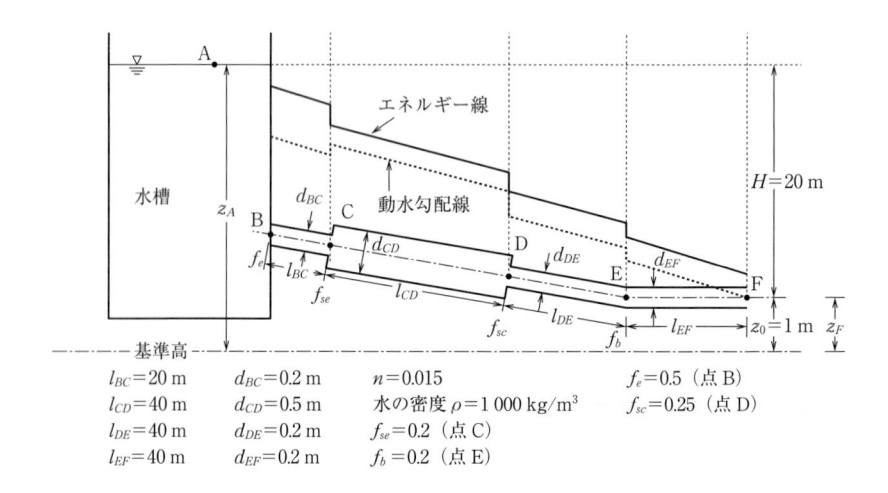

$l_{BC} = 20$ m	$d_{BC} = 0.2$ m	$n = 0.015$	$f_e = 0.5$（点 B）
$l_{CD} = 40$ m	$d_{CD} = 0.5$ m	水の密度 $\rho = 1\,000 \text{ kg/m}^3$	$f_{sc} = 0.25$（点 D）
$l_{DE} = 40$ m	$d_{DE} = 0.2$ m	$f_{se} = 0.2$（点 C）	
$l_{EF} = 40$ m	$d_{EF} = 0.2$ m	$f_b = 0.2$（点 E）	

6・4 単線管水路の水理

$$f_{BC} = f_{DE} = f_{EF} = \frac{12.7gn^2}{d_{BC}^{1/3}} = \frac{12.7 \times 9.8 \times 0.015^2}{0.2^{1/3}} = 0.048$$

$$f_{CD} = \frac{12.7gn^2}{d_{CD}^{1/3}} = \frac{12.7 \times 9.8 \times 0.015^2}{0.5^{1/3}} = 0.035$$

①

各区間の管内平均流速 u_m と速度水頭 $u_m^2/2g$ は $Q=0.1214\,\mathrm{m^3/s}$ より

$$u_{mBC} = u_{mDE} = u_{mEF} = \frac{Q}{(\pi/4)d_{BC}^2} = \frac{0.1214}{(\pi/4)\times 0.2^2} = 3.866\,\mathrm{m/s}$$

$$\Rightarrow \frac{u_{mBC}^2}{2g} = \frac{u_{mDE}^2}{2g} = \frac{u_{mEF}^2}{2g} = \frac{3.866^2}{2\times 9.8} = 0.763\,\mathrm{m}$$

②

$$u_{mCD} = \frac{Q}{(\pi/4)d_{CD}^2} = \frac{0.1214}{(\pi/4)\times 0.5^2} = 0.619\,\mathrm{m/s}$$

$$\Rightarrow \frac{u_{mCD}^2}{2g} = \frac{0.619^2}{2\times 9.8} = 0.020\,\mathrm{m}$$

(b) 水頭表の作成とエネルギー線・動水勾配線の作図

以上の準備のもとに本設問の水頭表を作成して以下に示す．また，同表より描かれるエネルギー線と動水勾配線は設問図中に示されている．本設問の場合は管径によって速度水頭が変化し，急拡部分で動水勾配線が不連続的に上昇することが認められる．ただし，エネルギー線は流下とともに常に減少する．

断面が変化する単線管水路の水頭表

損失水頭（式）		A	B⁺	C⁻	C⁺	D⁻	D⁺	E⁻	E⁺	F
		−	$f_e\dfrac{u_m^2}{2g}$	$f_{BC}\dfrac{l_{BC}}{d_{BC}}\dfrac{u_m^2}{2g}$	$f_{se}\dfrac{u_m^2}{2g}$	$f_{CD}\dfrac{l_{CD}}{d_{CD}}\dfrac{u_m^2}{2g}$	$f_{sc}\dfrac{u_m^2}{2g}$	$f_{DE}\dfrac{l_{DE}}{d_{DE}}\dfrac{u_m^2}{2g}$	$f_b\dfrac{u_m^2}{2g}$	$f_{EF}\dfrac{l_{EF}}{d_{EF}}\dfrac{u_m^2}{2g}$
損失水頭数値〔m〕		0.000	0.382	3.662	注2) 0.153	0.056	0.191	7.325	0.153	7.325
$H = \dfrac{p}{\rho g} + z + \dfrac{u_m^2}{2g}$ 全エネルギー水頭〔m〕		21.000	20.618	16.956	16.803	16.747	16.556	9.231	9.078	1.753
$\dfrac{u_m^2}{2g}$ 速度水頭〔m〕		0.000	0.764	0.764	0.020	0.020	0.764	0.764	0.764	0.764
$E_p = \dfrac{p}{\rho g} + z$ ピエゾ水頭〔m〕		21.000	19.854	16.192	16.603	16.547	15.792	8.467	8.314	注1) 0.989

注1) 厳密には 1.000 m．よって，水頭誤差 $|e|=0.011\,\mathrm{m}$ である．
注2) C⁺ の水頭損失の計算には細い管の $u_m^2/2g=0.764$ の値を使用することに注意．

〖POINT〗 エネルギー線・動水勾配線作図上の留意点

① 管水路の一様断面区間のエネルギー線と動水勾配線は直線で，かつ摩擦損失により単調に下降するとともに平行である．また，動水勾配線はエネルギー線より速度水頭 $\alpha u_m^2/2g$ 分低い．ただし，一般に $\alpha=1.0$ とする.

② 一様断面の管水路では形状損失を伴う地点でエネルギー線と動水勾配線は不連続的に低下する．一方，管路断面が急拡するとき，速度水頭が小さくなるので動水勾配線が上昇することがある（例題 6・2 の設問図参照）.

③ 管水路の下流端が大きな水槽に接続している場合，下流端の動水勾配線は水槽水面に一致する（例題 6・1 の設問図参照）．一方，自由開放出端の管路の下流端の動水勾配線は管の中心の高さに一致する（圧力 $p=0$ より，例題 6・2 の設問図参照）．また，大きな水槽部分のエネルギー線と動水勾配線はともに水表面に一致する.

5 サイフォン

図 6・11 に示すように，水槽Ⅰから動水勾配線より高い点Cへ管水路で水を上げた後，水槽Ⅰより低い位置に設置した水槽Ⅱへ導く場合を考える．このような管水路は**サイフォン**と呼ばれる．以下にサイフォンの原理について考える.

水槽Ⅰ：A 地点-地点 C^+-水槽Ⅱ：E 地点に対して成立するベルヌーイの式は，

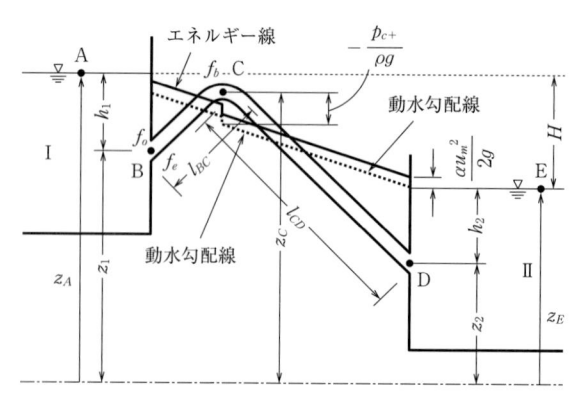

図 6・11 サイフォン

サイフォン管内の平均流速を u_m とすると，$p_A/\rho g = p_E/\rho g = 0$（大気に接する），$u_{mA} = u_{mE} = 0$（両水槽I，IIの速度水頭が無視し得るほど小さい）の条件を適用して

$$z_A = z_C + \frac{p_{C^+}}{\rho g} + \alpha \frac{u_m^2}{2g} + \left(f_e + f_b + f\frac{l_{BC}}{d}\right)\frac{u_m^2}{2g}$$

水槽I：A地点　　　　　　　　　　　C$^+$地点

$$= z_E + \left(f_e + f_b + f_o + f\frac{l_{BC}+l_{CD}}{d}\right)\frac{u_m^2}{2g}$$

水槽II：E地点

(6・29)

ここに，l_{BC} は B-C 間の管路長，l_{CD} は C-D 間の管路長，C$^+$ は点 C の管の曲り直後の地点である．

式(6・29)より両水槽の水位差 H（総落差という）は水槽 A-E の間で成立するベルヌーイの式より

$$H = z_A - z_E$$
$$= \left(f_e + f_b + f_o + f\frac{l_{BC}+l_{CD}}{d}\right)\frac{u_m^2}{2g} \qquad (6・30)$$

よって，u_m，$u_m^2/2g$，Q は

$$u_m = \sqrt{\frac{2gH}{f_e + f_b + f_o + f(l_{BC}+l_{CD})/d}}$$

$$\frac{u_m^2}{2g} = \frac{H}{f_e + f_b + f_o + f(l_{BC}+l_{CD})/d} \qquad (6・31)$$

$$Q = \frac{1}{4}\pi d^2 u_m = \frac{1}{4}\pi d^2 \sqrt{\frac{2gH}{f_e + f_b + f_o + f(l_{BC}+l_{CD})/d}}$$

同様に点 A-点 C$^+$ 間で成立するベルヌーイの式より $p_{C^+}/\rho g$ は

$$\frac{p_{C^+}}{\rho g} = z_A - z_C - \left(\alpha + f_e + f_b + f\frac{l_{BC}}{d}\right)\frac{u_m^2}{2g} \qquad (6・32)$$

式(6・31)の $u_m^2/2g$ を式(6・32)に代入すると，$p_{C^+}/\rho g$ は

$$\frac{p_{C^+}}{\rho g} = z_A - z_C - \frac{\alpha + f_e + f_b + f(l_{BC}/d)}{f_e + f_b + f_o + f(l_{BC}+l_{CD})/d} H \qquad (6・33)$$

理論的には，考えるサイフォンが機能して管内を水が流れるためには管路系で最も高い位置で，かつ曲がり直後の最も圧力が低くなる C$^+$ 点での圧力が絶対圧 0（−10.33 m）より高くなる必要がある．つまり，$p_{C^+}/\rho g < -10.33$ m では管内に空洞が生じて流れが遮断され，サイフォンは機能しなくなる．しかし，現実に

はさまざまな要因によってそれより高い限界水圧 $p_{Cr}/\rho g$ で流れが遮断される．よって，$p_{C^+}/\rho g \geq p_{Cr}/\rho g$ でサイフォンは機能し，$p_{C^+}/\rho g < p_{Cr}/\rho g$ でサイフォンは機能しないこととなる．この $p_{Cr}/\rho g$ は一般に $p_{Cr}/\rho g = -7\sim 8$ m とされる．

なお，両水槽の水位差 H（総落差）が大きくなると式(6・33)よりわかるように $p_{C^+}/\rho g$ は低下する．よって，サイフォンが機能する H の最大値 $H_{\max}$ は式(6・33) の p_{C^+} に p_{Cr} を，H に $H_{\max}$ を代入して

$$H_{\max} = \frac{f_e + f_b + f_o + f(l_{BC} + l_{CD})/d}{\alpha + f_e + f_b + f(l_{BC}/d)} \left(-\frac{p_{Cr}}{\rho g} + z_A - z_C \right) \quad (6・34)$$

例題 6・3 サイフォンの具体的計算例

図 6・11 のサイフォンにおいて $z_A = 100$ m，$z_1 = 90$ m，$z_C = 100$ m，円管の内径 $d = 50$ cm，管長 $l_{BC} = 300$ m，管長 $l_{CD} = 1\,000$ m であるとする．このとき，同図のようなサイフォンは機能するか．また，サイフォンが機能しうる H の最大値 $H_{\max}$ はいくらか．ただし，$n = 0.015$，$p_{Cr}/\rho g = -8$ m，また，摩擦損失以外の損失は無視し得ると考える．

（解）

$n = 0.015$ より，f は

$$f = \frac{12.7 g n^2}{d^{1/3}} = \frac{12.7 \times 9.8 \times 0.015^2}{0.5^{1/3}} = 0.035$$

式(6・33)より，$p_{C^+}/\rho g$ を求める．摩擦以外の損失を無視するので

$$\frac{p_{C^+}}{\rho g} = z_A - z_C - \frac{\alpha + f(l_{BC}/d)}{f(l_{BC} + l_{CD})/d} H$$

$$= 100 - 100 - \frac{1.0 + 0.035 \times 300/0.5}{0.035 \times (300 + 1\,000)/0.5} \times 10 = -2.42 \text{ m}$$

これより，$p_{C^+}/\rho g = -2.42 > -8$ m．よって，サイフォンは機能する．一方，$H_{\max}$ は，式(6・34) に $p_{Cr}/\rho g = -8$ m を代入して

$$H_{\max} = \frac{f(l_{BC} + l_{CD})/d}{\alpha + f \cdot l_{BC}/d} \left(-\frac{p_{Cr}}{\rho g} + z_A - z_C \right)$$

$$= \frac{0.035 \times (300 + 1\,000)/0.5}{1.0 + 0.035 \times 300/0.5} \times 8 = 33.09 \text{ m}$$

なお，$p_{C^+}/\rho g$ の値は水頭表を作表して求めてもよい．

もっと詳しく学ぼう

逆サイフォン（伏せ越し）

　水路を道路などを横断させるときには図 a のようなサイフォンとは逆の形の管水路が使用される．これを逆サイフォン（伏せ越し）という．また，この逆サイフォンは谷を越えて高い位置へ送水する場合にも使用され，熊本県の通潤橋は有名である（図 b 参照）．

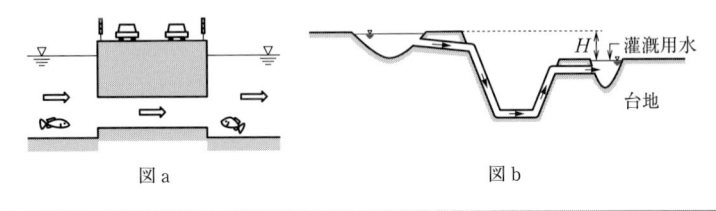

図 a　　　図 b

6　水　　　車

　図 6・12 に示すように，高い位置にある貯水池 I から低い位置にある貯水池 II に管路を使用して水を導き，その途中に設置した水車を回転させて発電に利用することはよく行われている．ここで，貯水池 I-II 間の水位差を H（総落差という）とすると，水車を回転させるために使用する落差 H_e（有効落差という）は，H から管路途中で生ずるエネルギー損失を差し引いて次式のように求められる．

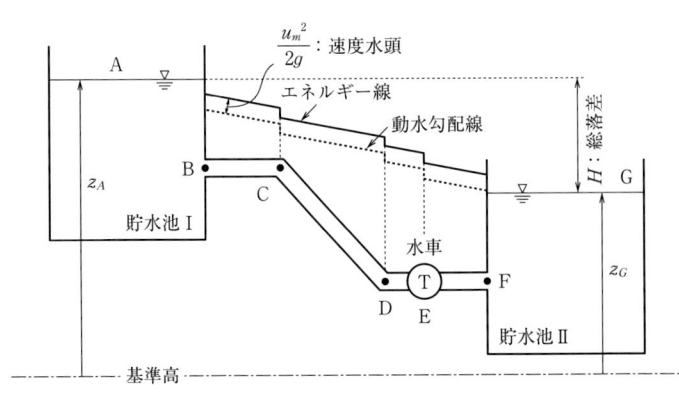

図 6・12　水車のある管水路

$$H_e = H - (\;h_f\;+\;h_l\;) \hspace{2cm} (6\cdot35)$$
　　　　有効落差　総落差　　摩擦損失水頭　形状損失水頭

　流量 Q の水が水車を回転させる場合，水がなす単位時間当たりの仕事量（動力）P は理論上 $P=\rho g Q H_e$〔N·m/s〕で与えられる．実際の出力 P_e は，水車の効率 η_e を考慮して

$$P_e = \rho g \eta_e Q H_e \text{〔N·m/s=J/s=W〕} = 9.8 \eta_e Q H_e \text{〔kW〕} \hspace{1cm} (6\cdot36)$$

なお，水車を発電に使用する場合は発電機の効率 η_G も考慮する必要があるので，発電量 P_G は

$$P_G = \rho g \eta_e \eta_G Q H_e = \rho g \eta Q H_e \text{〔N·m/s=J/s=W〕} = 9.8 \eta Q H_e \text{〔kW〕}$$
$$(6\cdot37)$$

ここに，$\eta=\eta_e\eta_G$ であり単に効率と呼ばれている．

(思い出そう) 水車の理論出力と仕事・仕事率

　管路の有効落差 H_e を流下する流体は単位時間当たりに $\rho g Q H_e$ の位置エネルギーを失うが，これが水車の理論出力 P となる．なお式(6·36)，式(6·37) 中の 9.8 は $\rho g = 1\,000\,\text{kg/m}^3 \times 9.8\,\text{m/s}^2 = 9\,800\,\text{N/m}^3 = 9.8\,\text{kN/m}^3$ より得られる値である．よって，これらの式の最右辺の計算を行うときは Q, H_e の単位はそれぞれ〔m³/s〕,〔m〕とする必要がある．なお，1 N は質量 1 kg の物体に加速度 1 m/s² を与えるための力，1 J は物体を 1 N の力で 1 m 移動させる場合の仕事である（1 N·m=1 J（ジュール））．また，単位時間 1 s に 1 J の仕事をする場合（仕事率）を 1 W（ワット）= 1 J/s = 1/9.8 kgf·m/s という．

例題 6·4 水車を含む一様単線管水路の具体的計算例

　図 6·12 において，$f_e=0.3$, $f_b=0.2$, $f_o=1.0$, $n=0.015$, $d=1\,\text{m}$, $l_{BC}=30\,\text{m}$, $l_{CD}=100\,\text{m}$, $l_{DE}=20\,\text{m}$, $l_{EF}=20\,\text{m}$ とする．管内流量 $Q=5\,\text{m}^3/\text{s}$ であるときの発電量 P_G を求めよ．ただし，効率 $\eta=\eta_e\eta_G=0.8$ とする．また，$z_A=80\,\text{m}$, $z_G=20\,\text{m}$ とする．

（解）

　f は，$n=0.015$ より

$$f = \frac{12.7gn^2}{d^{1/3}} = \frac{12.7 \times 9.8 \times 0.015^2}{1^{1/3}} = 0.028 \hspace{2cm} ①$$

6・6 水車

また，管内平均流速 u_m は，$u_m = Q/A = Q/(\pi d^2/4) = 6.369$ m/s であるから全損失水頭 $h_f + h_l$ は

$$h_f + h_l = \left(f_e + 2f_b + f_o + f\frac{l_{BC} + l_{CD} + l_{DE} + l_{EF}}{d}\right)\frac{u_m^2}{2g}$$

$$= \left(0.3 + 2 \times 0.2 + 1.0 + 0.028 \times \frac{30 + 100 + 20 + 20}{1}\right)\frac{6.37^2}{2 \times 9.8} \quad ②$$

$$= 13.374 \text{ m}$$

したがって，有効落差 H_e は総落差 $H = z_A - z_G = 80 - 20 = 60$ m より，$H_e = H - (h_f + h_l) = 60 - 13.374 = 46.626$ m である．よって，発電量 P_G は，式(6・37) より

$$P_G = 9.8\eta_e\eta_G QH_e = 9.8 \times 0.8 \times 5 \times 46.626 = 1\,827.7 \text{ kW} \quad ③$$

エネルギー線，動水勾配線を描くための水頭表を次表に示す．なお計算されたエネルギー線・動水勾配線は図6・12中に示す．同図に示すように水車地点でエネルギー線・動水勾配線が不連続的に大きく低下する．

水頭表

	A	B	C$^+$	D$^+$	E$^-$	E$^+$	F$^+$(G)
損失水頭〔式〕	−	$f_e\dfrac{u_m^2}{2g}$	$\left(f\dfrac{l_{BC}}{d} + f_b\right)\dfrac{u_m^2}{2g}$	$\left(f\dfrac{l_{CD}}{d} + f_b\right)\dfrac{u_m^2}{2g}$	$f\dfrac{l_{DE}}{d}\dfrac{u_m^2}{2g}$	H_e	$\left(f\dfrac{l_{EF}}{d} + f_o\right)\dfrac{u_m^2}{2g}$
損失水頭〔m〕	0.000	0.621	2.153	6.210	1.159	46.626	3.229
$\dfrac{p}{\rho g} + z + \dfrac{u_m^2}{2g} = E$ エネルギー水頭〔m〕	80.000	79.379	77.226	71.016	69.857	23.231	注1) 20.002
$\dfrac{u_m^2}{2g}$ 速度水頭〔m〕	0.000	2.070	2.070	2.070	2.070	2.070	0.000
$\dfrac{p}{\rho g} + z$ ピエゾ水頭〔m〕	80.000	77.309	75.156	68.946	67.787	21.161	20.002

注1) 厳密には 20.000 m，よって水頭誤差 $|e| = 0.002$ m である．

もっと詳しく学ぼう：水撃作用とサージタンク

図6・12のように水車を含む管路において，水車の出力制御などの目的のためにバルブを急激に閉めて流水を遮断すると管内の流水の運動エネルギーは管内圧力の急上昇に変換される．これを水撃作用と呼んでいる．

水撃作用による圧力上昇が大きい場合には管路が損傷を受けるが，現地ダムなどではこれを防止するためにサージタンクが設置されている（口絵写真参照）．このサージタンクにより管内圧力の上昇はサージタンクの水位上昇に変換される．

(a) バルブ — 水車

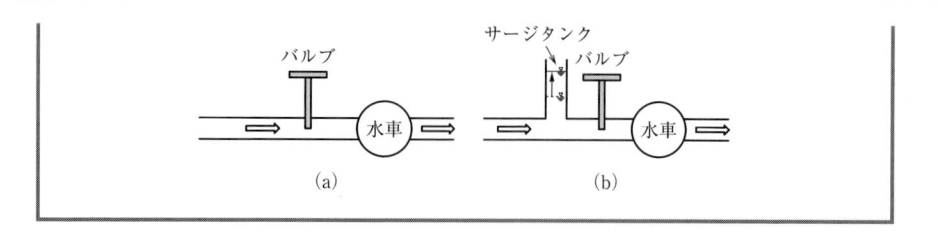

(b) サージタンク — バルブ — 水車

7 ポンプ

図 6·13 のように，管水路の途中にポンプを設置して低い位置の貯水池 I の水を高い位置にある貯水池 II に送ることを考える．ポンプで水を上昇させる高さを**実揚程** H（両貯水池の水位差）と呼び，また，実際にポンプに要求される揚程を**全揚程** H_p と呼ぶ．H_p は，管内のエネルギー損失を考慮して

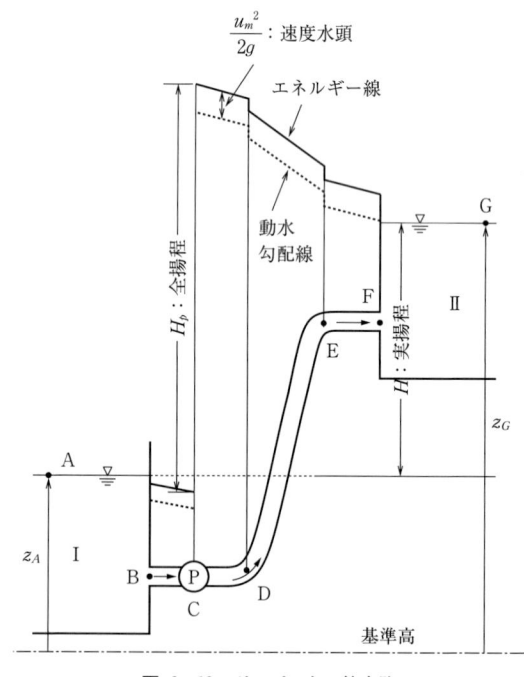

図 6·13 ポンプのある管水路

$$H_p = H + h_f + h_l \tag{6・38}$$
全揚程　実揚程　摩擦損失水頭　形状損失水頭

この全揚程 H_p を得るためにポンプに要求される S（理論水力という）は，単位時間当たりにポンプが流れに与える位置エネルギーであるから，管内流量を Q とすると

$$S = \rho g Q H_p \text{[N·m/s=J/s=W]} = 9.8 Q H_p \text{[kW]} \tag{6・39}$$

実際にはポンプの効率 η_p を考慮する必要があり，ポンプに求められる水力 S_e は

$$S_e = \frac{\rho g Q H_p}{\eta_p} \text{[N·m/s=J/s=W]} = \frac{9.8 Q H_p}{\eta_p} \text{[kW]} \tag{6・40}$$

ただし，η_p はポンプの種類や口径などによって変化するものであり，詳しくは水理公式集に述べられている．なお，式(6・39)，式(6・40) の最右辺の計算では本章 6 節の水車を含む問題と同様の注意が必要である（第 6 章 "思い出そう"「水車の理論出力と仕事・仕事率」参照）．

例題 6・5 **ポンプを含む一様単線管水路の具体的計算例**

図 6・13 において，$f_e = 0.3$，$f_b = 0.2$，$n = 0.015$，$d = 20$ cm，$l_{BC} = 10$ m，$l_{CD} = 10$ m，$l_{DE} = 70$ m，$l_{EF} = 10$ m とし，水面が貯水池 I の水面より 20 m 高い位置にある貯水池 II へ流量 0.2 m³/s で揚水する．このとき，ポンプに求められる水力 S_e を求めよ．またエネルギー線，動水勾配線を描け．ただし，ポンプの効率 $\eta_p = 0.7$ とする．なお，$z_A = 6$ m とする．

(解)

$n = 0.015$ より，f の値は

$$f = \frac{12.7 g n^2}{d^{1/3}} = \frac{12.7 \times 9.8 \times 0.015^2}{0.2^{1/3}} = 0.048$$

また，管内平均流速 u_m は

$$u_m = \frac{Q}{A} = \frac{Q}{\pi d^2 / 4} = \frac{0.2}{3.14 \times (0.2)^2 / 4} = 6.37 \text{ m/s}$$

全損失水頭 $h_l + h_f$ は

$$h_l + h_f = \left(f_e + 2 f_b + f_o + f \frac{l}{d} \right) \frac{u_m^2}{2g}$$

$$= \left(0.3 + 2 \times 0.2 + 1.0 + 0.048 \times \frac{10 + 10 + 70 + 10}{0.2} \right) \times \frac{6.37^2}{2 \times 9.8} = 53.2 \text{ m}$$

したがって，ポンプに要求される揚程 H_p は

$$H_p = H + h_f + h_l = 20 + 53.21 = 73.21 \text{ m}$$

よって，ポンプに求められる水力 S_e は，効率 $\eta_p = 0.7$ であるから

$$S_e = \frac{9.8 Q H_p}{\eta_p} = 9.8 \times \frac{0.2 \times 73.21}{0.7} = 204.99 \text{ kW}$$

エネルギー線，動水勾配線を描くための水頭表を次表に示す．なお，計算されたエネルギー線，動水勾配線は図 6·13 に示している．同図に示すようにポンプ地点でエネルギー線・動水勾配線が不連続的に大きく上昇していることがわかる．

水頭表

	A	B	C⁻	C⁺	D⁺	E⁺	F⁻	F⁺(G)
損失水頭（式）	−	$f_e \dfrac{u_m^2}{2g}$	$f \dfrac{l_{BC}}{d} \dfrac{u_m^2}{2g}$	$-H_p$	$\left(f \dfrac{l_{CD}}{d} + f_b\right) \dfrac{u_m^2}{2g}$	$\left(f \dfrac{l_{DE}}{d} + f_b\right) \dfrac{u_m^2}{2g}$	$f \dfrac{l_{EF}}{d} \dfrac{u_m^2}{2g}$	$f_o \dfrac{u_m^2}{2g}$
損失水頭〔m〕	0	0.621	4.968	−73.205	5.382	35.190	4.968	2.070
$\dfrac{p}{\rho g} + z + \dfrac{u_m^2}{2g} = E$ エネルギー水頭〔m〕	注1) 6	5.379	0.411	73.616	68.234	33.044	28.076	注2) 26.006
$\dfrac{p}{\rho g} + z$ ピエゾ水頭〔m〕	6	3.309	−1.659	71.546	66.164	30.974	26.006	26.006

注1) 点 A (貯水池 I の水面) の基準面よりの高さは 6 m である．
注2) 厳密には 26.000 m．よって，水頭誤差 $|e| = 0.006$ m である．

> **POINT** 水車・ポンプを含む管水路の水頭表作成上の注意点
>
> 水車を含む管水路の水頭表では，水車によって有効落差 H_e のエネルギー（水頭）が消費されるが，これを水頭損失 H_e として取り扱う．一方，ポンプを含む管水路の水頭表ではポンプによって H_p のエネルギー（水頭）が与えられるので，損失水頭としてはポンプ地点で $-H_p$ の損失が発生すると考える．

8 分岐・合流管路

図 6·14 に示すように，三つの貯水池 I，II，III が 3 本の一様断面の管水路 1，2，3 によってつながっている．このとき，貯水池 I から貯水池 II および貯水池 III へ分岐して流れるような管路を **分岐管路**（同図(a)），I および II から合流して III へ流れる管路を **合流管路**（同図(b)）と呼んでいる．ここでは，I と III の水位差を H_1，II と III の水位差を H_2，分岐点もしくは合流点（点 D）のエネルギー線

6・8 分岐・合流管路

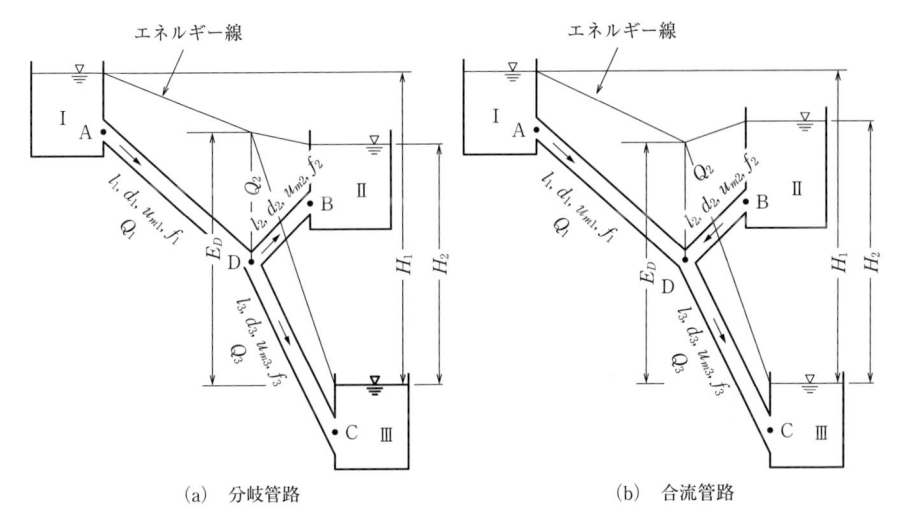

(a) 分岐管路　　　(b) 合流管路

図 6・14

の高さを E_D（基準高は貯水池Ⅲの水面）として各管水路に流れる流量の配分について考える．ただし，管内流量を Q，管水路長を l，管路の管径を d，摩擦損失係数を f，摩擦損失水頭 h_f，管内平均流速を u_m と表す．また，管路の A → D 間，B → D 間，D → C 間のそれぞれの諸量に添字 1，2，3 を付して表す．なお，摩擦損失以外のエネルギー損失はすべて無視できるものとする．

まず，分岐管路について考える．貯水池Ⅲの水面を基準高として点 A → D，点 B → D，点 D → C 間で形状損失を無視してベルヌーイの式を立てると次式を得る．

$$H_1 = E_D + h_{f1} = E_D + f_1 \frac{l_1}{d_1} \frac{u_{m1}^2}{2g} \quad (\text{A} \rightarrow \text{D 間}) \tag{6・41}$$

$$E_D = H_2 + h_{f2} = H_2 + f_2 \frac{l_2}{d_2} \frac{u_{m2}^2}{2g} \quad (\text{B} \rightarrow \text{D 間}) \tag{6・42}$$

$$E_D = h_{f3} = f_3 \frac{l_3}{d_3} \frac{u_{m3}^2}{2g} \quad (\text{D} \rightarrow \text{C 間}) \tag{6・43}$$

式(6・41)，式(6・42) に式(6・43) を代入すると H_1, H_2 は

$$H_1 = f_1 \frac{l_1}{d_1} \frac{u_{m1}^2}{2g} + f_3 \frac{l_3}{d_3} \frac{u_{m3}^2}{2g} \tag{6・44}$$

$$H_2 = -f_2 \frac{l_2}{d_2} \frac{u_{m2}^2}{2g} + f_3 \frac{l_3}{d_3} \frac{u_{m3}^2}{2g} \tag{6・45}$$

合流管路の場合も，同様の考察によって H_1, H_2 が求められる．結局，次式が形状損失を無視した分岐・合流管路の基礎方程式となる．

$$H_1 = f_1 \frac{l_1}{d_1} \frac{u_{m1}^2}{2g} + f_3 \frac{l_3}{d_3} \frac{u_{m3}^2}{2g} \tag{6・46}$$

$$H_2 = \pm f_2 \frac{l_2}{d_2} \frac{u_{m2}^2}{2g} + f_3 \frac{l_3}{d_3} \frac{u_{m3}^2}{2g} \tag{6・47}$$

ここに，+は合流管路を，-は分岐管路の場合を表している．上式において，k_1, k_2, k_3 をそれぞれ次式のようにおく．

$$k_1 = \frac{8}{\pi^2 g} \frac{f_1 l_1}{d_1^5}, \qquad k_2 = \frac{8}{\pi^2 g} \frac{f_2 l_2}{d_2^5}, \qquad k_3 = \frac{8}{\pi^2 g} \frac{f_3 l_3}{d_3^5} \tag{6・48}$$

また，各管の流量 Q_1, Q_2, Q_3 より u_{m1}, u_{m2}, u_{m3} は

$$u_{m1} = \frac{4Q_1}{\pi d_1^2}, \qquad u_{m2} = \frac{4Q_2}{\pi d_2^2}, \qquad u_{m3} = \frac{4Q_3}{\pi d_3^2} \tag{6・49}$$

以上より，式(6・46)，式(6・47)は書き直されて

$$H_1 = k_1 Q_1^2 + k_3 Q_3^2 \tag{6・50}$$

$$H_2 = \pm k_2 Q_2^2 + k_3 Q_3^2 \tag{6・51}$$

さらに，流量の連続の条件は

$$Q_1 \pm Q_2 = Q_3 \tag{6・52}$$

ここで，+は合流管路，-は分岐管路を表している．

基礎式(6・50)～(6・52)の3式より Q_1, Q_2, Q_3 を求めることができる．なお，E_D の高さが H_2 より高い場合は分岐管路であり，$Q_1/Q_3 > 1$ となる．また，E_D の高さが H_2 より低い場合は合流管路となり，$Q_1/Q_3 < 1$ となる．以下の演習問題で分岐・合流管路の具体的な計算例を取り上げる．

9 管路網

上水道や下水道は網状に管路が設置されている．この網状管路中での水の配分や流れる方向を調べる計算を管路網計算と呼んでいる．ここでは，さまざまな管路網計算の手法の中で比較的簡単なハーディ・クロス法の概略について説明する．

6・9 管路網

図6・15に示すような管径dの最も簡単な管路網において水がA点から流入し，B，C，D点より流出する場合を考える．ここで，点A，B，C，Dの全エネルギー水頭をH_A, H_B, H_C, H_D，それぞれの地点の流入・流出流量をQ_A, Q_B, Q_C, Q_Dと表す．また，管路長をl，流量をQ，摩擦損失水頭をh_fとする．なお，以下の取扱いでは水が時計回りに流れるときの流量および損失水頭の符号を正とする．ただし，摩擦損失水頭以外の損失水頭（形状損失水頭）は生じないものとする．

ここで，点Aより時計回りに考えるとH_Cは

$$H_C = H_A - h_{fAB} - h_{fBC} \quad (6・53)$$

同様に，点Aより反時計回りに考えるとH_Cは

$$H_C = H_A + h_{fCD} + h_{fDA} \quad (6・54)$$

式(6・53)と式(6・54)を等値とすれば

$$h_{fAB} + h_{fBC} + h_{fCD} + h_{fDA} = 0 \quad (6・55)$$

つまり，管網の一つの回路において次式が成立する．

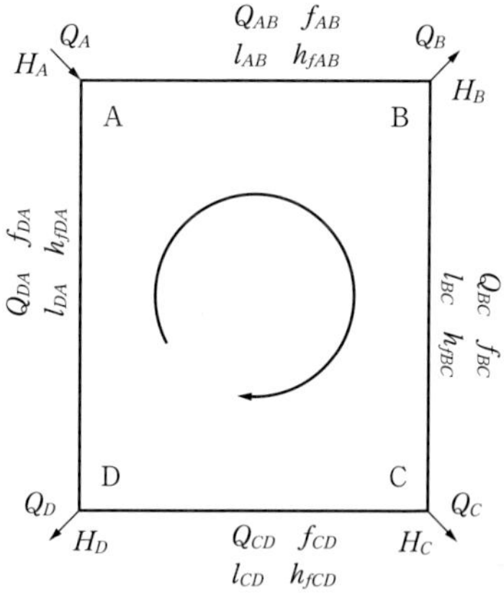

$$\sum h_{fi} = 0 \quad (6・56)$$

図6・15 管路網

ここで，各区間の摩擦損失h_{fi}は式(6・48)と同様に$k_i = \{8/(\pi^2 g)\} f_i l_i / d_i^5$と置くと次式で表すことができる．

$$h_{fi} = k_i Q_i^2 \quad (6・57)$$

管路網の計算では，まず，管路の各区間の流量を仮定して式(6・57)より摩擦損失水頭の計算を実施する．その結果，式(6・56)が成立するとき，仮定された流量が正しいと判定される．一方，$\sum h_{fi} \neq 0$となる場合は，各管の流量を補正して再度計算を実施する（補正計算）．なお，演習問題で具体的な計算例を取り上げる．

演 習 問 題

1. 相当粗度 $k_s=0.03\,\text{cm}$, 管径 $d=20\,\text{cm}$ の鋳鉄管内を $5\,\text{m/s}$ の速さで水が流れている. このときの管長 $100\,\text{m}$ 当たりの摩擦損失水頭を求めよ. なお, 水温は $20℃$ とする.

2. 管径 $d=30\,\text{cm}$ の円管水路内を水が流量 $Q=0.06\,\text{m}^3/\text{s}$ で流れているときの f 値を求めよ. ただし, 水の動粘性係数 ν を $\nu=0.0099\,\text{cm}^2/\text{s}$, 円管の表面の相当粗度 $k_s=3.0\,\text{mm}$ であるとする.

3. 図に示すようなサイフォン（円管水路）を用いて送水するとき, 次の問いに答えよ. ただし, $n=0.016$, 入り口損失係数 $f_e=0.5$（点 B）, 曲りの損失係数 $f_{b1}=0.1$（点 C）, $f_{b2}=0.15$（点 D）, 出口損失係数：$f_o=1.0$（点 E）とし, また, 水の密度 ρ は $\rho=1.0\times10^3\,\text{kg/m}^3$ とする.

 (1) エネルギー線と動水勾配線を描け.
 (2) このサイフォンが機能するかどうかを判定せよ. ただし, 限界圧力水頭は $\rho_{Cr}/\rho g=-8\,\text{m}$ とする.
 (3) サイフォンが機能する z_D の最大値を求めよ. ただし, 点 D の高さの変化による管水路長の変化は無視してよい.

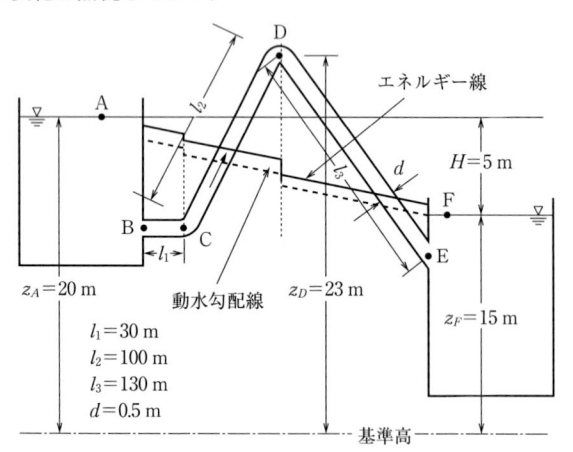

$z_A=20\,\text{m}$, $z_D=23\,\text{m}$, $z_F=15\,\text{m}$, $H=5\,\text{m}$
$l_1=30\,\text{m}$, $l_2=100\,\text{m}$, $l_3=130\,\text{m}$, $d=0.5\,\text{m}$

4. 図に示すように, 二つの貯水池を円管水路で結び, 管水路の中間点 C で管内流量の $1/3$ を放出することを考えるとき, 次の問いに答えよ. ただし, エネルギー損失は摩擦損失のみによって生ずるとし, また, n を $n=0.012$ とする.

 (1) 管内の水の流量（点 B-C 間）を求めよ.
 (2) エネルギー線を描け.

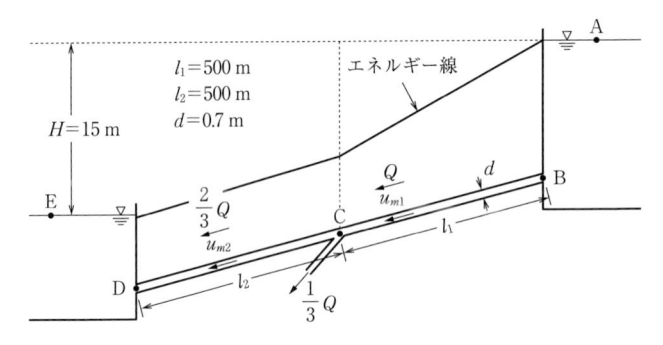

5 図6・14のような管路において $l_1=300$ m, $l_2=100$ m, $l_3=300$ m, $d_1=d_2=d_3=50$ cm, $H_1=20$ m, $H_2=5$ m, $n=0.015$ とする．各管の流量と流向を求めよ．ただし，管路における損失は摩擦損失のみによって生ずるものとする．

6 図に示す管網において，点Aから $Q_A=1\,\mathrm{m^3/s}$ の水が流入し，点B, C, Dからそれぞれ $Q_B=0.2\,\mathrm{m^3/s}$, $Q_C=0.5\,\mathrm{m^3/s}$, $Q_D=0.3\,\mathrm{m^3/s}$ の水が流出する．各管を流れる水の流量と流向を求めよ．ただし，$n=0.015$ とする．また，水頭損失は摩擦損失のみを考える．

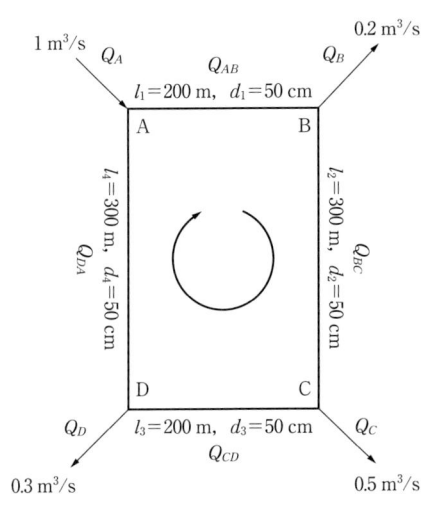

7 図に示すように，①－②－③の水平な配水管により給水することを考える．①－②部分は送水区域で長さ $l_1=5$ km, ②－③部分は給水区域で長さ $l_2=2$ km であり，配水池の水面より30m低い位置にある．このとき，給水計画人口は50 000人．1人1日当り平均給水量は150 l, 時間最大給水量はその2倍として計画する．なお，$f=$

$f_1=f_2=0.02$ とし，また配水管の末端で消火用圧力水頭として 20 m を要するものとする．このときの水道本管の内径はいくらにしたらよいか．ただし，水頭損失は摩擦損失のみによって生ずるものとする．

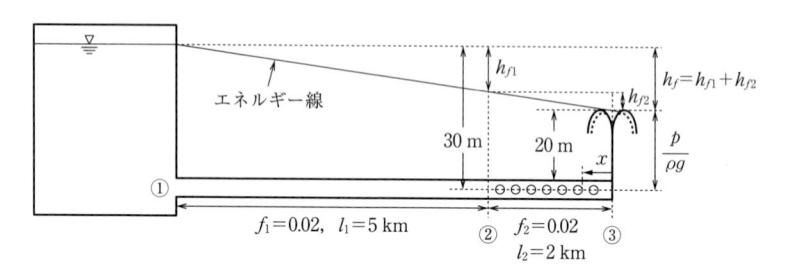

[8] 図に示すように山岳部を挟んで V 貯水池と W 貯水池がある．V 貯水池は流入量は大きいが，容量が相対的に小さく，W 貯水池は流入量は小さいが，容量が大きいという特徴がある．両貯水池を管水路で接続し，両貯水池の水を効率的に運用することを考える．W 貯水池と V 貯水池の水面差は 20 m であるとき，V 貯水池の水を W 貯水池へ送るためのポンプに要求される理論水力 S と実際にポンプに求められる水力 S_e を求めよ．ただし，実揚程 $H=20$ m，ポンプの効率 $\eta_p=0.78$，送水流量 $Q=10$ m³/s，管径 $d=3.0$ m，$z_A=60$ m，$z_E=80$ m，$l_{BP}=200$ m，$l_{PC}=150$ m，$l_{CD}=750$ m，$n=0.015$，入口損失係数 $f_e=0.5$，曲がり損失係数 $f_b=0.3$，出口損失係数 $f_o=1.0$，水の密度 $\rho=1\,000$ kg/m³ とする．

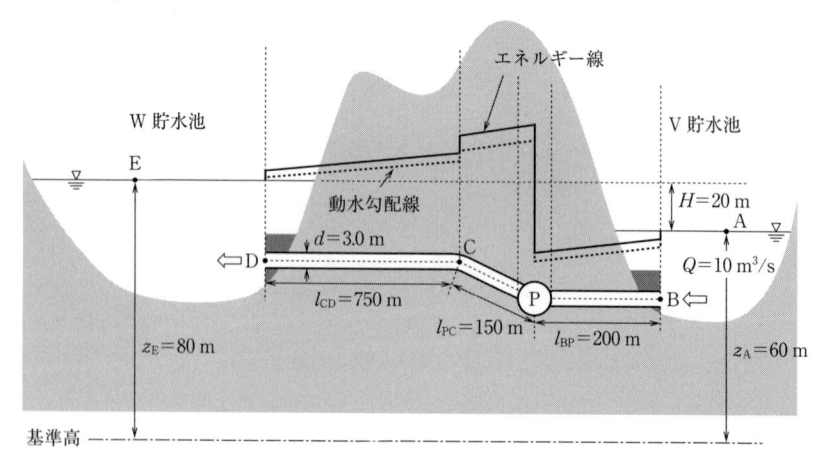

開水路の流れ

第7章

　河川などの開水路内の流れの解析法について学ぶ．この章ではまず底面の「エネルギー損失」が重要にならない場合の開水路流れを表す方程式を導き，基礎的な概念を学ぶ．次いで常流，射流，限界水深の意味を学び，「エネルギー損失」を考慮した開水路流れの方程式を導く．これらに基づいて，急勾配の水路，緩勾配の水路の意味とその場合に生ずる水面形，マニングの流速公式と適用の仕方，最適断面の考え方について学ぶ．

第7章 開水路の流れ

1 開水路流れの分類

開水路流れは次のような特徴を持っている．
① 水面が大気に接している．
② 水面の高さ（水位）は流量，水路の断面形状によって上下する．

このような水面のことを**自由水面**と呼ぶ．河川の流れは典型的な開水路流れである．一方，管路の流れにおいても満管状態で流れているときには管路流れであるが，水位が下がって水面ができてしまえば開水路流れになる．

開水路流れでは自由水面は一定の大気圧を受けている．また，流れの方向を決めるのは通常重力である．すなわち，流れは高いところから低いところに向かう．

開水路の流れは大きく次のように分類される．どの断面においても，水深や流速が時間の経過とともに変化しない流れを**定常流**（図7·1(a)，定流ともいう）と呼ぶ．逆に，変化する流れを**非定常流**（図7·1(b)）と呼ぶ．

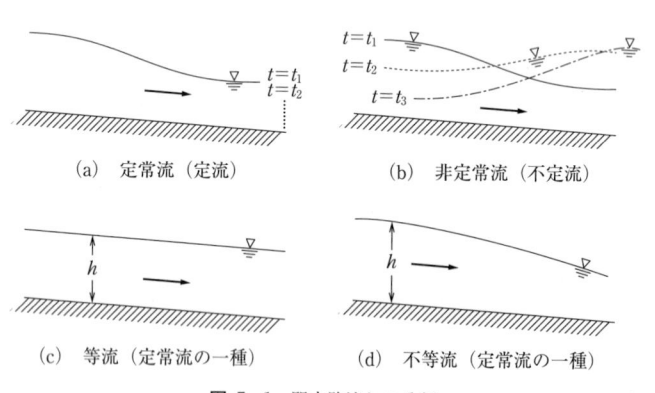

(a) 定常流（定流）

(b) 非定常流（不定流）

(c) 等流（定常流の一種）

(d) 不等流（定常流の一種）

図7·1 開水路流れの分類

例えば，晴天時の河川の流れや一定の流量を流している実験水路の流れは定常流，洪水時のように時間的に流量が変化する流れは非定常流である．定常流のうち，水路内のどの断面においても水深や流速が等しい流れを**等流**（図7·1(c)），断面ごとにこうした量が異なる流れを**不等流**（図7·1(d)）と呼ぶ．なお，河川の流れは通常時に等流となることはまれであるが，直線的な区間が続いており，

7・2 開水路流れの基礎（矩形断面，エネルギー損失なし）

勾配が変わらないときは等流として扱ってもよい場合が多い．

図7・2に示すように河床の勾配が変化する場所では，水深はそれに伴って変化するために不等流となる．一方，その上下流の河床勾配が長い区間にわたって一定である場所の水深はほぼ一定となり流れは等流となる．また，洪水の流れは時間のみならず場所的にも流速と水深が変化するが，このような流れは非定常流の中で特に不定流と呼ばれている（表7・1参照）．

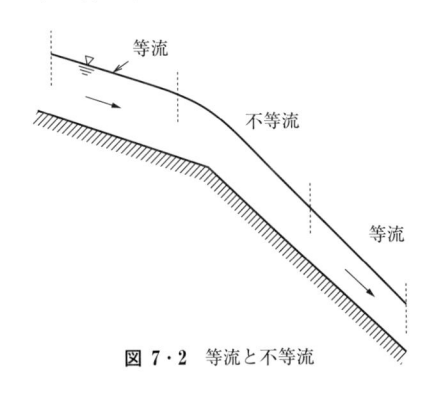

図 7・2 等流と不等流

表 7・1 開水路流れの分類

時間的な変化		場所的な変化	
なし	定常流	なし	等流
		あり	不等流
あり	非定常流	あり	不定流

2 開水路流れの基礎（矩形断面，エネルギー損失なし）

現実の流れでは水路底面にせん断力が働き，エネルギー損失が生ずる．しかし，ここではいったんエネルギー損失を無視した上で矩形断面水路を考え，開水路流れの基礎を学ぶ．

1 開水路流れの基礎方程式

河床付近の流れは実際にはきわめて複雑であり，石の形や大きさがさまざまに変わるので，各所に渦が形成されており，局所的には一方向の流れではない．こうした渦や複雑な流れによってエネルギーが失われている．しかし，まずはエネルギーの損失がないと仮定した上で，矩形断面水路を念頭に置いて基本的な事項を学ぼう．

エネルギー損失がないと仮定した上で基準高からの水路底面の高さをh_bとすると，底面からの高さz_e（$z=h_b+z_e$）を通る流線に沿って立てられるベルヌーイ

の式は h を水深として

$$H = \frac{v^2}{2g} + \frac{p}{\rho g} + z = \frac{v^2}{2g} + \frac{p}{\rho g} + (h_b + z_e) = 一定 \quad (7 \cdot 1)$$

河床から z_e の高さの流線上の水圧は $p/\rho g = h - z_e$ であるから式(7・1) は(**図 7・3 参照**)

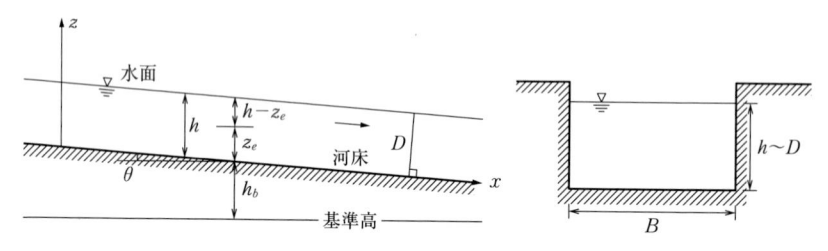

図 7・3 開水路流れの定義図

$$H = \frac{v^2}{2g} + (h - z_e) + (h_b + z_e) = \frac{v^2}{2g} + h + h_b \quad (7 \cdot 2)$$

式(7・2) に z_e は含まれていないことがわかる．これは流れの持つ全エネルギー H は考える高さによらず一定であることを示している．

【POINT】 基礎方程式取扱いの留意点

水路の底面勾配 i は $i = -dh_b/dx$ と定義される．ただし，−の符号は i を $i=1/1\,000$ のように正の値で表すために付している．なお，本文のような取扱いは，i が小さい場合 ($i \leq 1/20$) に成立する．一般の河川では山間部の急流部分を除いては $i \leq 1/20$ の条件を満足しているので本文の取扱いでよい．

ここで，矩形断面水路を考え，河床高を基準にとり $E = H - h_b$ を導入する．

$$E = H - h_b = \frac{v^2}{2g} + h = \frac{1}{2g}\left(\frac{Q}{A}\right)^2 + h = \frac{Q^2}{2gB^2h^2} + h \quad (7 \cdot 3)$$

ここに，Q は流量，B は水路幅，A は流水断面積である．式(7・3) の E は河床を基準にしたエネルギー水頭であり，**比エネルギー**と呼ばれている．

2 一定の流量に対する比エネルギーと水深の関係

式(7·3)を $Q=$ 一定の条件のもとに作図して**図7·4**に示す．同図は比エネルギー曲線と呼ばれる．同図において $Q=Q_1$（一定）の比エネルギー曲線より，$E=E_0=$ 一定に対して二つの水深 h_1, h_2 が対応することがわかる．また，$Q=$ 一定の条件での E の最小値は $dE/dh=0$ の条件より次式となる（Fr については第4章"POINT"「フルード数」参照）．

$$\frac{dE}{dh} = -\frac{Q^2}{gB^2h^3}+1 = -Fr^2+1 = 0 \quad \Rightarrow \quad h_c = \sqrt[3]{\frac{Q^2}{gB^2}} \quad (Q=\text{一定}) \tag{7·4}$$

この水深 h_c を**限界水深**と呼ぶ．つまり，h_c は流量 Q と水路幅 B によって定まり，水路勾配 i とは無関係であることがわかる．そのときの速度水頭は $v^2/2g = Q^2/(2gB^2h^2) = h_c/2$ となる．この関係を式(7·3)に代入すると h_c とそれに対応する比エネルギー E_c の関係は

$$h_c = \frac{2}{3}E_c \quad \text{もしくは} \quad E_c = \frac{3}{2}h_c \tag{7·5}$$

つまり，E_c は与えられる流量 Q を流すために必要な最小の比エネルギーを与え，そのときの水深が限界水深 h_c である．以上より，$E=E_0=$ 一定の条件に対する二つの水深のうち，h_1 は $h_1>h_c$ であることから常流であるので，常流水深と呼ばれ，流速 v は $v<v_c(=\sqrt{gh_c})$ である．また，h_2 は $h_2<h_c$ であることから射流であるので射流水深と呼ばれ，流速 v は $v>v_c$ である．

[POINT] フルード数，常流・射流・限界流

式(7·4)より限界水深では $dE/dh=0$ であるから，そこでのフルード数 Fr（第4章"POINT"「フルード数」参照）は

$$Fr = \frac{v}{\sqrt{gh_c}} = 1 \tag{ⅰ}$$

次の増減表からわかるように水深が限界水深のときは $Fr=1$ である．水深が限界水深より小さいときは $Fr>1$ であり**射流**（$v>\sqrt{gh_c}$）と呼ばれ，水深が限界水深より大きいときは $Fr<1$ となり**常流**（$v<\sqrt{gh_c}$）と呼ばれる．また，$Fr=1$ のときの流れは**限界流**（$v=v_c=\sqrt{gh_c}$）と呼ばれる．

比エネルギーの増減表

h	$+0$		$h_C=\sqrt[3]{Q^2/gB^2}$		∞
E	$Q^2/(2gB^2h^2)$	↘	極 小	↗	h
$\dfrac{dE}{dh}$	$-$		0		$+$
Fr	$Fr>1$		1		$Fr<1$
流 況	射 流		限界流		常 流

ところで,水深に比較して波長がきわめて長い波を**長波**と呼ぶ.この長波の進む速度は $C=\sqrt{gh}$ で表されることが知られている.したがって,フルード数とは実際の水の流れる速度 v と長波の速度 $\sqrt{gh}$ の比 $(Fr=v/C)$ である.

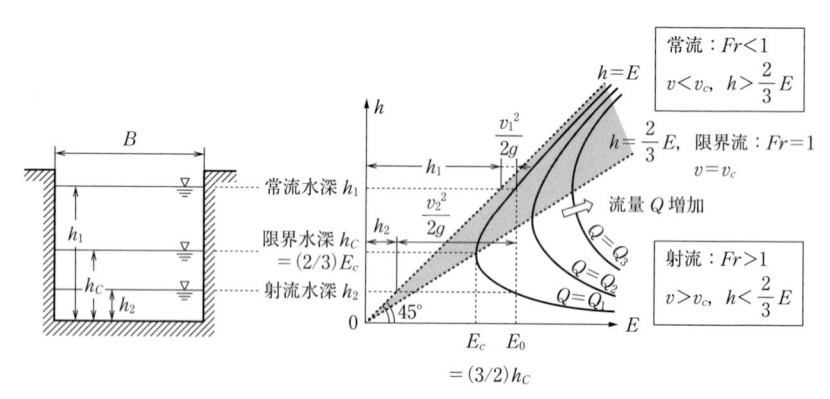

図 7・4 水深と比エネルギーの関係(比エネルギー曲線)

例題 7・1 常流・射流の判定

幅 10 m の広幅長方形断面の水路に $1.2\,\text{m}^3/\text{s}$ の流量の水が 30 cm/s の流速で流れている.この流れは常流か,射流か.

(解)
水路幅を B,流量を Q,水深を h,平均流速を v とすると,水深,フルード数は

$$h=\frac{Q}{Bv}=\frac{1.2}{10\times 0.3}=0.40\,\text{m},\qquad Fr=\frac{v}{\sqrt{gh}}=\frac{0.3}{\sqrt{9.8\times 0.40}}=0.15<1$$

したがって,流れは常流である.

3 一定の比エネルギーに対する水深と流量の関係

比エネルギー一定のときの流量と水深の関係を求める．式(7・3)を書き直して

$$Q^2 = 2gB^2h^2(E-h) \quad (E=一定) \tag{7・6}$$

同式で比エネルギー E を一定とした上で $Z = Q^2$ と置くと dQ/dh は

$$\frac{dQ}{dh} = \frac{\partial Z^{1/2}}{\partial Z} \cdot \frac{\partial Z}{\partial h} = \frac{(2E-3h)gB}{\sqrt{2g(E-h)}} \tag{7・7}$$

式(7・7)より h に関する Q の増減表をつくると表7・2のようになる．

表 7・2 式(7・7)の増減表

h	$h<2E/3$	$h=2E/3$	$h>2E/3$
式(7・7)右辺	+	0	−
Q	↗	極大値	↘

すなわち，流量が最大となる水深は次式で与えられる．

$$h = \sqrt[3]{Q^2/(gB^2)} = h_c \tag{7・8}$$

つまり，比エネルギー＝一定では，水深が限界水深になるときに最大流量が流せることがわかる．この水深は，前項で得られた流量 Q を流すために必要な最小の比エネルギーを与える水深と一致する結果である（式(7・5)参照）．

例題7・2 ダムを越流する流れ

越流部堤頂の地盤面よりの高さ15 m，越流幅 $B=20$ m のダムがある．貯水池の水深を17 m とするときの越流量 Q を求めよ．

（解）

ダム頂においては流れは常流から射流に代わり，堤頂が支配断面（流れが常流から射流へと遷移する断面）となり限界水深 h_c をとる．よって，堤頂での流速は限界流速 $v_c = \sqrt{gh_c}$ となる．また，堤頂を基準とした比エネルギーを E とすると，$h_c = (2/3)E$ より，堤頂における流速 v_c と比エネルギー E の関係は $v_c = \sqrt{gh_c} = \sqrt{(2/3)gE}$ で与えられる．したがって，越流量 Q は越流幅を B として，$Q = Bh_cv_c$ に代入して求まるから

$$Q = \frac{2}{3}\sqrt{\frac{2}{3}g}B\sqrt{E^3} = \frac{2}{3}\sqrt{\frac{2}{3}\times 9.8}\times 20\times \sqrt{2^3} = 96.4 \text{ m}^3/\text{s}$$

第7章 開水路の流れ

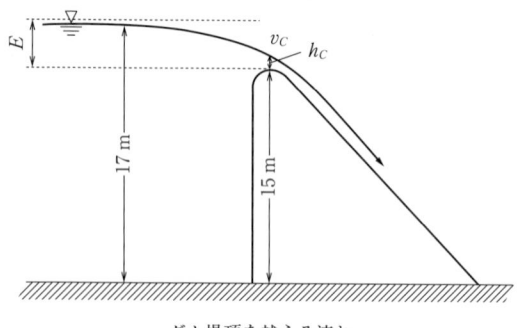

ダム堤頂を越える流れ

3 水面形の方程式の基礎（矩形断面水路・エネルギー損失なし）

式(7・2)を $Q=$ 一定の条件で流下方向（x 方向，図7・3）に微分すると

$$\frac{dH}{dx} = \frac{1}{2g}\frac{d}{dx}\left(\frac{Q}{Bh}\right)^2 + \frac{dh}{dx} + \frac{dh_b}{dx} \tag{7・9}$$

ここで，第1項は $-Q^2/(gB^2h^3)\cdot dh/dx$ となり，上式より dh/dx を求めると

$$\frac{dh}{dx} = \frac{dH/dx - dh_b/dx}{1-\{Q^2/(gB^2h^3)\}} \tag{7・10}$$

流れに伴うエネルギー損失が無視しうると考えているので（$H=$ 一定，$dH/dx=0$），分子の第1項は0，また，底面勾配 $dh_b/dx=-i$ と表すと，式(7・10)は

$$\frac{dh}{dx} = \frac{i}{1-\{Q^2/(gB^2h^3)\}} = \frac{i}{1-Fr^2} = \frac{i}{1-(h_C/h)^3} \tag{7・11}$$

式の誘導にあたっては，$Q^2/(B^2h^2)=v^2$ であり v^2/gh は Fr^2，限界水深 h_C は $h_C=\sqrt[3]{Q^2/(gB^2)}$（式(7・4)）であることが使用されている．同式より $h=h_C$ では分母が0で値が定まらないことがわかる．式(7・11)から得られる水面形の概略図を図7・5に示す．同図のように常流（$Fr<1$）では $dh/dx>0$ であるから下流に向かって水深が増加するとともに速度水頭は減少する．一方，射流（$Fr>1$）では $dh/dx<0$ であるから下流に向かって水深が減少するとともに速度水頭は増大することがわかる．ただし，ここで論ずる水面形は全エネルギー H が一定の場合であることに注意が必要である．

7・3 水面形の方程式の基礎（矩形断面水路・エネルギー損失なし）

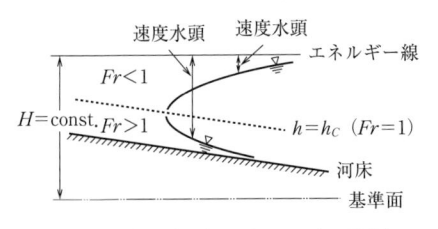

図 7・5 水面形の変化（Hが一定の場合）

> **[POINT]　水面形の変化**
>
> 式(7・11)および図7・5に示す水面形の挙動は流れに伴うエネルギー損失が無視しうる場合（$dH/dx=0$），つまり，流れの短い区間での議論に使用可能である．考える流れの区間が長くなるとエネルギー損失が無視できなくなるために，式(7・11)とは水面形の挙動がまったく異なるものとなるが，詳細は次項以降に取り上げる．

例題 7・3　突起上を通過する流れ

幅 B の広幅長方形断面水路の底面に図に示すような緩やかな突起がある．その上を単位幅流量 $q(=Q/B)$ で水が流れている．流れが全領域で常流である場合，全領域で射流である場合，常流から射流に遷移する場合について，それぞれの水面形について調べよ．

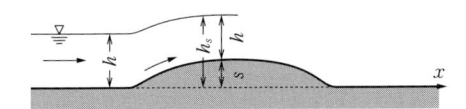

（解）

突起に沿って x 軸をとり，底面より突起までの高さを s，水深を h，水位を $h_s(=h+s)$ とする．式(7・11)において，$i=-ds/dx$ を考えて変形すれば，水深の変化 dh/dx は

$$\frac{dh}{dx}=\frac{dh_s}{dx}-\frac{ds}{dx}=\frac{i}{1-Fr^2} \qquad ①$$

よって，水位の変化 dh_s/ds は

$$\frac{dh_s}{dx}=\frac{ds}{dx}+\frac{i}{1-Fr^2}=-i+\frac{i}{1-Fr^2}=\frac{iFr^2}{1-Fr^2} \qquad ②$$

よって，式②より，流れが全領域で常流 $Fr<1$ の場合には，突起の上流域では，$ds/dx>0(i<0)$ であるから，$dh_s/dx<0$ つまり水位は減少する．突起の下流域では，

$ds/dx<0$ ($i>0$) であるため $dh/dx>0$ となり水位は次第に上昇する．また，突起頂部では水位の変化はなく，かつ，最低水位となる．このように全域常流の場合は水面は底面の変化と逆に突起上で低下することがわかる．

同様に流れが全領域で射流の場合には，突起の上流域では水位は次第に上昇し，また，突起の下流側では徐々に減少することがわかる．つまり，水位の変化は底面の変化と同様になる．

一方，突起の上流で常流 $Fr<1$，下流で射流 $Fr>1$ になる場合には式②より常に $dh_s/dx<0$ である．したがって，$i=0$ の位置で $Fr=1$ でなければならない．すなわち，常流から射流への遷移は突起の頂上で起こり，突起頂上では限界水深 h_c をとることとなる．以上の結果を図示すると水面形は下図のようになる．

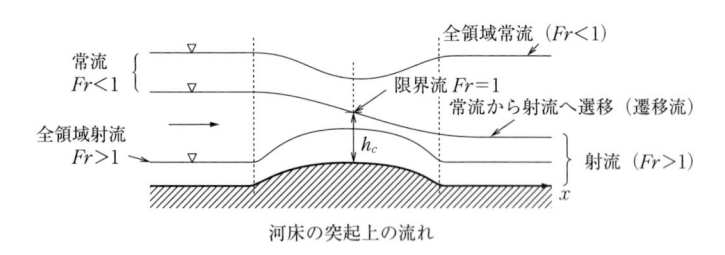

河床の突起上の流れ

4　水面形の方程式（エネルギー損失あり）

前節までにエネルギー損失を無視して開水路の流れを取扱った．しかし，現実には開水路の流れは管路流れと同様にエネルギー損失を伴う．エネルギー損失には形状損失と摩擦損失があるが，以下では水路床に作用するせん断力に基づくエネルギー損失，つまり摩擦損失水頭 h_f を考慮した水面形の方程式について考察する．

1　流積・潤辺・径深，広幅長方形断面の概念の導入

本節では本章に既述の取扱いを矩形断面水路以外のさまざまな断面形を持つ水路に拡張することを考える．そのために，管路の場合と同様に流水断面積（流積）A，潤辺 S，径深 $R=A/S$ のパラメータを導入する（第6章参照）．代表的各種断面についてのこれらの量の一覧表を**表7·3**に示す．

7・4 水面形の方程式（エネルギー損失あり）

表 7・3 各断面形の潤辺，流水断面積，径深

水路の形		長方形断面	台形断面	円形断面
水深	h	h	h	$d\{1-\cos(\phi/2)\}/2$
水面幅	B	B	$b+2mh$	$d\sin\phi$
潤辺	S	$B+2h$	$b+2h\sqrt{1+m^2}$	$d\phi/2$
流水断面積	A	Bh	$h(b+mh)$	$d^2/8\cdot(\phi-\sin\phi)$
径深	$R=A/S$	$Bh/(B+2h)$	$h(b+mh)/(b+2h\sqrt{1+m^2})$	$d(1-\sin\phi/\phi)/4$

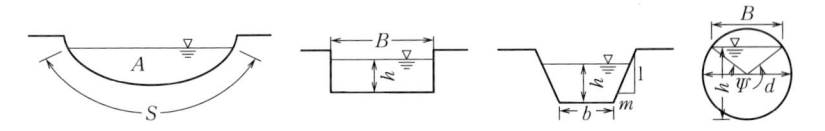

ところで，図 7・6 のように河川の断面は幅 B が水深 h に比較してきわめて大きく（$B\gg h$），しかも断面内の凹凸を無視できれば，長方形断面と仮定できることが多い．このような断面形を**広幅長方形断面**と呼ぶ．なお，広幅長方形断面の径深 $R=A/S=Bh/(B+2h)$ は次式のように $R\sim h$ と近似できる．

$$R=\frac{A}{S}=\frac{Bh}{B+2h}=\lim_{h/B\to 0}\frac{h}{1+\dfrac{2h}{B}}\sim h \tag{7・12}$$

このような広幅長方形断面の開水路では，側壁に作用するせん断力に比較して底面せん断力の影響が卓越するので側壁の影響は無視して取扱うことが可能である．

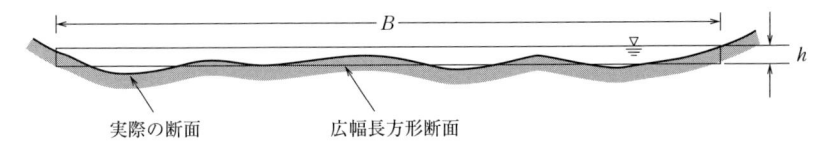

図 7・6 一般河川の断面の例と理想化した広幅長方形断面

2 摩擦損失水頭の表現式

開水路流れでは底面に作用するせん断力によるエネルギー損失，つまり摩擦損失水頭 h_f が生ずる．h_f の評価には管路で使用されたダルシー–ワイズバッハの式（式(6・6)）が準用され次式のように表現される．

第7章 開水路の流れ

$$h_f = f'\frac{l}{R}\frac{v^2}{2g} = f'\frac{l}{R}\left(\frac{Q}{A}\right)^2\frac{1}{2g} \sim f'l\underbrace{\frac{B+2h}{Bh}\frac{Q^2}{2gB^2h^2}}_{\text{矩形断面}} = \underbrace{f'l\frac{Q^2}{2gB^2h^3}}_{\text{広幅長方形断面}}$$
(7・13)

ここに，f' は水路底面の摩擦損失係数，v は開水路の流速，Q は流量，l は h_f の水頭損失が生ずる区間長である．

ここでは，矩形断面水路を考え，式(7・2)のベルヌーイの式に底面せん断力による摩擦損失水頭 h_f を付加すると

$$C = \frac{v^2}{2g} + h + h_b + h_f = \frac{1}{2g}\left(\frac{Q}{Bh}\right)^2 + h + h_b + h_f = \text{一定} \quad (7・14)$$

水深の流れ方向の変化を求めるために，式(7・14)の両辺を x で微分すると

$$\frac{dC}{dx} = \frac{1}{2g}\frac{d}{dx}\left(\frac{Q}{Bh}\right)^2 + \frac{dh}{dx} - i + \frac{dh_f}{dx} = 0 \quad (7・15)$$

ここで，第1項は $-Q^2B/\{g(Bh)^3\}dh/dx$，また，$dC/dx=0$，$i=-dh_b/dx$ であることを用いると，式(7・15)より

$$\frac{dh}{dx} = \frac{i-(dh_f/dx)}{1-\{Q^2/(gB^2h^3)\}} = \frac{i-dh_f/dx}{1-Fr^2} = \frac{i-dh_f/dx}{1-(h_c/h)^3} \quad (7・16)$$

ここに，$h_c = \sqrt[3]{Q^2/(gB^2)}$ である．

> **POINT** エネルギー損失の有無と水面形の変化
>
> 式(7・16)より水深の変化について考える．まず，$i=dh_f/dx$ であれば水深は変化しない（基準面からの水面の高さは河床と平行となる）が，この流れを **等流** と呼んだ．すなわち，等流とはエネルギー勾配が河床の勾配に等しく，水深が変化しない流れのことである．これを運動エネルギーとポテンシャルエネルギーのやりとりで考えると，流下することによってポテンシャルエネルギーがそのまま損失として失われたことを意味している（ただし，分母が0となる場合を除いて考えている）．
>
> 次に $h=h_c=\sqrt[3]{Q^2/(gB^2)}$ であれば分母が0となるので，この近傍では水面の勾配はきわめて急になる．この水深は限界水深であり（$h=h_c$），エネルギー損失を考えなかった場合と同一の値となる．しかし，分子が i だけではなく $i-dh_f/dx$ となるため，水深の変化はエネルギー損失を考えた場合には i と dh_f/dx の関係によって，エネルギー損失を考えない場合とはまったく異なった様相を示す．
>
> つまり，$i>dh_f/dx$ の場合は，分子が正であるから，エネルギー損失のなかった

場合と同様に $h>h_C$ では水深は増加することになる．また，$h<h_C$ の場合には水深は減少することになる．逆に，$i<dh_f/dx$ の場合，分子が負となるので，$h>h_C$ では水深は減少し，$h<h_C$ の場合には水深は増加することとなる．

式(7·13)のダルシー-ワイズバッハの関係より $dh_f/dx=h_f/l$ として式(7·16)に代入すると

$$\frac{dh}{dx}=\frac{i-\dfrac{dh_f}{dx}}{1-Fr^2}=\frac{i-f'\dfrac{Q^2}{2gRA^2}}{1-\left(\dfrac{h_c}{h}\right)^3}=\frac{i-f'\dfrac{B+2h}{Bh}\dfrac{Q^2}{2gB^2h^2}}{1-\left(\dfrac{h_c}{h}\right)^3} \quad (7\cdot17)$$

なお，実際は f' は完全に定数とはかぎらないが近似的に定数と考えてもよい．

3 広幅長方形断面水路の水面形の基礎式と各種勾配水路の概念

流れが等流のときの水深，流水断面積（流積），径深，摩擦抵抗係数を h_0，A_0，R_0，f'_0 と置けば，式(7·17)より次式が成立する（式(7·17)で分子$=0$，$dh/dx=0$）．

$$i=f'_0\frac{Q^2}{2gR_0A_0^2} \quad \Rightarrow \quad f'_0=2giR_0\left(\frac{A_0}{Q}\right)^2 \quad (7\cdot18)$$

ここで，等流に対する摩擦抵抗係数 f'_0 をそれ以外の流れの場合にも近似的に用いることができると仮定すると（$f'=f'_0=2giR_0(A_0/Q)^2$，式(7·18)），式(7·17)の dh/dx は

$$\frac{dh}{dx}=\frac{i-f'\dfrac{Q^2}{2gRA^2}}{1-\left(\dfrac{h_c}{h}\right)^3}=i\frac{1-\dfrac{R_0}{R}\left(\dfrac{A_0}{A}\right)^2}{1-\left(\dfrac{h_c}{h}\right)^3} \quad (7\cdot19)$$

同式を広幅長方形断面の場合に書き直すと $R\sim h$，$R_0\sim h_0$ であるから次式が成立する．

$$\frac{dh}{dx}=i\frac{h^3-h_0^3}{h^3-h_c^3} \quad \text{（広幅長方形断面）} \quad (7\cdot20)$$

なお，広幅長方形断面の等流水深 h_0 は式(7·18)で $R_0\sim h_0$ として

$$h_0=\sqrt[3]{\frac{f'_0}{i}\frac{Q^2}{2gB^2}} \quad (7\cdot21)$$

同式より，i が大きくなると等流水深 h_0 が小さくなることがわかる．

例題7・4 各種勾配水路の概念

矩形および広幅長方形断面水路の各種勾配水路の概念と限界勾配について説明せよ．

(解)

矩形断面水路の限界水深 h_c は水路勾配 i に関係なく $h_c=\sqrt[3]{Q^2/(gB^2)}$ で与えられるのに対して，等流水深 h_0 は i によって変化し，i が大きくなると h_0 は小さくなることは記述した（式(7・21)参照）．この点を念頭において，ここではまず，水路勾配に関する用語を説明する．$h_0>h_c$ すなわち等流水深が限界水深よりも大きい水路を**緩勾配水路**，$h_0<h_c$ すなわち等流水深が限界水深よりも小さい水路を**急勾配水路**と呼ぶ．

また，$h_0=h_c$ となるような流れが生ずる水路の勾配を**限界勾配**と呼び i_C と記す．よって，緩勾配水路では $i<i_C$，急勾配水路では $i>i_C$ となる．なお，限界勾配水路における等流の流れの流速は $v=v_c=\sqrt{gh_c}$ であるから，そのときのフルード数 $Fr_0=v/\sqrt{gh_0}$ は $Fr_0=1$（Fr_0 の 0 は等流流れの Fr 数であることを表す）となる．よって，緩勾配水路では $Fr_0<1$，急勾配水路では $Fr_0>1$ となる．ここで，限界勾配水路 i_c は式(7・18)において $v=v_c=\sqrt{gh_c}$，$R_0=R_c$（R_c は R の限界流における値）として

$$i_C = f_0' \frac{Q^2}{2gR_c A_c^2} = f_0' \frac{v_c^2}{2gR_c} = f_0' \frac{h_c}{2R_c} \qquad ①$$

これより，広幅長方形断面の場合は $R_c \sim h_c$ より $i_C = f_0'/2$ となる．

4 広幅長方形断面水路に表されるさまざまな水面形

本項では各種勾配水路に表れるさまざまな水面形を式(7・20)より検討する．

(a) 緩勾配水路 ($h_c<h_0$, $i<i_c$, $Fr_0<1$)

$h_c<h_0$ の条件で h に関する領域分割を実施して式(7・20)より調べた dh/dx の符号を**表7・4**(1)に示す．同表より各種水面形として**図7・7**を得る．

同図に示すように $h>h_0$ では M_1 曲線，$h_c<h<h_0$ で M_2 曲線，$h<h_c$ で M_3 曲線が出現する．これらの曲線で M_1 は堰の上流側などにみられる水面形で，**堰上背水曲線**と呼ばれ，下流端で最も水深は大きくなり上流にいくに従って等流水深に近づいていく．M_2 は段落ちの上流などにみられる水面形であり，**低下背水曲線**と呼ばれる．同曲線では上流にいくに従って水深は増加し，等流水深に近づく．また，段落ち部で限界水深に等しくなる（$dh/dx=-\infty$）．M_3 は堰の下から流れ出す流れなどにみられる水面形である．流下方向に徐々に水深を増加させて

いき限界水深付近に達すると跳水を起こす($dh/dx=+\infty$).

(b) **急勾配水路**($h_c>h_0$, $i>i_c$, $Fr_0>1$)

$h_c>h_0$の条件でhに関する領域分割を実施して式(7·20)より調べたdh/dxの符号を表7·4(2)に示す.同表より各種水面形として図7·8を得る.

同図に示すように$h>h_c$ではS_1曲線,$h_c>h>h_0$でS_2曲線,$h<h_0$でS_3曲線が出現する.これらの曲線でS_1は跳水の直後などにみられる水面形であり,水深は$h=h_c(dh/dx=+\infty)$より流下方向に増加する.S_2曲線は流出堰の開口幅dがh_0より大きい場合の下流に見られる水面形である.また,S_3曲線は$d<h_0$の場合に見られる水面形である.

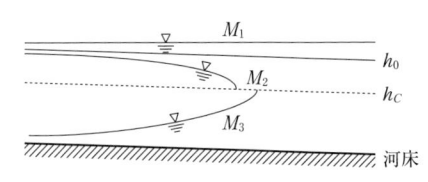

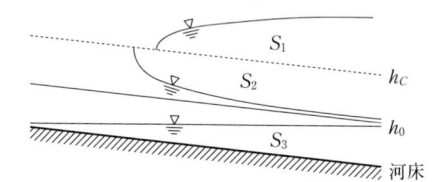

図7·7 緩勾配水路($i<i_C$)における水面形　　**図7·8** 急勾配水路($i>i_C$)における水面形

表7·4 緩勾配水路と急勾配水路の水深変化の増減量

(1) $h_c<h_0$(緩勾配水路)のとき

h	$h<h_c$	$h=h_c$	$h_c<h<h_0$	$h=h_0$	$h>h_0$
dh/dx	+	±∞	−	0	+
水深変化	深くなる		浅くなる	変わらない	深くなる
水面曲線名	M_3		M_2:低下背水曲線		M_1:堰上背水曲線

(2) $h_c>h_0$(急勾配水路)のとき

h	$h<h_0$	$h=h_0$	$h_0<h<h_c$	$h=h_c$	$h_c<h$
dh/dx	+	0	−	±∞	+
水深変化	深くなる	変わらない	浅くなる		深くなる
水面曲線名	S_3		S_2		S_1

(c) **水平床水路**($h_c<h_0=+\infty$, $i=0$, $Fr_0=0$)

河床勾配が水平な場合,すなわち,$i=0$で水が等流状態で流れる場合には式(7·21)より,等流水深h_0は$h_0=+\infty$となる.また,限界水深はiの大小にかかわらず$h_c=\sqrt[3]{Q^2/(gB^2)}$であるから$h_c<h_0=+\infty$となる.hに関する領域分割を

実施して式(7・20)より調べた dh/dx の符号を**表7・5**に示す．同表より各種水面形として**図7・9**を得る．同図の H_2 は段落の上流などにみられる水面形である．また，H_3 はゲートの下端から流出する場合などにみられる水面形であり，水深 h が h_C に達すると跳水が発生する．

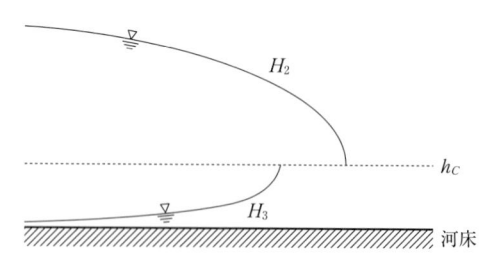

図7・9 水平床水路の場合の水面形

表7・5 水平床水路の水深変化の増減表

h	$h<h_c$	$h=h_c$	$h>h_c$
dh/dx	＋	±∞	－
水深変化	深くなる		浅くなる
水面曲線名	H_3		H_2

（d） 具体的な水面形の例

現実の場合の水面形を考えるときには対象とする水路の上流・下流がどのような条件になっているかが重要である．一例として上流が貯水池につながり，下流が段落となっている水路を考える．この水路の中間部にはゲートが設置されていてその開度を変化させて考える．

図7・10は緩勾配水路，急勾配水路の場合について，ゲートの開度が異なるケースに生ずる水面形を図7・7，7・8の結果を応用して描いたものである．同様に，**図7・11**は水平床水路に表れる水面形を図7・9の結果を応用して描いたものである．

さらに，水路の途中で河床の勾配が緩勾配から急勾配へと変化する場合の水面形の例を**図7・12**に示す．同図に示すように水面は勾配変化部の十分上流と下流で等流水深 h_0 に漸近する．また勾配変化部で $h=h_c$ を通過するので，上流側には M_2 曲線が，下流側には S_2 曲線が出現することとなる．

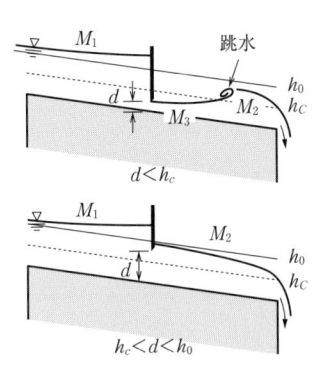

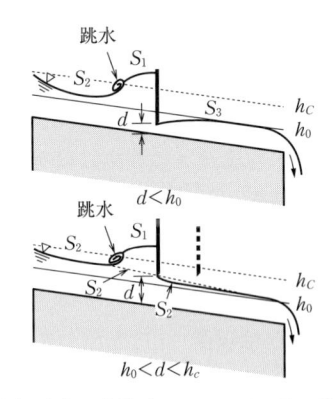

7・5 マニングの平均流速公式と水面形の方程式

(a) 緩勾配水路 ($h_c < h_0$, $i < i_c$, $F_{r0} < 1$) (b) 急勾配水路 ($h_c > h_0$, $i > i_c$, $F_{r0} > 1$)

図 7・10 貯水池と段落をつなぐ水路の水面形

[注] 急勾配水路の下図においてゲートの先端がゲートのない場合の流れ(図中の破線, S_2 曲線)中に存在するときは上流に S_1, S_2 曲線が, 下流に S_2 曲線が表われる. 一方, ゲートの位置が水面より高い位置にあるときは(図中に破線でゲートを示す)は, 流れはゲートの影響を受けず水路全体に S_2 曲線が表われる.

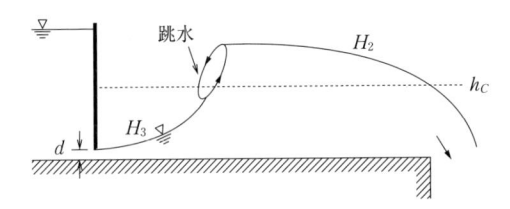

図 7・11 水平床水路に表れる水面形

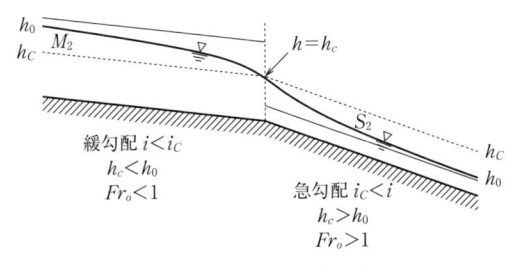

図 7・12 水面形の出現例

5 マニングの平均流速公式と水面形の方程式

本節では管水路でも使用したマニングの平均流速公式の開水路流れでの使用法とそれを使用して書き直された水面形の方程式を示す.

1 マニングの平均流速公式

実河川などの開水路の流れでも区間を限定すれば等流と見なせることが多い．等流流れの平均流速 v の算出には実用式として次式のマニングの平均流速公式がよく使用される．

$$v = \frac{Q}{A_0} = \frac{1}{n}R_0^{2/3}i^{1/2} = \underbrace{\frac{1}{n}h_0^{2/3}i^{1/2}}_{\text{広幅長方形断面}} \quad (\text{m·s 単位系}) \quad (7\cdot22)$$

ここに，R_0 は径深，i は水路勾配，h_0 は等流水深である．また，n は管路でも現れた**マニングの粗度係数**で流れの抵抗を表すパラメータである．n の値は水路の表面の性質，水路内に存在するさまざまな障害物の特性に応じて定まるが，代表的な例を**表 7·6** に示す．なお，n は一般に無単位で表記されるが，実際には次元を持っており，単位は $[\text{m}^{-1/3}\text{s}]$ である．よって，式(7·22) 中の諸量の単位はそれぞれ $v[\text{m/s}]$，$Q[\text{m}^3/\text{s}]$，$A_0[\text{m}^2]$，$R_0[\text{m}]$ とする必要がある．

表 7·6　自然河川におけるマニングの粗度係数の例

河　道　の　性　状			n の範囲	標準値
小河川（洪水時の水面幅＜30 m）				
平地部の河川				
1. 直線，淵なし，砂利床，雑草少々			0.030〜0.040	0.035
2. わん曲，ところにより瀬と淵			0.030〜0.045	0.040
3. 2と同じ，雑草および石がより多い			0.035〜0.050	0.045
山間部の河川				
底面は大きな玉石混じりの丸石			0.040〜0.070	0.050
高水敷				
牧草，やぶなし	短い草		0.025〜0.035	0.030
	長い草		0.030〜0.050	0.040
耕作地	作物なし		0.020〜0.040	0.030
	収穫期		0.030〜0.050	0.040
やぶ	分散したやぶ，雑草繁茂		0.035〜0.070	0.050
	やぶ密度　中−大　冬期		0.045〜0.110	0.070
	やぶ密度　中−大　夏期		0.070〜0.160	0.120
木	柳，密度大，夏期		0.110〜0.200	0.150
	立木，密度大，枝水没，下草なし		0.100〜0.160	0.120
大河川（洪水時の水面幅＞30 m）				
規則的断面で玉石もやぶもなし			0.025〜0.060	
不規則で粗な断面			0.035〜0.100	

（出典：玉井信行　水理学，培風館）

例題 7・5 マニングの平均流速公式を使用した流量計算

図のような台形断面の水路の河床勾配を i とする．この水路を等流状態で水が流れているときの潤辺 S_0，流水断面積（流積）A_0，径深 R_0，流量 Q を求めよ．

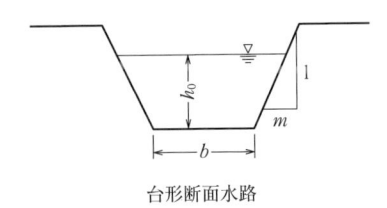

台形断面水路

（解）
表 7・3 より，潤辺の長さ：$S_0 = b + 2h_0\sqrt{1+m^2}$，流積：$A_0 = (b+mh_0)h_0$，径深：$R_0 = h_0(b+mh_0)/(b+2h_0\sqrt{1+m^2})$ である．また，流量 Q はマニングの式を使用して次式で求まる．

$$Q = vA_0 = \frac{A_0}{n}R_0^{2/3}i^{1/2} = \frac{h_0(b+mh_0)}{n}\left\{\frac{h_0(b+mh_0)}{b+2h_0\sqrt{1+m^2}}\right\}^{2/3}i^{1/2}$$

2 マニングの流速公式を用いた水面形の式

式(7・18)にマニングの平均流速公式，式(7・22)を代入すると，ダルシー–ワイズバッハの抵抗係数 $f' \sim f_0'$ とマニングの粗度係数 n の関係は

$$f_0' = \frac{2gn^2}{R_0^{1/3}} = \frac{2gn^2}{h_0^{1/3}} \sim f' = \frac{2gn^2}{R^{1/3}} \sim \frac{2gn^2}{h^{1/3}} \quad (7\cdot23)$$

広幅長方形断面　　　　　広幅長方形断面

同式のように摩擦抵抗係数 f' を等流における値 f_0' で近似して式(7・17)に代入すると

$$\frac{dh}{dx} = \frac{i - \dfrac{n^2}{R^{4/3}}\left(\dfrac{Q}{A}\right)^2}{1 - \left(\dfrac{h_c}{h}\right)^3} \sim \frac{i - \dfrac{n^2}{h^{4/3}}\left(\dfrac{Q}{Bh}\right)^2}{1 - \left(\dfrac{h_c}{h}\right)^3} \quad (7\cdot24)$$

広幅長方形断面

なお，広幅長方形断面の場合の等流水深 h_0 は式(7・24) で分子＝0 より

$$i = \frac{n^2}{h_0^{4/3}}\left(\frac{Q}{Bh}\right)^2 \Rightarrow h_0 = \left\{\frac{n^2}{i}\left(\frac{Q}{B}\right)^2\right\}^{3/10} = \left(\frac{n^2}{i}q^2\right)^{3/10} \quad (7\cdot25)$$

広幅長方形断面

ここに，$q=Q/B$ は単位幅流量である．なお，一般に河川技術者は通常ダルシー-ワイズバッハの抵抗係数ではなくマニングの粗度係数のほうを使用している．したがって，式(7·17)より式(7·24)の形式を使用して水面形を計算することが一般的である．n を使用すると限界勾配 i_c は式(7·18)，式(7·23)および，$h_c=\sqrt[3]{Q^2/(gB^2)}=\sqrt[3]{q^2/g}$ より

$$i_c = f_0' \frac{Q^2}{2gR_cA_c^2} = f_0' \frac{v_c^2}{2gh_c} = \frac{f_0'}{2} \sim \frac{f'}{2} = \frac{gn^2}{h_c^{1/3}} = \frac{n^2q^2}{h_c^{10/3}} \quad (7\cdot26)$$

広幅長方形断面

【POINT】 マニングの粗度係数 n と諸パラメータ（q は単位幅流量）

① マニングの平均流速公式：

$$v = \frac{Q}{A_0} = \frac{1}{n}R_0^{2/3}i^{1/2} = \frac{1}{n}\left(\frac{Bh_0}{B+2h_0}\right)^{2/3}i^{1/2} = \frac{1}{n}h_0^{2/3}i^{1/2}$$

　　一般断面　　　　矩形断面　　　　広幅長方形断面

② 広幅長方形断面の等流水深 h_0（式(7·25)）もしくはマニングの式より直接求める）：

$$h_0 = v^{3/2}\frac{n^{3/2}}{i^{3/4}} = \left(\frac{Q}{Bh_0}\right)^{3/2}\frac{n^{3/2}}{i^{3/4}} \Rightarrow h_0 = \left\{\frac{n^2}{i}\left(\frac{Q}{B}\right)^2\right\}^{3/10} = \left(\frac{n^2}{i}q^2\right)^{3/10}$$

広幅長方形断面

③ 限界水深：$h_c = \sqrt[3]{\dfrac{Q^2}{gB^2}} = \sqrt[3]{\dfrac{q^2}{g}}$

矩形断面（広幅長方形断面を含む，n に無関係）

④ $f_0'(\sim f)$ と n の関係：$f_0' = \underbrace{\dfrac{2gn^2}{R_0^{1/3}} \sim f' = \dfrac{2gn^2}{R^{1/3}}}_{\text{一般断面}} = \underbrace{\dfrac{2gn^2}{h^{1/3}}}_{\text{広幅長方形断面}}$

⑤ 限界勾配：$i_c = \underbrace{f_0'\dfrac{Q^2}{2gR_cA_c^2} = f_0'\dfrac{h_c}{2R_c} = \dfrac{f_0'}{2}}_{\text{一般断面}} \sim \underbrace{\dfrac{f'}{2} = \dfrac{gn^2}{h_c^{1/3}} = \dfrac{n^2q^2}{h_c^{10/3}}}_{\text{広幅長方形断面}}$

例題 7·6　水面形決定の計算例

水路床勾配 $i=1/70$ の十分長い広幅長方形断面水路に水が単位幅流量 $q=1.5$ m²/s で流れている．また，水路の途中に開口高さ $d=0.3$ m でゲートが設置されている．マニングの粗度係数 n を $n=0.020$ として水面形の概形を描け．

7・5 マニングの平均流速公式と水面形の方程式

$q = 1.5 \text{ m}^2/\text{s}$

ゲート

$d = 0.3 \text{ m}$

$i = \dfrac{1}{70}$

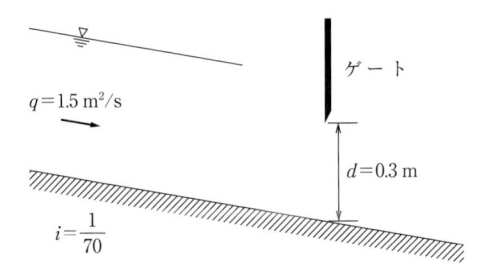

(解)

限界水深 h_c，等流水深 h_0 は前頁 "POINT" より

$$h_c = \sqrt[3]{\dfrac{q^2}{g}} = \sqrt[3]{\dfrac{1.5^2}{9.8}} = 0.61 \text{ m},$$

$$h_0 = \left(\dfrac{n^2 q^2}{i}\right)^{3/10} = \left(\dfrac{0.020^2 \times 1.5^2}{1/70}\right)^{3/10} = 0.44 \text{ m}$$ ①

よって，以下の手順で水面形を定める．

(ⅰ) $h_c > h_0$ より急勾配水路である．
(ⅱ) ゲートの開口高さ $d < h_0$ より，ゲートは流れに影響を与える．
(ⅲ) 水路の十分上流および十分下流の水深 h は等流水深 h_0 に一致する．
(ⅳ) (ⅰ),(ⅱ),(ⅲ)よりゲートの下流側の水面形は S_3 曲線となる．
(ⅴ) ゲートのすぐ上流側の水深 h はゲートの影響を受けて $h > h_0$ となり，流下方向に増大する．よって，$h > h_c$ の領域には S_1 曲線が出現する．また，$h_0 < h < h_c$ の領域では流下方向に水深が増大する水面形は存在しないので，上流の $h = h_0$ から S_1 曲線の水面形の変化は不連続となる（跳水現象が生ずる）．

以上の(ⅰ)〜(ⅴ)より，水路全体の水面形は図に示すようになる．

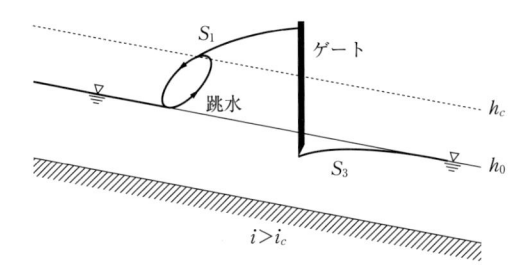

S_1　ゲート
跳水　h_c
S_3　h_0
$i > i_c$

> **【POINT】 水面形の決定の手順**
>
> ① 水面形の決定のためには，まず限界水深 h_c と等流水深 h_0 を求める．また，広幅長方形断面水路の h_c，h_0 は
> $$h_c = \left(\frac{Q^2}{gB^2}\right)^{1/3} = \left(\frac{q^2}{g}\right)^{1/3}, \quad h_0 = \left(\frac{n^2 Q^2}{iB^2}\right)^{3/10} = \left(\frac{n^2 q^2}{i}\right)^{3/10}$$
>
> ② 次に h_c と h_0 を比較して水路の種類（緩勾配水路：$i < i_c (h_c < h_0)$，急勾配水路：$i > i_c (h_c > h_0)$）を判定する．なお，水路の種類は，限界勾配 i_c の計算を行って，その値と水路床勾配 i の値の比較より判定してもよい．
>
> ③ 水面形の決定に当たっては，一定勾配の十分長い開水路で，堰，ゲート，段落ちなどの影響を受けない領域の水深は等流水深 h_0 に一致することを念頭に置く．一方，それらの影響を受ける領域については，別途考察が必要である．
>
> ④ 緩勾配水路，急勾配水路に対する水面形はそれぞれ M_1，M_2，M_3 および S_1，S_2，S_3 の三つしかない．よって，各水深領域ごとに水面形はそれらの中の一つに決まる．

6　通水能力の高い断面形

管水路流れで上部が空気で満たされている場合は開水路流れとなる．ここでは開水路の水位の変化によって水理特性が変化することを学ぶ．

1　通　水　能

水路断面を通過する流量は平均流速と断面積との積であるので，マニングの平均流速公式を用いれば，流量 Q は

$$Q = vA = \frac{1}{n} R^{2/3} i^{1/2} A = K i^{1/2} \tag{7・27}$$

ここに，K は通水能とよばれ次式で定義される．

$$K = \frac{1}{n} A R^{2/3} \tag{7・28}$$

2 水理特性曲線

管路流れにおいて,任意の水深 h のときの平均流速 v,流量 Q,流水断面積(流積)A,径深 R と水深が最大値 h_p の満管状態(管水路流れとなる)で流れる場合のそれぞれの値 v_p,Q_p,A_p,R_p との比を図示した曲線を**水理特性曲線**と呼ぶ.

ここでは円形断面の水理特性曲線について調べる.任意の水深 h のときの中心角 ϕ と水深 h の関係は次のようになる(**図 7·13** 参照).

$$h = \frac{d}{2}\left(1 - \cos\frac{\phi}{2}\right) \Rightarrow \phi = 2\cos^{-1}\left(1 - \frac{2h}{d}\right) \tag{7·29}$$

よって,A/A_p,S/S_p,R/R_p は(A,S,R と ϕ の関係は表 7·3 に既述)

$$\text{流水断面積} : \frac{A}{A_p} = \frac{(d^2/8)(\phi - \sin\phi)}{(\pi/4)d^2} = \frac{\phi - \sin\phi}{2\pi} \tag{7·30}$$

$$\text{潤辺} : \frac{S}{S_p} = \frac{(d/2)\phi}{\pi d} = \frac{\phi}{2\pi} \tag{7·31}$$

$$\text{径深} : \frac{R}{R_p} = \frac{A/S}{A_p/S_p} = \frac{(\phi - \sin\phi)/2\pi}{\phi/2\pi} = 1 - \frac{\sin\phi}{\phi} \tag{7·32}$$

また,v/v_p,Q/Q_p はマニングの式,式(7·22) より

$$\text{流速} : \frac{v}{v_p} = \frac{\frac{1}{n}R^{2/3}i^{1/2}}{\frac{1}{n}R_p^{2/3}i^{1/2}} = \left(\frac{R}{R_p}\right)^{2/3} = \left(1 - \frac{\sin\phi}{\phi}\right)^{2/3} \tag{7·33}$$

$$\text{流量} : \frac{Q}{Q_p} = \frac{Av}{A_p v_p} = \frac{\phi - \sin\phi}{2\pi}\left(1 - \frac{\sin\phi}{\phi}\right)^{2/3} \tag{7·34}$$

以上の R/R_p,v/v_p,Q/Q_p と h/d の関係を図示すると図 7·13 のようになる.同図より,$(R/R_p)^{2/3}$ と v/v_p の値は比 h/d が大きくなると 0.813 までは増加するものの,それ以上に水深が大きくなると流積の増加に比べて潤辺の増加のほうが大きくなるため,減少に転じていることがわかる.また,流量 Q/Q_p は h/d が 0.938 のときに最大になることがわかる.すなわち,できるだけ多くの流量を流したい場合には,満水状態で流すのではなく満管より若干下げて流せばよいことがわかる.なお,図 7·13 に示すような水理特性曲線はさまざまな管水路の設計に広く利用されている.

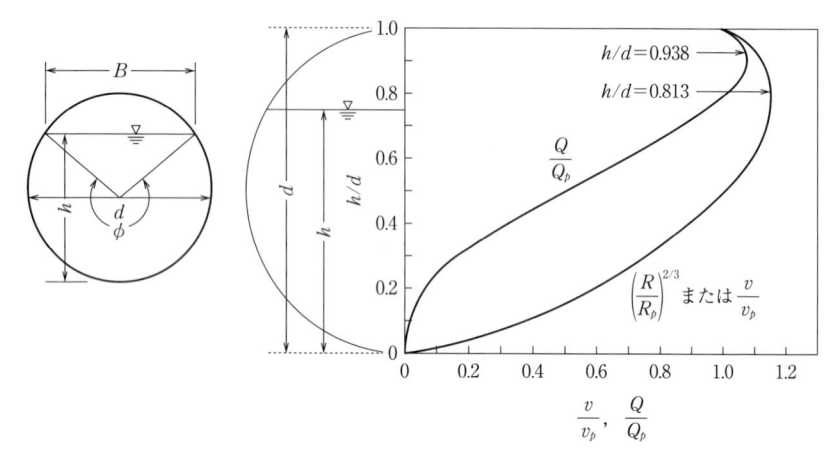

図 7・13 円管の水理特性曲線
（添字 p は満水時の量を示す）

3　水理学的最良断面

式(7・28)の通水能は次式のように変形できる.

$$K = \frac{1}{n}AR^{2/3} = \frac{1}{n}A\left(\frac{A}{S}\right)^{2/3} \qquad (7\cdot35)$$

ここで，流積 A を一定の条件下で式(7・27)の流量 Q を最大にするには，K を最大，すなわち，式(7・35)より潤辺長 S を最小にすればよいことがわかる. そのような断面を**水理学的最良断面**と呼ぶ.

例題 7・7　矩形水路の水理学的最良断面

矩形断面水路において流積 A を一定とする場合，水理学的最良断面で水を流すためには h をいくらにしたらよいか.

(解)

通水能は，式(7・35)より $K = (1/n)A^{5/3}/S^{2/3}$ で与えられる. $A = Bh = $ 一定で K を最大とするためには S を最小とすればよい. この条件は $dS/dh = 0$ より求められ

$$S = B + 2h = \frac{A}{h} + 2h,$$

$$\frac{dS}{dh} = -\frac{A}{h^2} + 2 = 0 \;\Rightarrow\; h = \frac{1}{2}B \quad ①$$

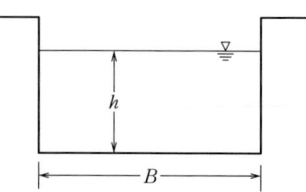

つまり，水深を水路幅の半分とすればよい．

もっと詳しく学ぼう　**農業用水路の基礎知識**

　　水理学の知識が活用できる分野の一つに，かんがい・排水を受け持つ農業水利学分野がある．日本では約 40 万 km の農業用水路が活用されている．以下に，各種水路の分類と水路計画の概念を示す．

(1) 水路の使用目的による分類
　用水路：農業用水を流送するための水路
　排水路：農地および集落の排水の流送または農地の地下排水を行うための水路
　承水路：農地の水食などを防止する農地保全のための水路

(2) 水路の規模による分類（排水路系も同様）
　幹線用水路：水源取水地点から主要かんがい地域に用水を流送する基幹水路
　支線用水路：幹線用水路から分岐して各かんがい区域に流送する水路
　小用水路：圃場内に直接給配水する水路

(3) 用水路計画（用水路の配水管理方式）
　供給主導型：水源側（供給側）が分水工操作を行う方式
　半需要主導型：送水計画に需要希望が配慮されるものの送水制御は供給側が操作する方式
　需要主導型：水利用者が任意に給水施設を操作して利用できる方式

(4) 排水路計画
　幹線排水路の地区外への排水口は樋門・樋管により河川もしくは海に排水する．
　排水には自然排水と排水ポンプによる機械排水がある．

(5) 水位調節施設
　開水路系の用水路では要求される分水位や分水量などの条件を常に満足させる必要があるため水位流量調整施設（「チェック工」という）が必要である．水位調整方式には上流水位制御方式や下流水位制御方式などがある．

参考・引用文献：監修 農林水産省農村振興局「土地改良事業計画・設計基準，設計「水路工・技術書」」，p.89〜p.205，農業土木学会（2001）

演習問題

1 図に示すような長方形断面水路に,流量 $0.8\,\mathrm{m^3/s}$ の水が流れている.水深 $h=0.6$ m の場合の比エネルギー E,限界水深 h_c,フルード数 Fr を求めよ.また,流れが常流か射流かを判断せよ.

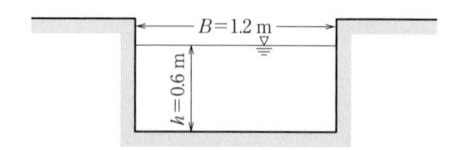

2 図に示すように分水工(分水量 $Q=1.0\,\mathrm{m^3/s}$)が閉鎖されることになり,それによって下流の用水路にその分の水量が流下することになった.しかし,そのまま流すと下流の用水路の許容流水量を越えてしまうため,この増加分の水量を排水するための越流型の余水吐を設置することを計画する.このとき,必要な余水吐の幅 B を求めよ.ただし,水路内水位と余水吐天端との高低差は $0.38\,\mathrm{m}$ と定められているとする.

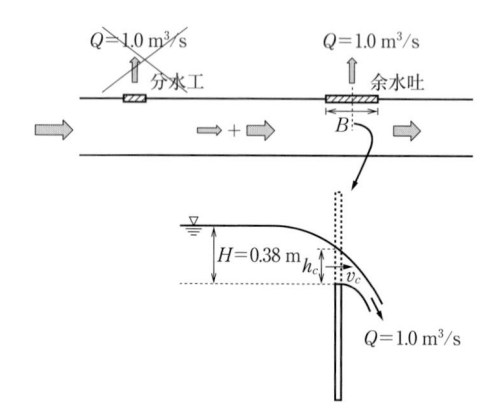

3 図に示すように,水路床勾配 $i_1=1/90$ の十分長い広幅長方形断面水路(水路 1)に水路床勾配 $i_2=1/1\,100$ の十分長い広幅長方形断面水路(水路 2)が接続しており,水が単位幅流量 $q=1.5\,\mathrm{m^2/s}$ で流れている.また,水路 1,2 の途中にそれぞれゲート 1,2 が設置されており,開口高さはそれぞれ $d_1=0.5\,\mathrm{m}$,$d_2=1.0\,\mathrm{m}$ である.マニングの粗度係数 n を $n=0.025$ として,水路全体の水面形の概形を描け.

演 習 問 題

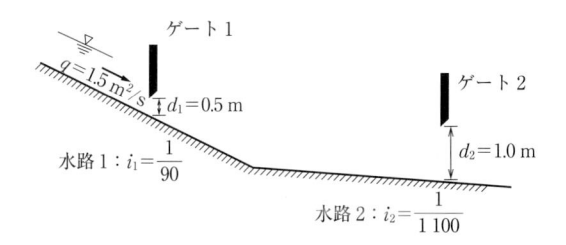

$q=1.5\,\mathrm{m^2/s}$　ゲート1
$d_1=0.5\,\mathrm{m}$　ゲート2
$d_2=1.0\,\mathrm{m}$
水路1：$i_1=\dfrac{1}{90}$
水路2：$i_2=\dfrac{1}{1\,100}$

4 図に示すように，普通期の流量時において農業用用水路の分水工が等流水深より高い位置にあり取水が不能な状況を考える．このようなケースでは下流側にゲート（チェックゲートという）を設置して分水工より高い水位を確保することが行われる．このチェックゲートが作用したときの水面形および取水停止となった場合の最終水面形の概略を論ぜよ．また，最終水面形の状態から取水が再開されてチェックゲートが機能するのに必要となる水路貯留量について論ぜよ（第7章"もっと詳しく学ぼう"「農業用水路の基礎知識」参照）．

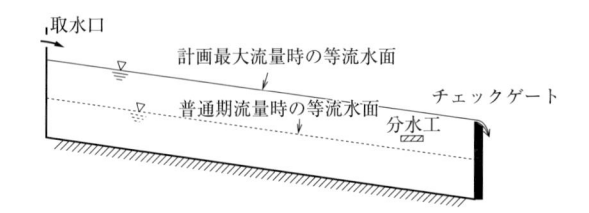

取水口　計画最大流量時の等流水面　チェックゲート　普通期流量時の等流水面　分水工

5 図に示すような台形断面水路に対して流積 A が一定の場合に最大の流量を得るための側壁の傾きを求めよ．

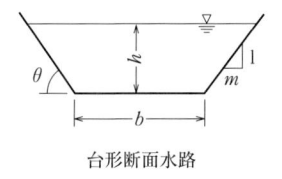

台形断面水路

生態水理学

第8章

　　生き物にやさしい水域をつくるために生き物に関連する水理学も学ばなければならない．これまで学んできた水理学を応用すると植物群落のある水路や魚の遊泳に関する解析も可能になる．これらを取り扱う分野を生態水理学と呼んでいる．生態水理学では建造を予定する河川構造物が生物に与える影響や，逆に，河道・湖岸・海岸の植物が流れに対する影響を取り扱う．本章では生態水理学の基礎的事項について触れる．

# 1 植物群落が形成されている水路の流れ

　水路中の植物群落は流れを阻害するために水位が上昇する．そのため，氾濫の原因となる側面がある一方で，植物群落内部の流速は遅いので遊泳力の低いさまざまな生き物の住処になり生物の多様性の増加に寄与する．本節では植生によって流れが受ける影響について述べる．

1 植物群落の抵抗力

　植物群落内では，水路床に働く摩擦抵抗の他に，付加的に植物が抵抗として働く．個々の植物個体に働く抵抗の大きさは式(5·1)で示されるような抵抗係数を用いて表される．植物が流れに与える抵抗は形態によって異なり，樹木や倒伏していない抽水植物のような場合には形状抵抗が，流れに沿って形を変える水草の場合には表面（摩擦）抵抗が支配的になる．また，植物の場合には多数の葉茎が集まって一つの株を形成していることも多く，この場合には葉茎の密生度によって抵抗係数の大小が異なる．また，植物の生え方にはさまざまな特徴があり，河岸の陸域で洪水時にのみ冠水する樹木の場合にはランダムに生える場合もあるが，根で栄養繁殖する草本類のような場合には株が発達して，その分布はパッチ状となることが多い．特に河道内の流速の速いところに生える草本類の場合には株状になる方が抵抗が小さくなるために株を形成することが多い．よって，その取扱いにおいてはランダムな分布を仮定するよりも株ごとに考える方がより現実に近いものとなる．

　図8·1は現地観測で得られた抽水植物（ヒメガマとマコモ）の株内の密生度と株ごとの抵抗係数 C_D の大きさの関係を示したものである．同図より抵抗係数は一定値でないことがわかる．

　なお，前述のように草本類は株状に発達する性状が強いが，この状態を示すのが図8·2(a)である．同図の黒点で示す個々の葉茎が集まり，破線で囲まれた領域のような株が形成される．図8·1の横軸は破線で囲まれた株の全面積のうち，黒点で示される個体の葉茎が占める面積の割合である．このような株中の植物個体の疎密の度合いによって，その周辺の流れも異なる（図8·2(b), (c)参照）．また，樹冠部で枝分かれして大量の葉をつける樹木の場合は樹冠部が水に浸かると

8・1 植物群落が形成されている水路の流れ

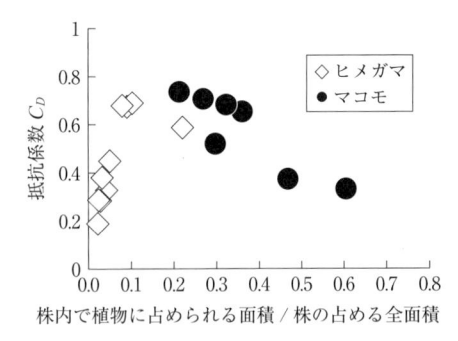

図 8・1 植物の抵抗係数の測定例[13]（Freshwater Biology, 50, 1991-2001（2005）を改変）

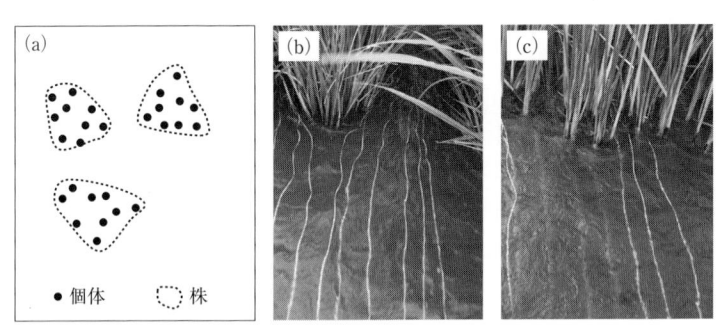

図 8・2 植物群落内での植物個体と株の構造の関係 (a) 植物個体と株の関係，(b) 密な株（マコモ）周辺の流れ，(c) 疎な株（ヒメガマ）周辺の流れ

抵抗係数の値は大きく増加する．さらに，流れの方向によっても樹冠部の形状抵抗と表面抵抗の値は大きく変化する．したがって，植物が流れに与える影響を計算するためにはさまざまな植物の流れに対する抵抗の特性を現地観測によって把握した上で，そこで得られた値を用いることが望ましい．

2 植物群落が水面形の方程式に及ぼす影響

図8・3に示すように流下方向に一様な植物群落が存在する場合を考える．このとき，群落内のエネルギー損失は式(7・15)のエネルギー保存則のエネルギー損失 h_f の項に植物による抵抗に基づく単位水深当たりのエネルギー損失が付加される．よって，h_f は

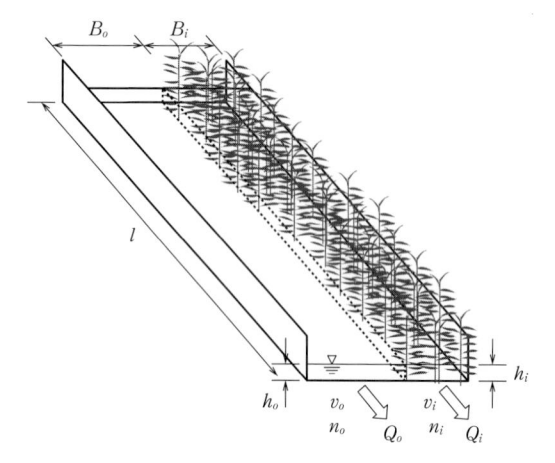

図 8・3 水路の片側に一様に植物群落が発達した流れ

$$h_f = h_{fb} + C_D p d l \left(\frac{Q}{Bh}\right)^2 / (2gh) \tag{8・1}$$

ただし，右辺第 1 項の h_{fb} は植物以外の水路床などで失われる摩擦損失水頭であり式(7・15)では $h_f = h_{fb}$ として取り扱っている．また，右辺第 2 項は植物の抵抗によるエネルギー損失水頭である．さらに，p は底面単位面積当たりの植物の個体密度，d は流れの方向に射影した植物 1 個体によるによる遮蔽率，l は対象としている植物群落の長さである（図8・3，**図 8・4** 参照）．なお，遮蔽率 d は植物の形態や樹冠の高さと水位との間の関係で大きく変わる値であることに注意が必要である（図8・4 参照）．

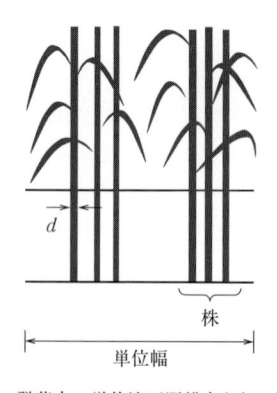

図 8・4 群落内の単位流下距離当たりの透視断面

8・1 植物群落が形成されている水路の流れ

式(8・1)を式(7・15)に代入して植物群落が存在する場合の水面形の方程式を求める．第7章の植物群落が存在しない場合と同様な計算を実施するが，第7章では河床の摩擦などによるエネルギー損失の流下方向の変化はさほど大きくなく，水深の変化も小さい（漸変流の仮定）と考えた．本章では植物群落がある場合でも漸変流の仮定が成立すると考えて取り扱う．よって，dh/dx の表現式として次式を得る．

$$\frac{dh}{dx} = \frac{i - \left\{\dfrac{dh_{fb}}{dx} + \dfrac{sC_D}{2gh}\left(\dfrac{Q}{Bh}\right)^2\right\}}{1 - \dfrac{Q^2}{gB^2h^3}} \qquad (8・2)$$

ただし，s は単位面積当たりの遮蔽率（$s = pd$）であり，植物個体の形状が一様な場合は植物の個体密度にあたる．すなわち，図8・1でみると，株内で植物に占められる面積が 0.1 の場合，抵抗係数 C_D は 0.7 程度であるので，その株内での sC_D の値は 0.07 程度となる．群落内で株に占める面積の割合が 50% であるとすると，全体の sC_D の値は，さらにその半分の 0.035 となる．ここで，h_{fb} にダルシー–ワイズバッハの式(7・13)を用いると，式(8・2)は

$$\frac{dh}{dx} = \frac{i - \left(\dfrac{f'}{R} + \dfrac{sC_D}{h}\right)\dfrac{1}{2g}\left(\dfrac{Q}{Bh}\right)^2}{1 - \dfrac{Q^2}{gB^2h^3}} \qquad (8・3)$$

同式の右辺分子の2項の括弧中で，初めの項は河床の摩擦抵抗による，2番目の項は植物体の抵抗による寄与を表している．つまり，植物による抵抗が存在する場合には2番目の項が加わることになる．ここで，広幅長方形断面水路（$R \sim h$）の等流水深 h_0 は式(8・3)の分子＝0，$f' = f_0'$ より求められ次式となる．

$$h_0 = \sqrt[3]{\frac{f_0' + sC_D}{i} \frac{Q^2}{2gB^2}} \qquad (8・4)$$

式(8・4)より植物群落が存在する場合の等流水深 h_0 は第2項の寄与分だけ大きくなるものの同様な式系で表されることがわかる（式(7・21)参照）．つまり，式(8・4)は植物群落の存在する水路では水面が上昇して洪水の危険度は高くなることを示している．一方，限界水深 h_c については，式(8・3)より植物群落の影響を受けないために第7章で論じた h_c と同じ値をとることがわかる（式(7・4)：$h_c = \sqrt[3]{Q^2/gB^2}$ 参照）．これより，水面形については，植物による抵抗が存在しな

い場合の緩勾配水路の図7・7に対してM₁曲線の出現位置が高くなるとともにM₂曲線の出現領域が広くなることがわかる．一方，急勾配水路の図7・8に対してはS₂およびS₃曲線の出現領域の位置が高くなるとともにS₂曲線の出現領域が狭くなること，S₁曲線の出現領域は植物群落の影響を受けないことなどがわかる．

3 植物群落がマニングの粗度係数に与える影響（広幅長方形断面水路の場合）

植物群落がマニングの粗度係数に与える影響について考える．河床の摩擦抵抗のみに起因するマニングの粗度係数を n_f，植物群落の存在を考慮したマニングの粗度係数を n_v とする．マニングの粗度係数を植物群落が存在する流れに適用する時には，壁面摩擦と植物の形状抵抗との合成された抵抗にも，ダルシー-ワイズバッハの式を拡張して用いることができると仮定する．すなわち，$(f' + sC_D) = 2gn_v^2/h_0^{1/3}$ と考える．植物による付加抵抗は n_v によって考慮され，h_0 には摩擦抵抗のみによって定まる場合の等流水深を用いる．ここで，広幅長方形断面水路（$R \sim h$）を考え，式(8・4)の右辺の分子の第1項 f' に第7章で求めた $f' = 2gn_f^2/h_0^{1/3}$（式(7・23)参照）を代入すると，$(f' + sC_D)$ の計算より n_v は n_f を使用して，次式で示される．

$$f' + sC_D = \frac{2gn_f^2}{h_0^{1/3}} + sC_D = \frac{2g}{h_0^{1/3}}\left(n_f^2 + \frac{sC_D h_0^{1/3}}{2g}\right)$$
$$\Rightarrow n_v^2 = n_f^2 + \frac{sC_D h_0^{1/3}}{2g}$$
(8・5)

4 河道の側岸に沿う植物群落の形成に伴う水路の流量の配分（広幅長方形断面水路の場合）

図8・3のように河道の側岸に沿って一様な幅で植物の群落が形成されているとする．このとき，流れが等流状態で流れている場合の群落内外の流量配分を考える．このような開水路流れでは河岸の植物群落が存在する部分の流水抵抗は大きいので，そこでの水深は植物群落がない部分と比較して大きくなる．しかし，水路の片側で水位が高く，また，下流に行くに従って植物が存在する水路部分で水位の低下が大きくなるような流れは，流下距離が大きくなると安定しては存続で

きない．したがって，ここではエネルギー勾配と水深が水路の両側で同一となるように，水路の植物群落が存在する部分としない部分の流量配分が生じると考える．つまり，植物群落内外で植物による流水抵抗によって水位差が生ずると，高い方から低い方への横断方向の流れが生じ，結果として両領域は同一水位となると考えて流量配分を求める．以下の取扱いで添字 i は植物群落が存在する水路部分の水理量，添字 o は植物群落のない水路部分の水理量であることを表す．

ここで，流速に広幅長方形断面のマニングの式 $(v=(1/n)h_o^{2/3}i^{1/2})$ を使用した上で両領域のエネルギー勾配を求めると

$$i_i = \frac{n_i^2 Q_i^2}{B_i^2 h_i^{10/3}}, \quad i_o = \frac{n_o^2 Q_o^2}{B_o^2 h_o^{10/3}} \tag{8・6}$$

式(8・6)において前提条件より $i_i=i_o$，$h_i=h_o$ より次式が成立する．

$$\frac{n_i^2 Q_i^2}{B_i^2} = \frac{n_o^2 Q_o^2}{B_o^2} \Rightarrow n_i \frac{Q_i}{B_i} = n_o \frac{Q_o}{B_o} \tag{8・7}$$

よって，植物群落内外の流量 Q_i，Q_o および単位幅流量 q_i，q_o の比は

$$\frac{Q_i}{Q_o} = \left(\frac{n_o}{n_i}\right)\left(\frac{B_i}{B_o}\right), \quad \frac{q_i}{q_o} = \frac{(Q_i/B_i)}{(Q_o/B_o)} = \frac{n_o}{n_i} \tag{8・8}$$

また，全体の流量 Q に対する Q_o，Q_i の比は式(8・8) および $Q=Q_o+Q_i$ の関係より

$$Q_o = \frac{n_i B_o}{n_o B_i + n_i B_o} Q, \quad Q_i = \frac{n_o B_i}{n_o B_i + n_i B_o} Q \tag{8・9}$$

2　魚類の遊泳能力と遊泳速度の継続時間

　魚の遊泳能力や遊泳速度を知ることは魚道などの水理構造物を設計するうえで重要である．本節ではそれらについて触れる．

1　魚の遊泳能力

　魚の遊泳においては，遊泳速度が速いほど，水温が高いほど，体重が大きいほど，消費される酸素量は多くなる．また，魚の遊泳速度は推進力と抵抗力とのバランスで定まるため，魚の遊泳時に作用する抵抗力を求めるには推進力を得るた

めに費やされたエネルギー量を求めればよい．しかし，遊泳速度は一定ではなく，左右に屈曲して泳ぐなどのために剛体に対する抵抗則はそのままの形では適用できない．そのため，一定流速の水が流れる管路内で実際に魚を泳がせ，酸素消費量の実験結果から消費したエネルギー量を推算することがよく行われる．

　実験結果によれば遊泳時の魚の酸素消費量は一定水温で静止している場合には体重の2/3乗に比例し，また，水温の上昇と共に，指数関数的に増加することが知られ，次式の経験式で表される．

$$Q_e = aW^b \exp(mT + g_f s_f) \tag{8・10}$$

ここで，Q_e は単位時間当たりの酸素消費量〔mgO_2/h〕，W は魚の体重〔g〕，T は水温〔℃〕，s_f は遊泳速度〔cm/s〕，$a\ (=0.348\ mgO_2/(gh))$，$b\ (=-0.325)$，$m\ (=0.313\ s/cm)$，$g_f\ (=0.0196)$ は魚の種類によって異なる係数である．なお，（　）内の数値はオオクチバスの値を示す．

　ところで，魚は形状抵抗がきわめて小さくなるように流線型をしているため，魚の遊泳時に作用する抵抗は形状抵抗よりも表面（摩擦）抵抗の方が重要になる（式(5・1)参照）．そのため，作用する抵抗は魚の表面積に比例するので上述のように b の値はおおむね2/3程度の値をとる（球の体積と表面積の関係から誘導できる）．なお，1 mg の酸素の消費で発生するエネルギー量は，おおむね14.1 J（ジュール）である．また，有酸素運動では餌に含まれるエネルギーの概略70％程度が利用される．なお，餌の捕食量と魚の成長量の関係を導くためには摂取した餌中に含まれるエネルギー量が重要になるが，この値は脂肪分，炭水化物，タンパク質で異なる．肉片の場合，平均すると1 g の乾燥した肉片ではおおむね18 kJ/g のエネルギーが内包されている．

2　遊泳速度の継続時間と魚道

　魚道の設計では魚道内流速を魚が遡上可能な値より低く抑える必要がある（口絵参照）．魚の遊泳速度には通常時における遊泳速度と獲物を捕らえたり捕食者から逃げたりする場合の遊泳速度があり両者で大きく異なる．後者は突進速度（最大遊泳速度）と呼ばれるが，魚道の設計速度はこれ以下に抑える必要がある．突進速度 U_{max}〔m/s〕は経験的に体長の関数で表され，体長を L〔m〕として[14]

$$U_{max} = 0.4 + 7.4L \tag{8・11}$$

体長10〜20 cm 程度の魚の場合はおおむね $U_{max}=10L$ で表される．一方，魚

の遊泳速度の継続時間(泳ぎ続けることが可能な時間) E 〔min〕は遊泳速度 U 〔m/s〕が速ければ指数関数的に短くなり,おおむね次式で与えられる[15].

$$\log_{10}E = aU + d \tag{8・12}$$

ここで,E は魚種によって異なるが突進速度に近い場合は,a は -0.16〜-0.3〔s/m〕,$d = -0.22$〜1.7 程度の定数である.ただし,運用可能な最大速度は概ね 10〔L/S〕程度である.

3　生物の生息域の評価法：PHABSIM

近年,多様で多くの生物が生息する河川環境を創造するための努力がなされるようになっている.そのためには河川改修や構造物の設置などによって魚類が受ける影響の評価が必要となる.本書では評価法の一つとして魚類に対するPHABSIM (Physical Habitat Simulation) と呼ばれる手法を紹介する.同手法では予め現地で現状の流速や水深などの水理量に関する適性値を求めたうえで,改変後の変化した水理量に対する適性値を予測して魚の生息環境の変化を評価する手法である.ここでは以下に河川改修を実施しようとする場合,計画している河川改修が魚類の生息環境の悪化を招かないための PHABSIM の適用手順を示す.

① 現地における水深,流速,河床材料などの環境要素 ($F_i, i=1, 2, \cdots n$) を定量化し,それぞれの量に対して,対象とする魚種ごとの尾数を参考に,図 8・5 に示されるような 0(生息できない)〜1(問題なく生息できる) の間の数で表される適性値の関数形 $S(F_i)$ の値を求める.

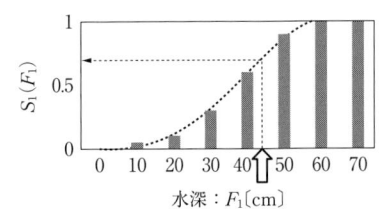

対象魚に対する水深：F_1 と適性関数 $S_1(F_1)$　　対象魚に対する流速：F_2 と適性関数 $S_2(F_2)$

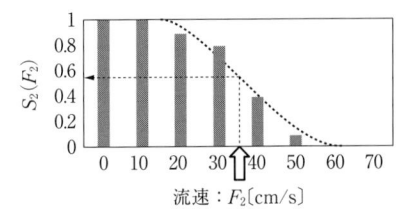

図 8・5　対象魚に対する適性値関数の求め方

② 河川改修前と改修後に予想されるさまざまな環境要素（水理量）F_i ($i=1, 2, \cdots n$) に対する適性値関数 $S_i(F_i)$ の値を求める（図中の矢印参照）．
③ ①，②の手順より改変後の生息環境の合成適性値 CSI を $CSI=\prod_{i=1}^{n} S_i(F_i)$ より求める（以下の"POINT"「総積記号 $\prod$」参照）．
④ 以上の計算をさまざまな改変案について実施し，それぞれの CSI を求め，最も値の高い手法を最適の河川改修法として選択する．

なお，上述した手順は一つの調査区画に対するものである．実際の河川などでは，多くの調査区画があるので，区画の面積に対する重み付けなどを行う必要がある．

【POINT】 総積記号 $\prod$

総積とはすべての要素をかけることを意味し，例えば
$$\prod_{i=1}^{n} a_k = a_1 \times a_2 \times \cdots \times a_n$$

このように，水理学は生物の生息環境などの定量的評価にもさまざまに利用できる．

演習問題

1. サケ科の一種であるオオクチバスでは式(8·10) で，おおむね $a=0.33$ mgO$_2$/g/h, $b=2/3$, $m=1/30$ 1/℃, $g_f=1/50$ s/cm のように求められている．体重 $W=100$ g のオオクチバスが，$T=25$℃の水温中を遊泳している場合，このオオクチバスの体重が維持されるために採取しなければならない餌の量を求めよ．
2. 水路全体の流量を増加させなければならない改修計画が生じた．現状の水深 30 cm で流速 20 cm/s の水路を改修し，流速を 40 cm/s，水深を 50 cm に増加させる計画を立てることを考えている．他の要素が変化しないと考えた場合，合成適性値による評価によってこの計画は魚にとって好ましい計画になっているといえるか判定せよ．ただし，図8·5 に示す適性値関数を用いよ．

次元解析と相似則

第9章

　ある現象にかかわる物理量相互の関数関係を次元的考察により分析する方法と実際の現象を模型で再現する場合に必須な相似則について学ぶ.

1 次 元 解 析

水理学で現れる量（物理量）を次元という観点から眺めると**表 9·1**に示したように整理することができる．

表 9·1 水理学で現れる物理量の次元の一覧

水理学に現れる物理量	SI 単位による表記	基本物理量による表記
勾配	なし	$[M]^0[L]^0[T]^0$
水深，河川の対象区間の長さ，河川の幅，管路の直径	m	$[M]^0[L]^1[T]^0$
流速	m/s	$[M]^0[L]^1[T]^{-1}$
加速度	m/s^2	$[M]^0[L]^1[T]^{-2}$
密度	kg/m^3	$[M]^1[L]^{-3}[T]^0$
圧力の強さ	N/m^2	$[M]^1[L]^{-1}[T]^{-2}$
全水圧	N	$[M]^1[L]^1[T]^{-2}$

このように水理学にかかわるすべての物理量は基本物理量である質量 M，長さ L，時間 T の次元のべき乗の積で表せる．ここで，ある物理量 P の次元とそれを構成する物理量が何であるかはわかっているものの，どのような積になるかがわからない場合を考える．その場合，次元を合わせることによって P の形を決定することができる．

まず，P を質量と長さと時間の次元の積で表す．つまり，$[P] = M^l L^m T^n$ である．ここで，P が X, Y, Z の三つの物理量で構成されている場合を考える．X, Y, Z の次元は次式で与えられる．

$$\left. \begin{array}{l} [X] = M^{a_1} L^{a_2} T^{a_3} \\ [Y] = M^{b_1} L^{b_2} T^{b_3} \\ [Z] = M^{c_1} L^{c_2} T^{c_3} \end{array} \right\} \quad (9\cdot1)$$

P が X, Y, Z のべき乗の積で表されるから $P = X^x Y^y Z^z$ と置くことができると考える．これを次元式で書くと，$[P] = [X]^x [Y]^y [Z]^z$ であり，式(9·1)を代入すると

$$[P] = M^l L^m T^n$$
$$= [X]^x [Y]^y [Z]^z = M^{a_1 x + b_1 y + c_1 z} L^{a_2 x + b_2 y + c_2 z} T^{a_3 x + b_3 y + c_3 z} \tag{9・2}$$

同式より，l, m, n は

$$\left. \begin{array}{l} l = a_1 x + b_1 y + c_1 z \\ m = a_2 x + b_2 y + c_2 z \\ n = a_3 x + b_3 y + c_3 z \end{array} \right\} \tag{9・3}$$

これより，x, y, z を求めると

$$\left. \begin{array}{l} x = \dfrac{l b_2 c_3 + m b_3 c_1 + n b_1 c_2 - l b_3 c_2 - m b_1 c_3 - n b_2 c_1}{a_1 b_2 c_3 + a_2 b_3 c_1 + a_3 b_1 c_2 - a_1 b_3 c_2 - a_2 b_1 c_3 - a_3 b_2 c_1} \\[2mm] y = \dfrac{a_1 m c_3 + a_2 n c_1 + a_3 l c_2 - a_1 n c_2 - a_2 l c_3 - a_3 m c_1}{a_1 b_2 c_3 + a_2 b_3 c_1 + a_3 b_1 c_2 - a_1 b_3 c_2 - a_2 b_1 c_3 - a_3 b_2 c_1} \\[2mm] z = \dfrac{a_1 b_2 n + a_2 b_3 l + a_3 b_1 m - a_1 b_3 m - a_2 b_1 n - a_3 b_2 l}{a_1 b_2 c_3 + a_2 b_3 c_1 + a_3 b_1 c_2 - a_1 b_3 c_2 - a_2 b_1 c_3 - a_3 b_2 c_1} \end{array} \right\} \tag{9・4}$$

したがって，P は式(9・4)の x, y, z を使用して X, Y, Z のべき乗積として次式で与えられる．

$$P = 定数\, X^x Y^y Z^z \tag{9・5}$$

例題 9・1 次元解析の応用例

全水圧 P は重力加速度 g と密度 ρ，水深 h のべき乗の積で表されることがわかっている．このとき，関係する各物理量のべき指数を求めよ．

（解）
全水圧 P と関係する物理量 g, ρ, h の次元を考えると次の次元式が成立する．

$$[P] = M^1 L^1 T^{-2} = [\rho]^a [g]^b [h]^c$$
$$= M^a L^{-3a} T^0\, M^0 L^b T^{-2b}\, M^0 L^c T^0 = M^a L^{-3a+b+c} T^{-2b} \quad ①$$
$$\Rightarrow\ a=1,\ -3a+b+c=1,\ -2b=-2$$

これより，a, b, c は $a=1$, $b=1$, $c=3$ となるので P は次式で与えられる．

$$P = 定数 \times \rho g h^3 \quad ②$$

ところで全水圧を正確に求めることは第 2 章で学んだ．鉛直な平板に働く全水圧であれば，h^3 は h と h^2 に分解され，h に図心までの深さ，h^2 に図形の面積をとれば，定数は 1/2 となる．このように次元解析では次元の構造を知ることができるものの，完全な解は別途求める必要があることがわかる．

2 相似則

1 フルードの相似則とレイノルズの相似則

　実際に自然界で生じている流れを実験室の中で小型の模型をつくって再現することは，実際の現象を予測するのにきわめて有効な手段である．ところが，単に模型を幾何学的に相似にするだけでは実験室の水槽内で再現される現象を実際のものと相似にすることはできない．この節では，実際の現象（原型という）と模型内の現象を相似にするための力学的な相似条件について考察する．
　エネルギー損失を含んだベルヌーイの式（式(7・15) 参照）は

$$\frac{d}{dx}C = \frac{1}{2g}\frac{d}{dx}v^2 + \frac{d}{dx}z + \frac{1}{g}\frac{d}{dx}\frac{p}{\rho} + f'\frac{v^2}{2gR} \qquad (9・6)$$

　ここで，実際の現象と模型内の現象が相似であるためには，それぞれの項の比が実際のものと模型内のものとで一致する必要がある．すなわち，式(9・6) において考えると次のようになる．
　以下の取扱いにおいて，実際の現象を表す量に添字 P を付し，模型での現象を表す量に添字 M を付す．このとき原型と模型の流速の変わりうる最大値をそれぞれ V_P および V_M とし，考えている水平方向および鉛直方向の長さのスケールの変わりうる最大値をそれぞれ L_P および D_P，L_M および D_M とする．また，エネルギーについては，C_P および C_M，圧力については，P_P および P_M，密度については Γ_P および Γ_M とする．なお，エネルギーは水頭の形で表しているために長さの次元を持っていることに注意されたい．
　ここで，式(9・6) 中の流速，長さ，エネルギー，圧力，密度をこれらの量で無次元化することを考え，実際の現象（原型）における物理量については，次式の無次元量を導入する．

$$\begin{aligned} v_P = V_P v^*, \quad &z_P = D_P z^*, \quad x_P = L_P x^*, \\ C_P = D_P C^*, \quad &p_P = P_P p^*, \quad \rho_P = \Gamma_P \rho^* \end{aligned} \qquad (9・7)$$

また，模型における物理量については，次式の無次元量を導入する．

$$\begin{aligned} v_M = V_M v^*, \quad &z_M = D_M z^*, \quad x_M = L_M x^*, \\ C_M = D_M C^*, \quad &p_M = P_M p^*, \quad \rho_M = \Gamma_M \rho^* \end{aligned} \qquad (9・8)$$

9・2 相　似　則　201

なお，＊のついた量は無次元量を意味し，それぞれの量の最大値を使用して無次元化しているので，すべて1のオーダー（$O(1)$と書く）である．これらを式(9・6) に代入すると，実際の現象（原型）に対して

$$\left(\frac{C_P}{L_P}\right)\frac{d}{dx^*}C^* = \left(\frac{V_P^2}{2gL_P}\right)\frac{d}{dx^*}v^{*2} + \left(\frac{D_P}{L_P}\right)\frac{d}{dx^*}z^*$$

$$+ \left(\frac{P_P}{\Gamma_P g L_P}\right)\frac{d}{dx^*}\frac{p^*}{\rho^*} + \left(f'_P\frac{V_P^2}{2gD_P}\right)\frac{v^{*2}}{R^*} : 原型$$

(9・9)

模型に対して

$$\left(\frac{C_M}{L_M}\right)\frac{d}{dx^*}C^* = \left(\frac{V_M^2}{2gL_M}\right)\frac{d}{dx^*}v^{*2} + \left(\frac{D_M}{L_M}\right)\frac{d}{dx^*}z^*$$

$$+ \left(\frac{P_M}{\Gamma_M g L_M}\right)\frac{d}{dx^*}\frac{p^*}{\rho^*} + \left(f'_M\frac{V_M^2}{2gD_M}\right)\frac{v^{*2}}{R^*} : 模型$$

(9・10)

式(9・7)，(9・8)の無次元諸量がすべて1のオーダーであるので式(9・9)，(9・10)中の各項もすべて1のオーダーである．よって，原型と模型を力学的に相似にするためには式(9・9)，(9・10)中の各項の係数を原型と模型で一致させればよい．ただし，すべての項の係数を一致させることは不可能であり，実際には現象を支配する項を選択して一致させることが行われる．そのようにして得られる相似則として，以下にフルードの相似則とレイノルズの相似則を取り上げる．

（a）　**フルードの相似則**

現象を支配する主たる要因が式(9・9)，(9・10)の右辺第1項（速度水頭）と第2項（位置水頭）によってもたらされる場合を考える．力学的相似条件は両項の係数の比を原型と模型で一致させて

$$\frac{\dfrac{V_P^2}{2gL_P}}{\dfrac{D_P}{L_P}} = \frac{\dfrac{V_M^2}{2gL_M}}{\dfrac{D_M}{L_M}} \Rightarrow Fr_P = \frac{V_P}{\sqrt{gD_P}} = \frac{V_M}{\sqrt{gD_M}} = Fr_M \quad (9・11)$$

つまり，原型と模型でフルード数 Fr_M，Fr_P を一致させればよいことがわかる（$Fr_M = Fr_P$）．これはフルードの相似則と呼ばれ，開水路の流れなどに適用される．

（b）　**レイノルズの相似則**

右辺第2項（位置水頭）と第4項（損失水頭）が卓越している場合を考える．

この場合の力学的相似条件は両項の係数の比を原型と模型で一致させて

$$\frac{\dfrac{D_P}{L_P}}{\dfrac{f'_P V_P^2}{2gD_P}} = \frac{\dfrac{D_M}{L_M}}{\dfrac{f'_M V_M^2}{2gD_M}} \quad \Rightarrow \quad f'_P \frac{V_P^2}{2gD_P}\frac{L_P}{D_P} = f'_M \frac{V_M^2}{2gD_M}\frac{L_M}{D_M} \tag{9・12}$$

$$\Rightarrow \quad f'_P Fr_P^2 \frac{L_P}{D_P} = f'_M Fr_M^2 \frac{L_M}{D_M}$$

式(9・12)よりフルードの相似則が満足され($Fr_P = Fr_M$)、かつ、幾何学的相似則が満足されれば($L_P/D_P = L_M/D_M$)、残りはダルシー-ワイズバッハの抵抗係数 f' が等しくなることが必要であることがわかる。この抵抗係数はレイノルズ数 Re の関数であった。すなわち、相似が満たされるためには

$$f'_P(Re_P) = f'_M(Re_M) \tag{9・13}$$

これが成立するためにはレイノルズ数自体が等しければよい。すなわち

$$Re_P\left(= \frac{V_P D_P}{\nu}\right) = Re_M\left(= \frac{V_M D_M}{\nu}\right) \tag{9・14}$$

このように、レイノルズ数を等しくする相似則のことを**レイノルズの相似則**と呼ぶ。通常、水理学ではフルードの相似則もしくはレイノルズの相似則が使用されることが多い。一般にレイノルズ数の大きい現象ではフルードの相似則を、レイノルズ数がきわめて小さく粘性の卓越するような現象ではレイノルズの相似則を使用して原型と模型の流れを力学的に相似とすることが多い。

2 物質輸送に関する相似則

図9・1に示すような平板間の分子運動や乱れによる拡散物質の一次元拡散を考える。任意の断面を通過する拡散現象による物質の輸送量は濃度勾配に比例す

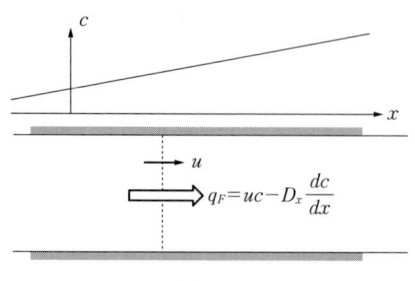

図 9・1

る.また,物質は移流によっても移動する.よって,拡散物質の x 方向の分布を $C(x)$ とすると,物質の移流と拡散による全輸送量 q_F は次式で表される.

$$q_F = uc - D_x \frac{dc}{dx} \tag{9・15}$$

ここで,u は移流速度,D_x は x 方向の拡散係数である.

次に無次元化のために次式を導入する.

$$u_* = \frac{u}{U} \quad c_* = \frac{c}{C} \quad x_* = \frac{x}{L} \tag{9・16}$$

ここに,U は移流速度の最大値(代表流速),C は濃度の最大値(代表濃度),L は代表長さである.これらの無次元諸量を使用して式(9・15)を書き直した上で UC で割ると

$$\frac{q_F}{UC} = u^* c^* - \frac{D_x}{UL} \frac{du^*}{dx^*} \tag{9・17}$$

ここで,無次元量 u^*c^* および du^*/dx^* が $O(1)$ である.よって,原型と模型で右辺第 1 項の移流による輸送と第 2 項の拡散による輸送の割合が同じになるためには,D_x/UL の値を同一とする必要がある.この値の逆数,UL/D_x はペクレ数 Pe と呼ばれ,拡散現象の取扱いによく使用される.

3 地下水流れに関する相似則

図 9・2 に示すように川に隣接した地盤中の地下水の流れを考える.地下水の流速 v は**ダルシーの法則**と呼ばれる次の式で示される.

$$v = -k \frac{dh_P}{dx} \tag{9・18}$$

ここに,$h_P(=p/\rho g)$ は圧力水頭,$-dh_P/dx$ は動水勾配である.

この関係は地下水の流速が圧力水頭の勾配に比例することを示しており,フランスの水道技術者ダルシーによって経験的に見出されたものである.また,k は

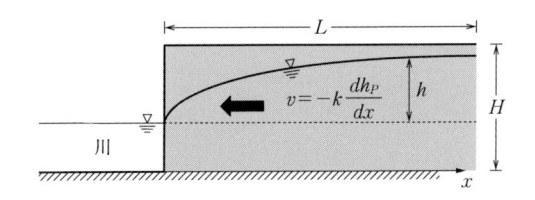

図 9・2 地下水流

表 9·2 土砂の透水係数の代表値

土砂の種類	k [cm/s]
きれいな砂利	$1\sim$
きれいな砂，きれいな砂と砂利の混合	$10^{-3}\sim 1$
非常に細かい砂，シルトなど	$10^{-7}\sim 10^{-3}$
不透水性の土，粘土など	$\sim 10^{-7}$

透水係数と呼ばれ，流れやすさを表す係数であり，**表 9·2** に示されるように微細な土壌ほど小さく，粗い土壌では大きくなる．

なお，現代の水理学の知識を使えば，ダルシーの法則を理論的に導くことができる．つまり，地下水は土粒子の間隙を通って流れる遅い水の流れであるので，地下水の流れは管路内の層流としてモデル化できる．管路内の層流では，抵抗係数はレイノルズ数に逆比例するので（図5·12参照），この関係をダルシー・ワイズバッハの式（式(5·10) 参照）に代入すると流速が圧力水頭の勾配に比例するという関係式，すなわちダルシーの法則が導かれる．

ここで，図9·2のように，2点間の水平方向の距離のスケールを L（現象の代表的水平スケール），地下水面の高さのスケールを H（現象の代表的鉛直スケール）とすると地下水の流速 v は

$$v = -k\frac{dh_P}{dx} \sim k\frac{H}{L} \tag{9·19}$$

ここで，無次元流速 $u_* = v/U$（U は地下水流速の最大値）を導入すると式(9·19) は

$$u_* U = k\frac{H}{L} \quad \Rightarrow \quad u_* \sim k\frac{H}{UL} \tag{9·20}$$

ここで，u_* は $O(1)$ のオーダーであるから，地下水の流れの現象を模型で再現するためには原型と模型で kH/UL を一致させる必要があることがわかる．つまり，これが地下水流れについての相似則となる．

演習問題

1 図のような幾何学的に相似の堰がある．ただし，H は堰の高さ，h は堰頂上の水深，q は単位幅流量である．また，添字の P は原型の，M は模型の諸量を表す．原型の流量 q_P と模型の縮尺 S が与えられているとき，模型における単位幅流量 q_M を求めよ．

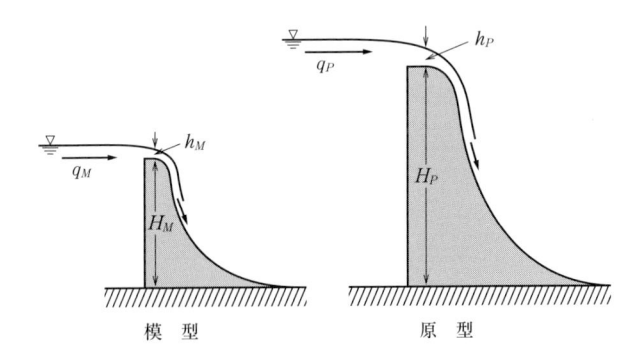

模型　　　原型

2 直径 $D_P=1$ m，長さ 1000 m の水圧鉄管の模型実験を縮尺 $S=1/10$ で行う．この鉄管を流れる最大流量は $Q_P=0.2$ m³/s である．実験の結果，100 m の区間での損失水頭は 1.12 cm であったとき，実際の管における損失水頭はいくらになるか．なお，鉄管の内壁が滑面であるとして，ダルシー–ワイズバッハの摩擦抵抗係数 f はレイノルズ数 $Re(=VD/\nu$，V は管内平均流量$)$ の $-1/4$ 乗に比例するものとせよ．

3 原型と同じ長さの管路を使用して，拡散係数 D の値が 10 倍の特性をもった物質を使用した実験を実施することを考える．原型における現象を再現するための，実験における管内流速は原型の何倍としたらよいか．

4 川に沿い透水係数 $k=1$ cm/s の砂利で構成された，川の水面からの比高差 H が $H=5$ m，長さ L が $L=100$ m の地盤を考える．地盤中の地下水流の流速を求める実験を，長さ $L=1$ m，比高差 $H=0.1$ m の実験水路で原型と同じ砂利を用いて行った．その結果，地下水流速 v が $v=1$ cm/s と求められた．このとき，原型での地下水流の流速を求めよ．

演習問題略解・ヒント

第 1 章

1 密度 ρ を SI 単位で表すと

$$\rho = 0.99973 \text{ g/cm}^3 = 0.99973 \times \frac{10^{-3}}{10^{-6}} \text{ kg/m}^3 = 1\,000 \text{ kg/m}^3$$

また，工学単位では

$$\rho = 1\,000 \text{ kg/m}^3 = 1\,000\, \frac{\text{kg} \cdot \text{m}}{\text{s}^2} \cdot \frac{\text{s}^2}{\text{m}^4} = 1\,000 \text{ N} \cdot \text{s}^2/\text{m}^4$$

$$= \frac{1\,000}{9.8} \text{ kgf} \cdot \text{s}^2/\text{m}^4 = 102.0 \text{ kgf} \cdot \text{s}^2/\text{m}^4$$

2 2 000 m より深海では水温は摂氏 4℃ であるため温暖化による海水の膨張はない．よって，温暖化による表層 2 000 m の水温上昇が線形であると仮定すると，表層の平均温度上昇は 2℃ である．よって，海面上昇高は，$2\,000 \times (0.088/1\,000) \times 2 = 0.35$ m と求められる．

注：体積膨張率とは物体の温度を 1℃ 上昇させたときの体積の増加量ともとの体積との比．

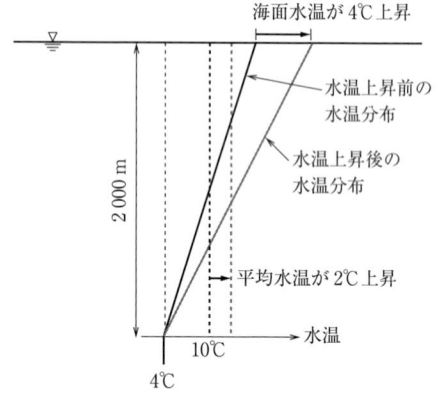

3 求める塩水の密度 ρ は，$\rho = \sigma \rho_4 = 1.03 \times 1.00 \times 10^3 = 1.03 \times 10^3$ kg/m^3

4 図(a) 中の部分に作用する鉛直方向の力のつり合いを考える．ここで，図(b) のように 部分に作用する全表面張力を T_0，重力を W，液体の上面（A 面）および下面（B 面）に作用する全圧力（合力）を P_A, P_B とする．液体の上面に作用する単位長さ当たりの表面張力を T，個体壁と液体との接触角を θ とすると，鉛直方向の力のつり合い式より

$$T_0 - W - P_A + P_B = 0 \quad \Rightarrow \quad \pi d T \cos\theta - \frac{\pi}{4}\rho g d^2 h - \frac{\pi}{4}d^2 p_0 + \frac{\pi}{4}d^2 p_0 = 0$$

同式より毛管高 h は，$h = 4T\cos\theta/(\rho g d)$ である．

演習問題略解・ヒント　207

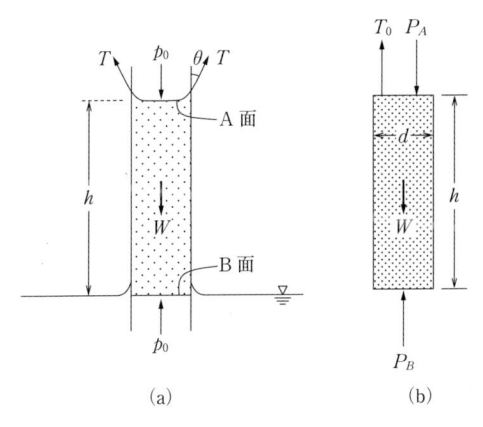

5 層流の場合のせん断応力 τ は式 (1・2) より $\tau = \mu\, du/dy$ で表される。よって式①より任意の y におけるせん断応力 τ は

$$\tau = \mu \frac{d}{dy}\left[U_0 \frac{y}{h}\left\{1-\left(\frac{y}{h}\right)\right\}\right] = \mu U_0 \left[\frac{1}{h}\left\{1-\left(\frac{y}{h}\right)\right\}+\frac{y}{h}\left(-\frac{1}{h}\right)\right] = \mu U_0 \left(\frac{1}{h}-\frac{2y}{h^2}\right)$$

第 2 章

1 図中の①，①′ 断面における圧力のつり合いを考えると

$$p_A + \rho_w g(z_0 - l\sin\theta) = 0 \qquad ①$$

これより，点 A の水圧 p_A は

$$p_A = \rho_w g(-z_0 + l\sin\theta)$$
$$= 1\,000.0 \times 9.8 \times (-0.3 + 0.5\sin 30°) = -490\ \text{Pa} \qquad ②$$

解説：この場合，圧力は負圧となる．

2 12 時では，大気圧 $p_0 = 96\,300$ Pa，水深 $h = 11.5$ m であるから，海水の密度を $\rho_w = 1\,030$ kg/m^3 として絶対圧力とゲージ圧力は

絶対圧力

$$p_T = p_0 + \rho_w g h = 96\,300 + 1\,030 \times 9.8 \times 11.5 = 212\,381\ \text{Pa} = 212.4\ \text{kPa} \qquad ①$$

ゲージ圧力

$$p = p_T - p_0 = 212\,381 - 96\,300 = 116\,081\ \text{Pa} = 116.1\ \text{kPa} \qquad ②$$

解説：水中の圧力から水深を求めようとする場合，絶対圧力と同時に大気圧を知る必要がある．

3
(1) 片側を満たす場合：全静水圧の水平方向成分 P_x と作用点 h_{Cx} は

$P_x = \sigma \rho_{w4} g h_{Gx} A_x = 2.4 \times 1\,000.0 \times 9.8 \times 0.5 \times 6.0 = 70\,560 \text{ N} = 70.56 \text{ kN}$　①

$h_{Cx} = h_{Gx} + I_{0x}/h_{Gx}A_x = 0.5 + 0.5/(0.5 \times 6.0) = 0.667 \text{ m}$　②

全静水圧の鉛直方向成分 $P_z = \rho g V$ と作用点 x_z は

$V = \pi(d/2)^2 l/4 = \pi \times (2.0/2)^2 \times 6.0/4 = 4.71 \text{ m}^3$　③

$P_z = \sigma \rho_{w4} g V = 2.4 \times 1\,000.0 \times 9.8 \times 4.71 = 110\,779 \text{ N} = 110.8 \text{ kN}$　④

$x_z = P_x h_{Cx}/P_z = 70.56 \times 0.667/110.8 = 0.425 \text{ m}$　⑤

(2) 両側を満たす場合：全静水圧の水平成分は左右で釣り合うので $P_x = 0$ となる．また，鉛直方向成分は排除体積が2倍になるため，P_z と作用点 x_z は

$P_z = 2 \times 110\,779 \text{ N} = 221\,558 \text{ N} = 221.6 \text{ kN}$　⑥

$x_z = P_x h_{Cx}/P_z = 0.0 \text{ m}$　⑦

(3) 重力：作用する重力 W は

$W = mg = 10\,000 \times 9.8 = 98\,000 \text{ N} = 98 \text{ kN} < P_z = 221.56 \text{ kN}$　⑧

よって，円筒は浮上する．

4 函体に作用する全静水圧の水平成分は，円筒周面からの圧力は釣り合っているので $P_x = 0$．鉛直成分 P_z は，重力および直径 d の水平円盤の上面に作用する圧力の合計と下面に作用する圧力の差となる．また，下面は，大気圧（ゲージ圧で0）に保たれているので，函体に作用する力 F_z（鉛直下方を正とする）は

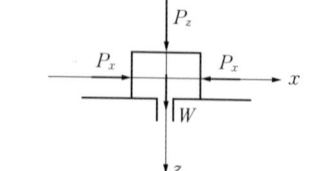

$h_G = h_1, \quad A = \pi(d/2)^2$　①, ②

$P_z = \rho g h_G A = \pi \rho g h_1 d^2/4$　③

$F_z = W + P_z = mg + \pi \rho g h_1 d^2/4$　④

5

1) 全静水圧の x 方向成分 P_x と作用深さ h_{Cx}：円弧部分を水平方向に投影すると幅 B，高さ $r\sin\theta$ の長方形となるので，A_x, h_{Gx}, I_{0x} は

$A_x = rB\sin\theta = 4.0 \times 2.0 \times \sin 60° = 6.928 \text{ m}^2$　①

$h_{Gx} = (H - r\sin\theta) + (1/2)r\sin\theta$

$\quad = (5.0 - 4.0 \times \sin 60°) + (1/2) \times 4.0 \times \sin 60° = 3.268 \text{ m}$　②

$I_{0x} = (1/12)B(r\sin\theta)^3 = (1/12) \times 2.0 \times (4.0 \times \sin 60°)^3$

$\quad = (1/12) \times 2 \times (2\sqrt{3})^3 = 6.928 \text{ m}^4$　③

したがって，P_x, h_{Cx} は

$P_x = \rho g h_{Gx} A_x = 9.8 \times 1\,000 \times 3.268 \times 6.928$

$\quad = 2.2188 \times 10^5 \text{ N} = 221.88 \text{ kN}$　④

$h_{Cx} = h_{Gx} + \dfrac{I_{0x}}{h_{Gx}A_x} = 3.268 + \dfrac{6.928}{3.268 \times 6.928} = 3.574 \text{ m}$　⑤

2) 全静水圧の z 方向成分 P_z と作用位置 x_c：$P_z=\rho gV$, $x_c=P_x(H-h_c)/P_z$ から求める。ここで，V はゲートを底とした水面に達する鉛直水柱の体積である．本問の場合は図形 ABCD の面積に幅 B を掛けて求められる．図形の面積 S は

$$S = 図形 ABCD の面積 = 長方形 AECD - (扇形 OBA - 三角形 OBE)$$
$$= H \cdot r(1-\cos\theta) - [\pi r^2\theta/360 - (1/2)r\sin\theta \cdot r\cos\theta]$$
$$= 5 \cdot 4(1-\cos 60°) - [(1/6) \times \pi \times 4^2 - (1/2) \times 4 \times \sin 60° \times 4 \times \cos 60°]$$
$$= 10 - (8.3776 - 3.46410) = 5.087 \text{ m}^2 \qquad ⑥$$

よって，全静水圧の鉛直成分 P_z は，鉛直下向きに

$$P_z = \rho gV = \rho gSB = 1\,000 \times 9.8 \times 5.087 \times 2$$
$$= 9.9705 \times 10^4 \text{ N} = 99.71 \text{ kN} \qquad ⑦$$

また，鉛直成分の作用位置 x_c は

$$x_c = P_x z_x / P_z = 221.88 \times (5 - 3.574)/99.71 = 3.17 \text{ m} \qquad ⑧$$

3) 静水圧 P と作用方向 α：P, α はそれぞれ

$$P = \sqrt{P_x^2 + P_z^2} = \sqrt{221.88^2 + 99.71^2} = 243.25 \text{ kN} \qquad ⑨$$

$$\tan\alpha = \frac{P_z}{P_x} = \frac{99.71}{221.88} = 0.4494 \quad より \quad \alpha \approx 24.2° \qquad ⑩$$

6

(1) バラストの無い場合の吃水と傾心高：重量と浮力が等しいことから，吃水 d を求める．$W = W_0 = \rho_w gbLd = F_B$ より $d = W_0/\rho_w gL = 9\,000\,000/(1\,000 \times 9.8 \times 5.0 \times 20.0) = 9.18$ m である．よって，浮体の安定性は

$$\overline{BM} = I_x/V_E = b^2/12d = (1/12) \times (5^2/9.18) = 0.227 \text{ m} \qquad ①$$
$$\overline{BG} = \overline{KG} - \overline{KB} = x - d/2 = 15.0 - 9.18/2 = 10.41 \text{ m} \qquad ②$$
$$h = \overline{GM} = \overline{BM} - \overline{BG} = 0.227 - 10.41 = -10.18 \text{ m} < 0 \qquad ③$$

以上より，本浮体は不安定な浮体である．

(2) バラストを入れた場合の吃水と傾心高：全重量 W はケーソンの重量 W_0 とバラスト重量の和として，$W = W_0 + \rho_B gLh_B = 9\,000 + 2.1 \times 9.8 \times 5.0 \times 20.0 \times 5.0 = 19\,290$ kN である．これより，重心の高さを求めると

$$\overline{KG} = [W_0 x + \rho_B gLh_B(h_B/2)]/W$$
$$= [9\,000 \times 15.0 + 2.1 \times 9.8 \times 5.0 \times 20.0 \times 5.0^2/2]/19\,290$$
$$= 8.33 \text{ m} \qquad ④$$

浮力と全重量を釣り合わせて吃水 d は

$$d = W/\rho_w gbL = 19\,290/(1.0 \times 9.8 \times 5.0 \times 20.0) = 19.68 \text{ m} \qquad ⑤$$

また，傾心高は

$$\overline{BM} = I_x/V_E = (Lb^3/12)/(bLd) = b^2/12d = 5^2/(12 \times 19.68) = 0.106 \text{ m} \qquad ⑥$$

$\overline{BG}=\overline{KG}-\overline{KB}=x-d/2=8.33-19.68/2=-1.51$ m　⑦

$h=\overline{GM}=\overline{BM}-\overline{BG}=0.106+1.51=1.62$ m>0　⑧

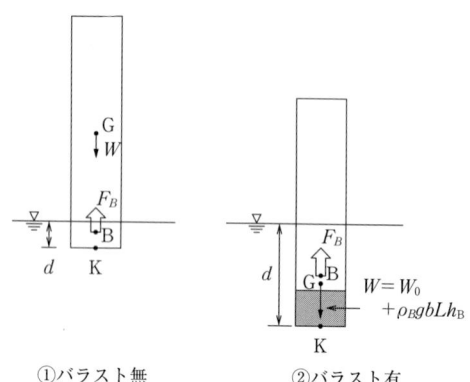

①バラスト無　　②バラスト有

解説：バラストを投入することにより，吃水は大きくなるが，浮心を上げ，重心を下げて，浮体の安定性を改良することができる．

7

(1) 水面の傾斜角を β とすれば，相対的静止の原理から

$\tan\beta=\alpha/g=3/9.8=0.3061$　①

$\beta=\tan^{-1}0.3061=17.0°$　②

(2) $\tan\beta=2/3$ より大きくなると水があふれる．
$\tan\beta=\alpha/g=2/3$ より，限界の加速度は

$\alpha=(2/3)g=(2/3)\times 9.8=6.53$ m/s^2　③

第 3 章

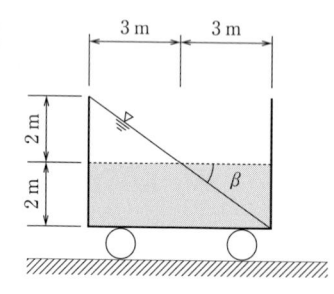

1 点①－点②の間にベルヌーイの式を適用した上で，$p_1/\rho g=\Delta h+y-x$, $p_2/\rho g=y$, $z_1-z_2=x$ と置くと

$$\frac{v_1^2}{2g}+\frac{p_1}{\rho g}+z_1=\frac{v_2^2}{2g}+\frac{p_2}{\rho g}+z_2 \Rightarrow$$

$$\frac{v_1^2}{2g}=\frac{v_2^2}{2g}+\left(\frac{p_2}{\rho g}-\frac{p_1}{\rho g}\right)+(z_2-z_1)$$　①

$$=\frac{v_2^2}{2g}+\{y-(\Delta h+y-x)\}-x=\frac{v_2^2}{2g}-\Delta h$$

式①より管内流量 Q は

$$\Delta h = \frac{v_2^2}{2g} - \frac{v_1^2}{2g} = \frac{1}{2g}\left\{\left(\frac{Q}{A_2}\right)^2 - \left(\frac{Q}{A_1}\right)^2\right\}$$

$$\Rightarrow Q = \sqrt{\frac{2g\Delta h}{\left(\frac{1}{A_2}\right)^2 - \left(\frac{1}{A_1}\right)^2}} = 9.04 \times 10^{-3}\,\mathrm{m^3/s} \qquad ②$$

2 点 A-B 間:水槽内の水圧は静水圧分布で与えられるから,水圧分布は $p/\rho g = z_1$
点 E-D 間:点 E と点 D-E 間の任意の点 z_2 にベルヌーイの定理を適用し,$p_E/\rho g = 0$,$z_E = 0$,$v_E = v_{z2}$ (管径一定より) とおくと,$p_{z2}/\rho g$ は

$$\frac{v_E^2}{2g} + \frac{p_E}{\rho g} + z_E = \frac{v_{z2}^2}{2g} + \frac{p_{z2}}{\rho g} - z_2 \Rightarrow \frac{p_{z2}}{\rho g} = z_2 \qquad ①$$

点 C-D 間:点 E と点 C-D 間の任意の点 x にベルヌーイの定理を適用し,$p_E/\rho g = 0$,$z_E = 0$,$v_E = v_x$,$z_2 = -L/2$ とおくと p_x は

$$\frac{v_E^2}{2g} + \frac{p_E}{\rho g} + z_E = \frac{v_x^2}{2g} + \frac{p_x}{\rho g} - \frac{L}{2} \Rightarrow \frac{p_x}{\rho g} = \frac{1}{2}L\ (= 一定) \qquad ②$$

点 B-C 間:点 E と点 B-C 間の任意の点 z_3 にベルヌーイの定理を適用すると,式①と同一の式が成立し,$p_{z3}/\rho g = z_3$ となる.

結局,水圧分布 $p/\rho g$ は図のようになる.

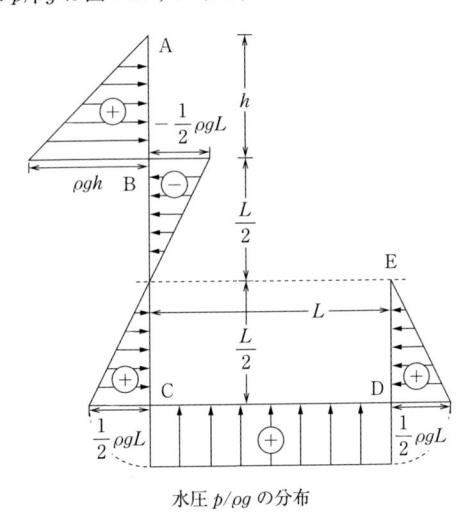

水圧 $p/\rho g$ の分布

注:式①の右辺第 3 項は下向きに z_2 を定義しているので,$-z_2$ となることに注意が必要である.なお,流出管で正・負の圧力が混在する場合は外側を正,内側を負として描くことが一般的である.

3 A，B 間にベルヌーイの定理を適用すると v_B は

$$\frac{v_A^2}{2g} + \frac{p_A}{\rho g} + z_A = \frac{v_B^2}{2g} + \frac{p_B}{\rho g} + z_B$$

$$\Rightarrow \quad \frac{1}{2g}(v_B^2 - v_A^2) = \frac{1}{\rho g}(p_A - p_B) + (z_A - z_B)$$

$$\Rightarrow \quad (v_B^2 - v_A^2) = \left\{1 - \left(\frac{D_B}{D_A}\right)^4\right\}v_B^2 = \frac{2}{\rho}(p_A - p_B) + 2g(z_A - z_B) \quad ①$$

$$\Rightarrow \quad v_B = \sqrt{\left\{\frac{2}{\rho}(p_A - p_B) + 2g(z_A - z_B)\right\}/\{1 - (D_B/D_A)^4\}}$$

また，$p_A - p_B$ は，①－①′の高さで圧力が等しいことより

$$p_A + \rho g(z_0 + \Delta h) = p_B + \rho g(z_1 + z_0) + \sigma_H \rho_s g \Delta h$$

$$\Rightarrow \quad (p_A - p_B) = \rho g(z_1 - \Delta h) + \sigma_H \rho_s g \Delta h = 4.29 \times 10^4 \, \text{N/m}^2 \quad ②$$

この，$p_A - p_B$ の値と $z_A - z_B = -60 \, \text{cm}$ を式①に代入して流量 Q は

$$Q = v_B \frac{1}{4} \pi D_B^2 = 0.157 \, \text{m}^3/\text{s} \quad ③$$

4 オリフィスから水が流出するとストローの下端から空気が大気中より侵入する．よって，ストローの下端での圧力は常に大気圧 $p = 0$ となる．その結果，オリフィスからの流出速度 v は，ストローの先端部（$p = 0$）とオリフィスとの間にベルヌーイの式を立てれば算出される．結局，ストローの下端より水位が上にある限り，つまり，瓶中の水位が h_1 から h_2 に低下するまで流出速度は $v = \sqrt{2gh_2}$ の一定値となる．

5 微小時間 dt の間に水槽①の水面が dH_1 だけ下降し，水槽②の水面が dH_2 だけ上昇したとする．このとき，オリフィスを通過する流量を Q とすると，$-A_1 dH_1 = A_2 dH_2 = Qdt$ が成立する．よって，$d\Delta H = dH_1 - dH_2$ より

$$d\Delta H = dH_1 - dH_2 = -\left(\frac{Qdt}{A_1} + \frac{Qdt}{A_2}\right) = -Q\left(\frac{1}{A_1} + \frac{1}{A_2}\right)dt = -Q\left(\frac{A_1 + A_2}{A_1 A_2}\right)dt$$
①

オリフィスの通過流量 Q は $Q = CA_0\sqrt{2g\Delta H}$ で与えられるから ΔH は

$$\frac{d\Delta H}{dt} = -CA_0\sqrt{2g\Delta H}\left(\frac{A_1 + A_2}{A_1 A_2}\right) \Rightarrow \int \frac{d\Delta H}{\sqrt{\Delta H}} = -\int CA_0\sqrt{2g}\left(\frac{A_1 + A_2}{A_1 A_2}\right)dt$$

$$\Rightarrow \quad 2\sqrt{\Delta H} = -CA_0\sqrt{2g}\left(\frac{A_1 + A_2}{A_1 A_2}\right)t + C_0 \quad ②$$

$$\Rightarrow \quad \Delta H = \frac{1}{4}\left\{-CA_0\sqrt{2g}\left(\frac{A_1 + A_2}{A_1 A_2}\right)t + C_0\right\}^2$$

$t = 0$ で $\Delta H = \Delta H_0$ の初期条件より $C_0 = 2\sqrt{\Delta H_0}$ と定まり，ΔH と t の関係は

$$\Delta H = \frac{1}{4}\left\{-CA_0\sqrt{2g}\left(\frac{A_1 + A_2}{A_1 A_2}\right)t + 2\sqrt{\Delta H_0}\right\}^2 \quad ④$$

演習問題略解・ヒント   213

6 三角堰の越流量 Q は式(3・27)に $H=20$ cm, $\theta=30°$, $C=0.6$ を代入して
$$Q=\frac{8}{15}C\sqrt{2g}\tan\theta\, H^{5/2}=1.46\times 10^4 \text{ cm}^3/\text{s} \qquad ①$$
また，流量 Q が3倍になる越流水深 H は上式を変形して
$$H=\left(\frac{15\cdot 3Q}{8C\sqrt{2g}\tan\theta}\right)^{2/5}=31.0 \text{ cm} \qquad ②$$

第 4 章

1 このノズルを保持するのに必要な力 F_0 は，検査領域に作用する力（p_1A_1 と F）の合計であるので力の作用方向を考慮して，$F_0=p_1A_1-F$ である．また，例題4・1より，$F=-\rho Q(v_2-v_1)+p_1A_1$ であるから F_0 は
$$F_0=(p_1A_1-F)=\rho Q(v_2-v_1)$$
$$=1\,000\times 0.01\times(14.15-3.54)=106.1 \text{ N}$$
よって，F_0 は x 軸負の方向（流れと逆向き）に，$106.1 \text{ N}=10.8 \text{ kgf}$ となる．

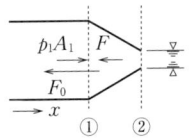

2 連続式から，$v_1=v_2=v=20$ m/s である．また，ベルヌーイの定理より，$p_2-p_1=0$ であるから，$p_1=p_2=980$ N/m² である．題意より，$A=(1/4)\pi d^2=(1/4)\pi 2^2=3.14$ m² であるから，運動量保存則（式(4・16)，式(4・17)参照）より，流体が壁面から受ける力 F_x, F_y は
$$F_x=(\rho v_2^2+p_2)A_2\cos\theta_2-(\rho v_1^2+p_1)A_1\cos\theta_1$$
$$=(1\,000\times 20^2+980)\times 3.14\times(\cos(-45°)-\cos 0°) \qquad ①$$
$$=-368\,775 \text{ N}=-368.8 \text{ kN}$$
$$F_y=(\rho v_2^2+p_2)A_2\sin\theta_2-(\rho v_1^2+p_1)A_1\sin\theta_1$$
$$=(1\,000\times 20^2+980)\times 3.14\times(\sin(-45°)-\sin 0°) \qquad ②$$
$$=-890\,302 \text{ N}=-890.3 \text{ kN}$$
よって，曲線部に作用する力 F' は
$$F'=F=\sqrt{F_x^2+F_y^2}=\sqrt{368.8^2+890.3^2}=963.7 \text{ kN} \qquad ③$$
解説：円管路は地山から離れる方向にこうした力を受けるので，安定した支持方法を考える必要がある．

3 1回目の屈曲部において流体が受ける力を F_1, 2回目の屈曲部において流体が受ける力を F_2 とする．連続式，ベルヌーイの式から，$v_1=v_2=v_3$, $p_1=p_2=p_3$ を得る．ここで，運動量保存則（式(4・10)，式(4・11)参照）を1回目の曲りでは，x-y 面内，2回目の曲りでは y-z 面内で考えると

$F_{1x}=-(\rho Q^2/A+Ap_1),\quad F_{1y}=(\rho Q^2/A+Ap_1),\quad F_{1z}=0$ ①②③

$F_{2x}=0,\quad F_{2y}=-(\rho Q^2/A+Ap_1),\quad F_{2z}=(\rho Q^2/A+Ap_1)$ ④⑤⑥

よって，合力は

$F_x=-(\rho Q^2/A+Ap_1),\quad F_y=0,\quad F_z=(\rho Q^2/A+Ap_1)$ ⑦⑧⑨

また，管にかかる力は

$F'_x=-F_x=(\rho Q^2/A+Ap_1)$ ⑩

$F'_y=-F_y=0$ ⑪

$F'_z=-F_z=(\rho Q^2/A+Ap_1)$ ⑫

なお，本設問では F'_z の作用点が x 軸から l だけ離れた位置になるので，x 軸まわりのねじりモーメントが発生することがわかる．

4 板が運動するケースでは板の運動とともに移動する座標で運動量保存側を考える．つまり，板の移動速度を $V=20\,\text{m/s}$ とすれば，流速を $v_1-V=45-20=25\,\text{m/s}$ と考えれば板に働く力 F' は

$F'=\rho(v_1-V)^2 A_1 = 1\,000.0\times 25^2\times 5.02\times 10^{-3} = 3\,137.5\,\text{N} = 3.1\,\text{kN}$ ①

5 運動エネルギーの減衰と熱エネルギーを等値すると ΔT が求められ

$$\Delta T = \frac{g}{c}\frac{(h_2-h_1)^3}{4h_1 h_2}$$

$$= \frac{9.8}{4.2\times 10^3}\frac{(5.0-1.0)^3}{4\times 1.0\times 5.0} = 7.5\times 10^{-3}\,\text{°C}$$ ①

解説：この問題で扱っている跳水による温度上昇は $1/100$°にも満たない．つまり，跳水による温度変化は極めて小さいものであることがわかる．逆に，水温の変化が大きなエネルギーの変化を伴うものであることがわかる．

6 連続式 (4・32)，運動量保存則（式 (4・34)）において $v_2=0$ とおき，波速 C を消去すると，次式を得る．

$$\left(\frac{h_2}{h_1}\right)^3 - \left(\frac{h_2}{h_1}\right)^2 - \left(\frac{h_2}{h_1}\right)(1+2Fr^2) + 1 = 0$$ ①

解説：この方程式を解いて h_2 を求め，それによる水圧を求めると，構造物に作用する津波波圧を評価できる．このように，複雑な数値解析によらなくても，水理学を用いると簡便に津波波力の解を得ることができる．

第 5 章

1 正四角柱に作用する全抵抗 F_D より，抵抗係数 C_D は

$$F_D = \frac{1}{2}C_D\rho U^2 A = \frac{1}{2}C_D\rho U^2 al$$

$$\Rightarrow \quad C_D = \frac{2F_D}{\rho U^2 al} = \frac{2\times 1.20\times 10^2}{998\times 0.50^2 \times 0.30\times 5.0} = 0.64$$

2 以下に示す解の式番は第 5 章 "もっと詳しく学ぼう"「円管内の乱流流速分布と平均流速」中の式番である．

1) 管内平均流速 u_m は $u_m = Q/\{(\pi/4)d^2\} = 6.37$ m/s であるから管内流のレイノルズ数 Re は $Re = u_m d/\nu = 6.4\times 10^6$ となり，管内流は完全乱流であることがわかる．

滑面における平均流速の式⑤に諸値を代入すると次式を得る．

$$\frac{6.37\times 10^2}{U_*} = 5.75\times \log_{10}\frac{U_*\times 50.0}{0.010} + 1.75$$

上式をニュートン・ラプソン法などで解くと，摩擦速度 U_* は $U_* = 20.8$ cm/s と求まる．結局，管中心の流速 $u_{\max}$ は滑面に対する流速分布の式④に $y=a=50$ cm，$U_*=20.8$ cm/s を代入して解くと

$$\frac{u_{\max}}{U_*} = 5.75\log_{10}\frac{U_* a}{\nu} + 5.50 \quad \Rightarrow \quad u_{\max} = 7.14 \text{ m/s}$$

2) 粗面に対する平均流速の式⑦より摩擦速度 U_* は

$$\frac{u_m}{U_*} = 5.75\log_{10}\frac{d}{2k_s} + 4.75 \quad \Rightarrow \quad U_* = 29.6 \text{ cm/s}$$

$u_{\max}$ は粗面に対する流速分布の式⑥に $y=a=50$ cm，$U_*=29.6$ cm/s を代入して

$$\frac{u_{\max}}{U_*} = 5.75\log_{10}\frac{a}{k_s} + 8.48 \quad \Rightarrow \quad u_{\max} = 7.48 \text{ m/s}$$

3 内径を d とすると，$Q=0.3$ m³/s より，平均流速 u_m は，$u_m = Q/A = 4Q/(\pi d^2) = 4\times 0.3/(3.14\times d^2)$ となる．$h_f = 50$ m であるから，式 (5·10) のダルシー–ワイズバッハの式より

$$h_f (\text{水位差}) = 50\text{ m} = f\frac{l}{d}\frac{u_m^2}{2g} = \frac{0.018\times 2000}{d\times 2\times 9.8}\left(\frac{0.3\times 4}{3.14\times d^2}\right)^2 \quad \Rightarrow \quad d = 0.35 \text{ m}$$

4

1) ダルシー–ワイズバッハの式（式(5·10)）より f は

$$f = h_f \frac{d}{l}\cdot\frac{2g}{u_m^2} = 2.5\times\frac{0.40}{50.0}\times\frac{2\times 9.8}{4.0^2} = 0.0245$$

2) 摩擦速度 U_* の定義式 $U_* = \sqrt{\tau_0/\rho}$ に $\tau_0 = (f/8)\rho u_m^2$ を代入し，さらに数値を代入

して，U_* は

$$U_* = \sqrt{\frac{\tau_0}{\rho}} = \sqrt{\frac{1}{\rho} \cdot \frac{f}{8} \rho u_m^2} = \sqrt{\frac{f}{8}} u_m = \sqrt{\frac{0.0245}{8}} \times 4.0 = 0.22 \text{ m/s}$$

3) 粘性底層の厚さ δ_ν は第5章 "もっと詳しく学ぼう"「壁面の粗滑」の式①より

$$\delta_\nu = \frac{11.6\nu}{U_*} = \frac{11.6 \times 0.012}{0.22 \times 10^2} = 6.33 \times 10^{-3} \text{ cm} = 0.063 \text{ mm}$$

4) $k_s = 0.2$ mm，$\delta_\nu = 0.063$ mm より $k_s > \delta_\nu$ であり，粗管である．

第 6 章

1 水温 20℃ における水の動粘性係数 $\nu = 0.0101$ cm²/s，$k_s = 0.03$ cm，$d = 20$ cm より

$$R_e = \frac{u_m d}{\nu} = \frac{5 \times 0.2}{0.0101 \times 10^{-4}} = 9.9 \times 10^5, \quad \frac{k_s}{d} = \frac{0.03}{20} = 0.0015$$

図 6·2 のムーディ図表から摩擦損失係数 f は，$f = 0.022$ であるから摩擦損失水頭 h_f は

$$h_f = f \frac{l}{d} \frac{u_m^2}{2g} = \frac{0.022 \times 100 \times 5^2}{0.2 \times 2 \times 9.8} = 14.03 \text{ m}$$

2 $k_s/d = 3.0 \times 10^{-3}/0.30 = 0.010$，$R_e = 2.57 \times 10^5$ の条件より，ムーディ図表（図 6·2）で粗面乱流領域（完全乱流）に属しているので，式 (6·4c) が適用できる．同式より，f は

$$\frac{1}{\sqrt{f}} = 2.03 \log_{10} \frac{d}{2k_s} + 1.74 \quad \Rightarrow \quad f = 0.0371$$

なお，f の値はムーディ図表から直接読み取ってもよい．

3 (1) 摩擦損失係数 f は $f = \frac{12.7 g n^2}{d^{1/3}} = \frac{12.7 \times 9.8 \times 0.016^2}{0.50^{1/3}} = 0.040$

管内平均流速 u_m は $u_m = \sqrt{\dfrac{2gH}{f_e + f_{b1} + f_{b2} + f_o + f \dfrac{l_1 + l_2 + l_3}{d}}}$

$$= \sqrt{\frac{2 \times 9.8 \times 5.0}{0.5 + 0.1 + 0.15 + 1.0 + 0.040 \times \dfrac{30 + 100 + 130}{0.50}}}$$

$$= 2.08 \text{ m/s}$$

よって，速度水頭 $u_m^2/2g = 0.221$ である．本設問について水頭表を作成すると次表となる．また，次表の水頭表を使用して描いたエネルギー線と動水勾配線を問図中に示す．

水頭表

項目	A	B⁻	C⁻	C⁺	D⁻	D⁺	E⁻	F (E⁺)
損失水頭（式）	—	$f_e\dfrac{u_m^2}{2g}$	$f\dfrac{l_1}{d}\dfrac{u_m^2}{2g}$	$f_{b1}\dfrac{u_m^2}{2g}$	$f\dfrac{l_2}{d}\dfrac{u_m^2}{2g}$	$f_{b2}\dfrac{u_m^2}{2g}$	$f\dfrac{l_3}{d}\dfrac{u_m^2}{2g}$	$f_o\dfrac{u_m^2}{2g}$
損失水頭〔m〕	0.000	0.111	0.530	0.022	1.768	0.033	2.298	0.221
$E=\dfrac{u_m^2}{2g}+\dfrac{p}{\rho g}+z$ 全エネルギー水頭〔m〕	20.000	19.889	19.359	19.337	17.569	17.536	15.238	15.017*
$\dfrac{u_m^2}{2g}$ 速度水頭〔m〕	0.000	0.221	0.221	0.221	0.221	0.221	0.221	0.000
$\dfrac{p}{\rho g}+z$ ピエゾ水頭〔m〕	20.000	19.668	19.138	19.116	17.348	17.315	15.017*1	15.017*1
z 位置水頭〔m〕	20.000				23.000	23.000		15.000
$\dfrac{p}{\rho g}$ 圧力水頭〔m〕	0.000				−5.652	−5.685		0.017*2

注1) *1 は厳密には 15.000，*2 は厳密には 0.000 となる．水頭誤差 $|e|$ は $|e|=0.017$ m である．

(2) 圧力水頭が最小になる点 D⁺ で $p_{D^+}/\rho g = -5.685$ m > -8 m であるので，このサイフォンは機能する．

(3) 点 A と圧力が最小となる点 D⁺ 間にエネルギー損失を考慮したベルヌーイの式を適用した上で $p_{D^+}/\rho g$ を誘導すると

$$\dfrac{p_{D^+}}{\rho g}=(z_A-z_D)-\left(f_e+f_{b1}+f_{b2}+f\dfrac{l_1+l_2}{d}+1\right)\dfrac{u_m^2}{2g}$$

$p_{D^+}/\rho g \geq -8.0$ m の条件よりサイフォンが機能する z_D の最大値は

$$z_D \leq z_A-\left(f_e+f_{b1}+f_{b2}+f\dfrac{l_1+l_2}{d}+1\right)\dfrac{u_m^2}{2g}+8.0 \text{ m}$$

$$z_D \leq 20.0-\left(0.5+0.1+0.15+0.040\times\dfrac{30+100}{0.50}+1.0\right)\times\dfrac{2.08^2}{2\times 9.8}+8.0$$

$$=25.318 \text{ m}$$

4 (1) 摩擦損失係数 f は $f=12.7gn^2/d^{1/3}=12.7\times 9.8\times 0.012^2/0.70^{1/3}=0.020$，点 A，E に対してエネルギー損失を考慮したベルヌーイの式を適用すると

$$H=f\dfrac{l_1}{d}\dfrac{u_{m1}^2}{2g}+f\dfrac{l_2}{d}\dfrac{u_{m2}^2}{2g} \qquad ①$$

B-C 間の平均流速 $u_{m1}=4Q/\pi d^2$, C-D 間の平均流速 $u_{m2}=8Q/(3\pi d^2)$ を式①へ代入して

$$H=f\frac{l_1}{2gd}\left(\frac{4Q}{\pi d^2}\right)^2+f\frac{l_2}{2gd}\left(\frac{8Q}{3\pi d^2}\right)^2=\frac{104}{9}\frac{fl}{\pi^2 gd^5}Q^2 \qquad ②$$

ここに，$l=l_1=l_2$ である．式②より Q は

$$Q=\sqrt{\frac{9\pi^2 gd^5 H}{104fl}}=\sqrt{\frac{9\times\pi^2\times 9.8\times 0.70^5\times 15.0}{104\times 0.020\times 500}}=1.45\ \mathrm{m^3/s}$$

(2) $u_{m1}=4\times 1.45/(\pi\times 0.70^2)=3.77$ m/s, $u_{m2}=8\times 1.45/(3\times\pi\times 0.70^2)=2.51$ m/s より点 B-C 間および点 C-D 間の摩擦損失水頭 h_{f1}, h_{f2} はそれぞれ

$$h_{f1}=f\frac{l_1}{d}\frac{u_{m1}^2}{2g}=0.020\times\frac{500}{0.70}\times\frac{3.77^2}{2\times 9.8}=10.36\ \mathrm{m}$$

$$h_{f2}=f\frac{l_2}{d}\frac{u_{m2}^2}{2g}=0.020\times\frac{500}{0.70}\times\frac{2.51^2}{2\times 9.8}=4.59\ \mathrm{m}$$

以上より得られるエネルギー線を設問図中に示す．

[5] $n=0.015$ より，$f_1=f_2=f_3=12.7gn^2/d^{1/3}=12.7\times 9.8\times 0.015^2/0.5^{1/3}=0.035$
また式(6・48) より，k_1, k_2, k_3 は

$$k_1=\frac{8}{\pi^2 g}\frac{f_1 l_1}{d_1^5}=\frac{8\times 0.035\times 300}{3.14^2\times 9.8\times 0.5^5}=27.82=k_3$$

$$k_2=\frac{8}{\pi^2 g}\frac{f_2 l_2}{d_2^5}=\frac{8\times 0.035\times 100}{3.14^2\times 9.8\times 0.5^5}=9.27$$

求められた k_1, k_2, k_3 を，式(6・50)，(6・51)，(6・52) に代入すると

$$20=27.82Q_1^2+27.82Q_3^2 \qquad ①$$

$$5=\pm 9.27Q_2^2+27.82Q_3^2 \qquad ②$$

$$Q_1\pm Q_2=Q_3 \quad (+：合流，-：分岐)\rightarrow \pm Q_2=Q_3-Q_1 \qquad ③$$

式②を 4 倍して，その式から式①を引くと

$$-27.82Q_1^2\pm 37.08Q_2^2+83.46Q_3^2=0 \qquad ④$$

式④に連続の条件式③を代入し，各項を 37.08 で割ると

$$-0.75Q_1^2\pm(Q_3-Q_1)^2+2.25Q_3^2=0 \qquad ⑤$$

設問の管路系が分岐・合流のいずれであるかを判定する必要がある．合流管路であると仮定すると，式⑤中の符号は+であるから

$$-0.75Q_1^2+(Q_3-Q_1)^2+2.25Q_3^2=0 \qquad ⑥$$

同式を Q_3^2 で割ると，Q_1/Q_3 に関する二次方程式が得られ，その解は

$$0.25\left(\frac{Q_1}{Q_3}\right)^2-2\left(\frac{Q_1}{Q_3}\right)+3.25=0 \quad\Rightarrow\quad \frac{Q_1}{Q_3}=5.732,\ 2.268$$

合流管路では $Q_1/Q_3<1$ となる必要があるので，この例題は合流管路ではなく分岐

管路である．よって，本設問は分岐管路と仮定した上での再計算が必要である．分岐管路の場合には，式⑤中の符号は−であるから，式⑤は

$$-0.75Q_1^2-(Q_3-Q_1)^2+2.25Q_3^2=0 \qquad ⑧$$

同式より，Q_1/Q_3 に関する二次方程式が得られ，その解は

$$1.75\left(\frac{Q_1}{Q_3}\right)^2-2\left(\frac{Q_1}{Q_3}\right)-1.25=0 \Rightarrow \frac{Q_1}{Q_3}=1.592,\ -0.449 \qquad ⑨$$

分岐管路においては $Q_1/Q_3>1$ となる必要があるから，採用すべき解は $Q_1/Q_3=1.592$ である．これを連続の条件式 $Q_1=Q_2+Q_3$（式③）に代入すれば，Q_2/Q_3 の値は

$$\frac{Q_2}{Q_3}=0.592 \qquad ⑩$$

結局，$Q_1/Q_3=1.592$，$Q_2/Q_3=0.592$ と式①，式②より各管の流量が次のように求められる．

流量〔m³/s〕	向き
$Q_1=0.718$	A → D
$Q_2=0.267$	D → B
$Q_3=0.451$	D → C

6 f の値は，各管の直径が等しいので，$f=f_1=f_2=f_3=f_4=12.7gn^2/d^{1/3}=12.7\times 9.8\times 0.015^2/0.5^{1/3}=0.035$

また，k_i の値は

$$k_1=\frac{8}{\pi^2 g}\frac{f_1 l_1}{d_1^5}=\frac{8\times 0.035\times 200}{3.14^2\times 9.8\times 0.5^5}=18.55=k_3$$

$$k_2=\frac{8}{\pi^2 g}\frac{f_2 l_2}{d_2^5}=\frac{8\times 0.035\times 300}{3.14^2\times 9.8\times 0.5^5}=27.82=k_4$$

ここで，各管の流量・流向を解図1のように仮定する．解表1は，これに対する計算を示すものであるが $\sum h_{li}\neq 0$ となり，補正計算が必要であることがわかる．仮定した流量を補正するための流量 ΔQ（補正流量という）は次式で与える．

$$\Delta Q=-\frac{\sum k_i Q_i^2}{\sum |2k_i Q_i|}=-\frac{6.492}{2\times 35.25}=-0.092\ \mathrm{m^3/s} \qquad ①$$

最初に仮定した流量 Q_i に補正流量 $\Delta Q=-0.092\ \mathrm{m^3/s}$ を加えた流量を使用して，第一次補正計算を実施する．補正計算の結果を解表2に示す．解表2に示す計算結果より，$\sum h_{li}\sim 0$ であることがわかる．したがって，本例題の管網計算の最終結果は解図2に示すとおりとなる．

第一次補正計算によって $\sum h_{li}\sim 0$ とならない場合は再度 ΔQ を計算し，第二次補正

演習問題略解・ヒント

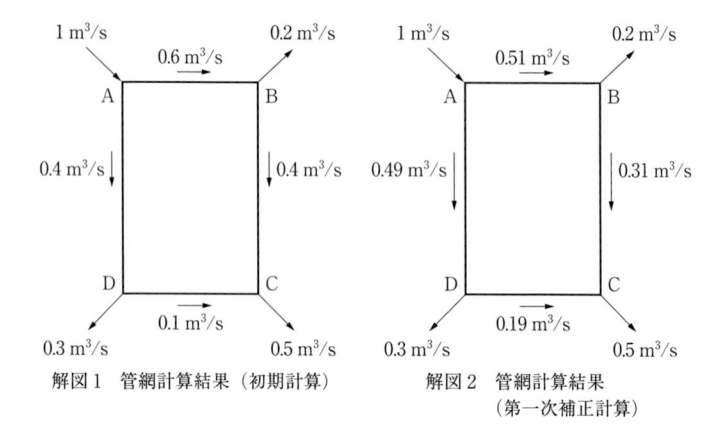

```
        1 m³/s      0.2 m³/s              1 m³/s         0.2 m³/s
          ↘  0.6 m³/s ↗                    ↘  0.51 m³/s  ↗
           A ──────→ B                     A ──────→ B
  0.4 m³/s │         │ 0.4 m³/s   0.49 m³/s│         │ 0.31 m³/s
           ↓         ↓                     ↓         ↓
           D ──────→ C                     D ──────→ C
           ↗ 0.1 m³/s ↘                    ↗ 0.19 m³/s ↘
        0.3 m³/s     0.5 m³/s           0.3 m³/s       0.5 m³/s
      解図1 管網計算結果(初期計算)      解図2 管網計算結果
                                              (第一次補正計算)
```

解表1 各管の流量・流向の計算値(初期計算)

管路	k_i	仮定流量 Q_i [m³/s]	$\|k_iQ_i\|$	$h_{li}=k_iQ_i^2$
A-B	18.55	0.6	11.13	6.678
B-C	27.82	0.4	11.13	4.451
C-D	18.55	-0.1	1.86	-0.186
D-A	27.82	-0.4	11.13	-4.451
Σ	—	—	35.25	6.492

解表2 第一次補正計算結果

管路	k_i	仮定流量 Q_i [m³/s]	$\|k_iQ_i\|$	$h_{li}=k_iQ_i^2$
A-B	18.55	0.508	9.42	4.787
B-C	27.82	0.308	8.57	2.639
C-D	18.55	-0.192	3.56	-0.684
D-A	27.82	-0.492	13.69	-6.734
Σ	—	—	35.24	0.008

計算を実施することとなる.なお,本例題では単一の回路を持つ管網を取り上げたが,実際は多くの回路を持つ複雑なケースが多い.そのような場合でも,同様の考え方により各管の流量・流向を決定できる.

7 l_2 の給水区域には等距離に支管がつけられていて,単位長さ当りに等量の分水がなされるものと仮定する.そのとき,給水区域始点の損失水頭 h_{f1} は l_1 区間の流速を v(Q を給水流量として,$v=4Q/(\pi d^2)$)として $h_{f1}=f_1(l_1/d)v^2/2g$ と表すことがで

きる．給水区域では途中で順次分水されて流量がしだいに減少するが，同区域の流速 v_x は $v_x=(x/l_2)v$ と近似できる．ここで，dx 区間の水頭損失を dh_{f2} とすると

$$dh_{f2}=f_2\frac{dx}{d}\frac{v_x^2}{2g}=f_2\frac{x^2}{dl_2^2}\frac{v^2}{2g}dx \qquad ①$$

式①を 0 から l_2 の範囲で積分すると h_{f2} は

$$h_{f2}=f_2\frac{l_2}{3d}\frac{v^2}{2g} \qquad ②$$

よって，管路の全区間 l_1+l_2 の損失水頭 $h_f=h_{f1}+h_{f2}$ は $f=f_1=f_2$ として

$$h_f=f\frac{1}{d}\frac{v^2}{2g}\left(l_1+\frac{l_2}{3}\right) \Rightarrow h_f=\frac{f\left(\frac{4Q}{\pi d^2}\right)^2}{2gd}\left(l_1+\frac{l_2}{3}\right) \qquad ③$$

よって，流量 Q を流すための管径 d は

$$d=\left\{\frac{16fQ^2}{2g\pi^2 h_f}\left(l_1+\frac{l_2}{3}\right)\right\}^{1/5} \qquad ④$$

本設問における最大給水量は題意より

$$Q=\frac{150\times 50\,000\times 2}{24\times 60\times 60}=174\ l/s=0.174\ \mathrm{m^3/s}$$

また，全損失水頭 h_f は給水区域が配水池水面より 30 m 低い位置にあること，配水管端で 20 m の水頭を確保する必要があることから，$h_f=h_{f1}+h_{f2}=30-20=10$ m，$l_1=5\,000$ m，$l_2=2\,000$ m，$f=f_1=f_2=0.02$ であるから d は式④より求められ

$$d=0.608\left(l_1+\frac{l_2}{3}\right)^{\frac{1}{5}}\left(\frac{fQ^2}{h}\right)^{\frac{1}{5}}=0.608\times\left(5\,000+\frac{2\,000}{3}\right)^{\frac{1}{5}}\times\left(\frac{0.02\times 0.174^2}{10}\right)^{\frac{1}{5}}$$

$$=0.491\ \mathrm{m}$$

8 B-P 間，P-D 間における摩擦損失係数 f_{BP}，f_{PC}，f_{CD} は，$f=12.7gn^2/d^{1/3}$ より，$f_{\mathrm{BP}}=f_{\mathrm{PC}}=f_{\mathrm{CD}}=0.019$ である．また，速度水頭 $u_{m\mathrm{BP}}^2/2g$，$u_{m\mathrm{PC}}^2/2g$，$u_{m\mathrm{CD}}^2/2g$ は，送水流量 Q より求められ，$u_{m\mathrm{BP}}^2/2g=u_{m\mathrm{PC}}^2/2g=u_{m\mathrm{CD}}^2/2g=0.102$ m である．

よって，ポンプに要求される全揚程 H_p は

$$H_p=H+h_f+h_l$$

$$=H+\left(f_e+f_{\mathrm{BP}}\frac{l_{\mathrm{BP}}}{d}\right)\frac{u_{m\mathrm{BP}}^2}{2g}+\left(f_b+f_{\mathrm{PC}}\frac{l_{\mathrm{PC}}}{d}\right)\frac{u_{m\mathrm{PC}}^2}{2g}+\left(f_o+f_{\mathrm{CD}}\frac{l_{\mathrm{CD}}}{d}\right)\frac{u_{m\mathrm{CD}}^2}{2g}$$

$$=20+\left(0.5+0.019\times\frac{200}{3.0}\right)\times 0.102 \qquad ①$$

$$+\left(0.3+0.019\times\frac{150}{3.0}\right)\times 0.102+\left(1.0+0.019\times\frac{750}{3.0}\right)\times 0.102$$

$$=20.89\ \mathrm{m}$$

ポンプに要求される理論水力 S と実際にポンプに求められる水力 S_e は

$$S = \rho g Q H_p = 9.8 \times 10 \times 20.89 = 2.05 \times 10^3 \text{ kW}$$

$$S_e = \frac{S}{\eta_p} = \frac{2.05 \times 10^3}{0.78} = 2.63 \times 10^3 \text{ kW} \qquad ②$$

水頭表を以下に示す．また，同表より描かれるエネルギー線と動水勾配線を問図中に示す．

水頭表

	A	B$^+$	P$^-$	P$^+$	C$^-$	C$^+$	D$^+$(E)
損失水頭（式）	—	$f_e \dfrac{u_{mBP}^2}{2g}$	$f_{BP}\dfrac{l_{BP}}{d}\dfrac{u_{mBP}^2}{2g}$	$-H_p$	$f_{PC}\dfrac{l_{PC}}{d}\dfrac{u_{mPC}^2}{2g}$	$f_b\dfrac{u_{mPC}^2}{2g}$	$\left(f_o+f_{CD}\dfrac{l_{CD}}{d}\right)\dfrac{u_{mCD}^2}{2g}$
損失水頭数値〔m〕	—	0.051	0.29	−20.89	0.097	0.031	0.587
$H = \dfrac{p}{\rho g} + z + \dfrac{u_m^2}{2g}$ 全エネルギー水頭〔m〕	60	59.949	59.820	80.710	80.613	80.582	79.995
$\dfrac{u_m^2}{2g}$ 速度水頭〔m〕	0	0.102	0.102	0.102	0.102	0.102	0
$E_p = \dfrac{p}{\rho g} + z$ ピエゾ水頭〔m〕	60	59.847	59.718	80.608	80.511	80.480	79.995

第 7 章

[1] 流速 v は $v = Q/A = 1.11$ m/s，比エネルギー E は $E = v^2/2g + h = 0.66$ m，限界水深 h_c は $h_c = \sqrt[3]{Q^2/(gB^2)} = 0.36$ m，フルード数 Fr は $Fr = v/\sqrt{gh} = 0.46$ である．$Fr < 1$ であるから流れは常流である．

[2] 余水吐からの越流量は $Q = 1.0$ m^3/s である．余水吐（堰）の上端には限界流が表れ，そこでの水深は限界水深を h_c，流速は限界流速 v_c となる．ここで，余水吐（堰）上端を基準高とした比エネルギー E は H と一致するので，必要とされる余水吐の幅 B は（例題 7・2 参照），

$$Q = Bh_cv_c = B\frac{2}{3}E\sqrt{\frac{2}{3}gE} = B\frac{2}{3}H\sqrt{\frac{2}{3}gH}$$

$$\Rightarrow \quad B = Q/\left(\frac{2}{3}\sqrt{\frac{2}{3}g}\sqrt{H^3}\right) = 1.0/\left(\frac{2}{3} \times \sqrt{\frac{2}{3} \times 9.8}\sqrt{0.38^3}\right) = 2.51 \text{ m}$$

[3] 以下の解答において，水路 1，2 の諸量に添字 1，2 を付する．
水路 1，2 の限界水深 $h_{c1} = h_{c2}$，等流水深 h_{01}，h_{02} はそれぞれ，$h_{c1} = h_{c2} = (q^2/g)^{1/3}$ $= (1.5^2/9.8)^{1/3} = 0.61$ m，$h_{01} = \{(n^2q^2)/i_1\}^{3/10} = \{(0.025^2 \times 1.5^2)/(1/90)\}^{3/10} = 0.54$ m，$h_{02} = \{(n^2q^2)/i_2\}^{3/10} = \{(0.025^2 \times 1.5^2)/(1/1\,100)\}^{3/10} = 1.14$ m．$h_{c1} > h_{01}$ より水路 1 は

急勾配水路，$h_{c2} < h_{02}$ より水路2は緩勾配水路である．よって水路1，水路2の水面形はそれぞれ以下の通りとなる．

水路1の水面形：十分上流側では等流水深 h_{01} に一致する．また，ゲート1付近の上流側でゲートによる堰上げによって水深が増加するとともに跳水が生ずるために S_1 曲線が出現する．また，ゲートの下流側でゲートの開口高さ d_1 に一致し，その後は等流水深 h_{01} に漸近するので S_3 曲線が出現する．

水路2の水面形：接続点から少し下流では水位が上昇する M_3 曲線が出現し，跳水が生じて等流水深 h_{02} に一致する．また，ゲート2のすぐ上流側では堰上げ効果により等流水深 h_{02} より水深が深い M_1 曲線が出現する．さらに，ゲート2の下流では水深は h_0 と一致して流下する．

水路全体の水面形を描くと下図のようになる．

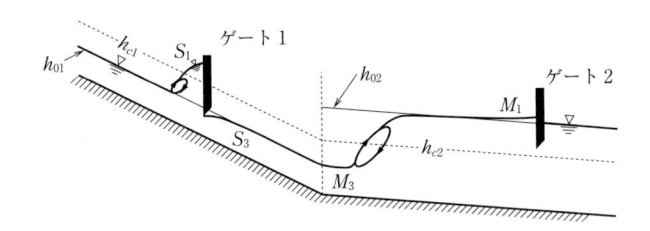

4 普通期流量時の等流水面は分水工より低いため分水工からの取水は生じない．チェックゲートを作用させると，水位が堰上げられて背水曲線 M_1 が出現して分水工からの取水が可能となる．最終水面形はチェックゲート天端に水平な水面形となる．また，水路貯留量は下図のアミカケ部分である．

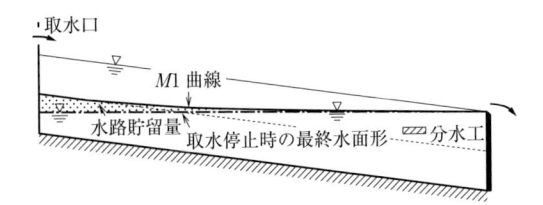

5 底面の幅 b，側壁の傾きは鉛直高さ1に対して水平距離を m とする台形断面を考える．まず，断面積 A と m とが一定であると考えて，水深 h に対して S が最小となる条件を求める．表7･3より，潤辺の長さ S は

$$S = b + 2h\sqrt{1+m^2} = \frac{A}{h} - mh + 2h\sqrt{1+m^2} \qquad ①$$

式①の右辺のの変数は h のみであるから，dS/dh は

$$\frac{dS}{dh} = -\frac{A}{h^2} - m + 2\sqrt{1+m^2} = -\frac{b}{h} - 2m + 2\sqrt{1+m^2}$$

水理的最良断面は $dS/dh=0$ の条件より，$h^2 = A/(2\sqrt{1+m^2} - m) = (b+mh)h/(2\sqrt{1+m^2} - m)$，$b = 2h(\sqrt{1+m^2} - m)$ となる．これより S は

$$S = \frac{A}{h} + (2\sqrt{1+m^2} - m)h = \frac{A + (2\sqrt{1+m^2} - m)h^2}{h} = \frac{2A}{h}$$
$$= 2\sqrt{A(2\sqrt{1+m^2} - m)} \qquad \text{②}$$

同式より S を最小にする m の値は $dS/dm=0$ より

$$m = \frac{1}{\sqrt{3}}, \quad \text{すなわち} \quad \theta = \frac{\pi}{3} \qquad \text{③}$$

このとき断面に関する諸量は下記の通りであり，断面形は正六角形のちょうど半分にあたる．

$$\left.\begin{array}{l} b = 2h/\sqrt{3}, \quad A = \sqrt{3}h^2, \quad S = 2\sqrt{3}h \\ R = h/2, \quad 水面幅 T = 4h/\sqrt{3} \end{array}\right\} \qquad \text{④}$$

第 8 章

1 式 (8·10) にこれらの値を代入すると，$Q = 0.33 \times 100^{2/3} \exp(25/30) \exp(s_f/50) = 16.3 \exp(s_f/50)$ 〔mgO$_2$/h〕の関係がある．これは，$229.8 \exp(s_f/50)$ 〔J/h〕 ($16.3 \times 14.1 = 229.8$ より) のエネルギーに相当する．肉片の内包するエネルギーのうち，70% が同化されることから，1 g 当たり 12.6 J $(=18 \times 0.7)$ のエネルギーが利用される．体重を維持するためには消費されるエネルギーと餌から取り込まれるエネルギーの量が釣り合うことが必要であり，このために採らなければならない餌の量は，$F = 229.8 \exp(s_f/50)$ 〔J/h〕$/12.6$ 〔J/mg〕$= 18.2 \exp(s_f/50)$ 〔mg/h〕のように求められる．

このように，エネルギー消費量は遊泳によって指数関数的に増加し，採らなければならない餌の量もこれに応じて増大する．この関係を用いると，静止している場合に同じ体重を維持するためには，18.2 mg の餌を採らなければならないが，30 cm/s で泳ぎ続けている場合，この値は 33 mg となり，一日に直すと約 0.8 g となる．魚の場合，餌が湿潤重量ではこの 3 倍程度となることから，体重の 2～3% 程度の餌を必要とすることになる．

2 図 8·5 より現状での水深および流速に対する適性値は，水深に対して 0.3，流速に対して 0.9 であるので合成適性値は $0.3 \times 0.9 = 0.27$ となる．また，改修後の適性値は水深に対して 0.9，流速に対して 0.4 であるので合成適性値は $0.9 \times 0.4 = 0.36$ と

なる．よって，計画する改修は魚にとって好ましい改修といえる．

第 9 章

1. このような問題ではフルードの相似則が使用される．フルードの相似則を適用して

$$\frac{q_P/h_P}{\sqrt{gH_P}} = \frac{q_M/h_M}{\sqrt{gH_M}} \Rightarrow \frac{q_M}{q_P} = \frac{h_M}{h_P} \cdot \frac{H_M^{1/2}}{H_P^{1/2}}$$

模型の幾何学的縮尺 $S = h_M/h_P = H_M/H_P$ を導入すると，模型での単位幅流量 q_M は

$$q_M = \left(\frac{H_M}{H_P}\right)^{3/2} q_P \Rightarrow q_M = S^{\frac{3}{2}} q_P$$

2. 実際の管を流れる水の流速 V_P は，$V_P = Q_P/(\pi D_P^2/4) = 25.5$ cm/s であり，また，縮尺 $S = 1/10$ より，実験における管径は $D_M = 10$ cm である．なお，鉄管を含む全体の現象にはフルードの相似則が適用される．すなわち

$$\frac{V_P}{\sqrt{gD_P}} = \frac{V_M}{\sqrt{gD_M}}$$

よって，模型での流速 V_M は，$V_M = V_P\sqrt{D_M/D_P} = 8.06$ cm/s と求まる．模型実験における 100 m の区間での損失水頭 h_{fM} が $h_{fM} = 1.12$ cm であることから，模型の管でのダルシー－ワイズバッハの抵抗係数 f_M は $h_{fM} = f_M(l_M/D_M)(v_M^2/2g)$ より，$f_M = h_{fM}(D_M/l_M)(2g/v_M^2)$ で与えられるから $f_M = 0.0338$ である．さらに f は $f \sim R_e^{-1/4}$ の関係にあるから

$$\frac{f_P}{f_M} = \left(\frac{R_{eP}}{R_{eM}}\right)^{-1/4} \Rightarrow f_P = 0.0143$$

したがって，実際の管について 1 000 m の区間での損失水頭は，$h_{fP} = f_P(l/D_P)(v_P^2/2g) = 4.74$ cm となる．

3. 原型と実験でペクレ数が同一とする相似則を使用すればよい．よって

$$\frac{U_P L_P}{D_P} = \frac{U_M L_M}{D_M} \Rightarrow \frac{U_M}{U_P} = \left(\frac{L_P}{L_M}\right)\left(\frac{D_M}{D_P}\right)$$

$L_P/L_M = 1$，$D_M/D_P = 10$ より，模型における流速 U_M は原型における流速 U_P の 10 倍とすればよい．

4. $kH/(UL)$ が模型と原型で同一となる条件より（式(9・20)参照），原型における地下水流の流速は

$$\frac{k_P H_P}{U_P L_P} = \frac{0.01 \times 5}{U_P \times 100} = \frac{0.01 \times 0.1}{0.01 \times 1} = \frac{K_M H_M}{U_M L_M} \Rightarrow U_P = 0.005 \text{ m/s}$$

引 用 文 献

1) ナイロメーター，Wikipedia
2) H. Rouse and S. Ince : Roman Water-Supply Systems, Chapter III in History of Hydraulics, pp. 23-32, Dover Publications, Inc., New York (1963)
3) ローマ水道，Wikipedia
4) 灌区概況：四川省都江堰管理局，http://www.dujiangyan.com.cn/show.aspx?id=73
5) 中国水資源省：Yuzui Water-dividing Dike, 都江堰記念碑
6) 飛沙堰記念碑の記述
7) H. Rouse and S. Ince : NAISSANCE OF THE EXPERIMENTAL METHOD, Chapter V in History of Hydraulics, pp. 43-58, Dover Publications, Inc., New York (1963)
8) Leonardo da Vinci, Escavatrice per canali, Cordice Atlantico, 絵葉書, Biblioteca Pinacoteca Academia Ambrosiana
9) H. Rouse and S. Ince : POST-RENAISSANCE HYDRAULICS, Chapter VI in History of Hydraulics, pp. 59-72, Dover Publications, Inc., New York (1963)
10) H. Rouse and S. Ince : 17th-CENTURY MATHEMATICS AND MECHANICS, Chapter VII in History of Hydraulics, pp. 73-90, Dover Publications, Inc., New York (1963)
11) H. Rouse and S. Ince : THE ADVENT OF HYDRODYNAMICS, Chapter VIII in History of Hydraulics, pp. 91-112, Dover Publications, Inc., New York (1963)
12) 国土交通省：日本の水資源平成 25 年版，第 II 編第 1 章 http://www.mlit.go.jp/mizukokudo/mizsei/mizukokudo_mizsei_fr2_000004.html
13) T. Asaeda, T. Fujino, and J. Manatunge : Morphological adaptations of emergent plants to water flows : a case study with Typha angustifolia, Zizania latifolia and Phragmites atustralis. Freshwater Biology, Vol. 50, pp. 1991-2001, Blackwell Publishing (2005)
14) Rice, J. A., Breck, S. M., Bartel, S. M., and Kitchell, J. F. : Evaluating the constraints of temperature, activity and consumption on growth of large mouth bass, Environmental Biology of fishes, 9, pp. 277-288 (1983).
15) Videler, J. J. : Fish swimming, Chapman-Hall, London, p. 260 (1993).

参 考 文 献

(1) 土木学会 編：水理公式集，昭和46年版，土木学会
(2) 日野幹雄 編：流体力学ハンドブック，日本流体力学会
(3) 玉井信行 著：水理学 I，II，培風館
(4) 宇野木早苗，斉藤　晃，小菅　普 著：海洋技術者のための流れ学，東海大学出版会
(5) 椿東一郎 著：水理学 I，II，森北出版
(6) 荒木正夫，椿東一郎 著：水理学演習上，下，森北出版
(7) 大西外明 著：水理学 I，II，森北出版
(8) 本間　仁 著：標準水理学，丸善
(9) 林　泰造 著：基礎水理学，鹿島出版会
(10) 丹羽　健蔵 著：水理学詳説，理工図書
(11) 日野　幹雄 著：明解水理学，丸善

索　引

ア　行

圧力水頭 …………………… 124
アルキメデスの原理 ………… 41
安　定 ……………………… 43

位置水頭 …………………… 124
入口損失水頭 ……………… 133

運動量 ……………………… 80
運動量束 …………………… 82
運動量の定理 ……………… 80
運動量保存則 ……………… 80

エネルギー勾配 …………… 124
エネルギー線 ……………… 124
エネルギー補正係数 ……… 124
エルボ ……………………… 136
鉛直マノメータ …………… 39

オリフィス ………………… 70

カ　行

渦動粘性 …………………… 20
渦動粘性応力 ……………… 20
渦動粘性係数 ……………… 117
カルマン渦 …………… 99, 104

緩勾配水路 ………………… 172
慣性力 ……………………… 50

吃　水 ……………………… 41
基本物理量 ………………… 10
逆サイフォン ……………… 147
キャビテーション ………… 105
急拡損失係数 ……………… 131
急拡損失水頭 ……………… 130
急勾配水路 ………………… 172
急縮損失係数 ……………… 132
急縮損失水頭 ……………… 132
境界層 ……………………… 98
共役水深 …………………… 92
魚　道 ……………………… 194

組立物理量 ………………… 10

傾斜マノメータ …………… 39
形状抵抗 …………………… 100
傾　心 ……………………… 43
傾心高 ……………………… 44
ゲージ圧力 ………………… 24
限界勾配 …………………… 172
限界水深 …………………… 163
限界流 ………………… 92, 163
限界レイノルズ数 ………… 118
検査面 ……………………… 80
検査領域 …………………… 81

索　引

合流管路 …………………… 152

サ 行

サージタンク ………………… 149
サイフォン …………………… 144
三角形分布 …………………… 24
三角堰 ………………………… 74

四角堰 ………………………… 73
次元解析 ……………………… 198
仕　事 ………………………… 13
仕事率 ………………………… 13
実揚程 ………………………… 150
射　流 …………………… 92, 163
重　心 ………………………… 41
自由水面 ……………………… 160
縮流係数 ……………………… 132
上限界レイノルズ数 ………… 118
常　流 …………………… 92, 163

水撃作用 ……………………… 149
水理学的最良断面 …………… 182
水理特性曲線 ………………… 181

正　圧 ………………………… 24
静水圧 ………………………… 22
堰 ……………………………… 72
堰上背水曲線 ………………… 172
絶対圧力 ……………………… 23
遷移剥離領域 ………………… 107
遷移領域 ……………………… 118
全エネルギー水頭 …………… 62
全微分の原理 ………………… 51

全揚程 ………………………… 150

総　積 ………………………… 196
相対的静止の問題 …………… 50
相当粗度 ……………………… 119
層　流 ………………………… 19
層流剥離領域 ………………… 106
粗　度 ………………………… 119

タ 行

縦　渦 ………………………… 130
ダランベールの背理 ………… 99
ダルシーの法則 ……………… 203
単線管水路 …………………… 137
段　波 ………………………… 93

中　立 ………………………… 43
跳水現象 ……………………… 91
長　波 ………………………… 164
直交の原理 …………………… 51

通水能 ………………………… 180

低下背水曲線 ………………… 172
定常流 ………………………… 160
出口損失水頭 ………………… 133

動水勾配 ……………………… 124
動水勾配戦 …………………… 124
動粘性係数 …………………… 18
等方性 ………………………… 22
等　流 ………………………… 160

ナ 行

ナップ ……………………………… 73
ニュートン流体 ……………………… 18
粘性係数 ……………………………… 17
粘性せん断応力 ……………………… 17
農業用水路 …………………………… 183

ハ 行

ハーゲン-ポアズイユの法則 ……… 113
排水体積 ……………………………… 41
刃形堰 ………………………………… 72
パスカルの原理 ……………………… 26
波　速 ………………………………… 94

ピエゾ水頭 …………………… 62, 124
比エネルギー ……………………… 162
非定常流 …………………………… 160
ピトー管 ……………………………… 67
非ニュートン流体 …………………… 18
表面抵抗 …………………………… 100
広幅長方形断面 …………………… 169
広幅長方形断面水路 ……………… 192

負　圧 ………………………………… 24
不安定 ………………………………… 43
復原力 ………………………………… 43
ブシネスク ………………………… 117
浮　心 ………………………………… 41
伏せ越し …………………………… 147

不等流 ……………………………… 160
浮揚面 ………………………………… 41
浮　力 ………………………………… 41
フルード数 …………………………… 92
フルードの相似則 ………………… 201
分岐管路 …………………………… 152

ベルヌーイの定理 …………………… 62
ベンチュリー管 ……………………… 68

マ・ヤ・ラ 行

摩擦速度 …………………………… 114
摩擦損失 …………………………… 111
摩擦損失水頭 ……………………… 111
マニングの粗度係数 ……………… 176
マニングの平均流速公式 ………… 176

ムーディ図表 ……………………… 126

メタセンター ………………………… 43

揚　力 ……………………………… 110

乱流粘性 ……………………………… 20
乱流粘性応力 ………………………… 20
乱流剥離領域 ……………………… 107

レイノルズの相似則 ……………… 201

英 字

MSK 単位系 ………………………… 10
PHABSIM …………………………… 195
SI 単位 ……………………………… 10

〈著者略歴〉

玉 井 信 行（たまい のぶゆき）
1966 年　東京大学大学院工学系研究科修士課程修了
1972 年　工学博士
現　在　東京大学名誉教授

有 田 正 光（ありた まさみつ）
1979 年　中央大学大学院理工学研究科博士課程満期退学
1983 年　工学博士
現　在　東京電機大学名誉教授

浅 枝　　隆（あさえだ たかし）
1978 年　東京大学大学院工学研究科修士課程修了
1983 年　工学博士
現　在　埼玉大学大学院理工学研究科教授

池 谷　　毅（いけや つよし）
1986 年　東京大学大学院工学系研究科博士課程修了
1986 年　工学博士
現　在　東京海洋大学学術研究院教授

佐 藤 大 作（さとう だいさく）
2009 年　茨城大学大学院理工学研究科博士課程修了
2009 年　工学博士
現　在　東京電機大学理工学部助教

- 本書の内容に関する質問は，オーム社書籍編集局「（書名を明記）」係宛に，書状またはFAX（03-3293-2824），E-mail（shoseki@ohmsha.co.jp）にてお願いします．お受けできる質問は本書で紹介した内容に限らせていただきます．なお，電話での質問にはお答えできませんので，あらかじめご了承ください．
- 万一，落丁・乱丁の場合は，送料当社負担でお取替えいたします．当社販売課宛にお送りください．
- 本書の一部の複写複製を希望される場合は，本書扉裏を参照してください．
  JCOPY ＜（社）出版者著作権管理機構 委託出版物＞

大学土木
水理学（改訂2版）

平成 9 年10月30日　　第 1 版第 1 刷発行
平成26年11月25日　　改訂 2 版第 1 刷発行
平成30年11月30日　　改訂 2 版第 5 刷発行

編　者　玉井信行・有田正光
著　者　浅枝　　隆・有田正光・池谷　　毅
　　　　佐藤大作・玉井信行
発行者　村上和夫
発行所　株式会社　オーム社
　　　　郵便番号　101-8460
　　　　東京都千代田区神田錦町 3-1
　　　　電　話　03（3233）0641（代表）
　　　　URL　https://www.ohmsha.co.jp/

© 玉井信行・有田正光 2014

印刷　中央印刷　　製本　協栄製本
ISBN978-4-274-21673-2　Printed in Japan

ハンディブック 土木 第3版

粟津清蔵【監修】

A5判・692頁
定価(本体4500円【税別】)

土木の基礎から実際までが体系的に学べる！
待望の第3版！

初学者でも土木の基礎から実際まで全般的かつ体系的に理解できるよう，項目毎の読み切りスタイルで，わかりやすく，かつ親しみやすくまとめています．改訂2版刊行後の技術的進展や関連諸法規等の整備・改正に対応し，今日的観点でいっそう読みやすい新版化としてまとめました．

本書の特長・活用法

1 どこから読んでもすばやく理解できます！
テーマごとのページ区切り，ポイント 解説 関連事項 の順に要点をわかりやすく解説．記憶しやすく，復習にも便利です．

2 実力養成の最短コース，これで安心！勉強の力強い助っ人！
繰り返し，読んで覚えて，これだけで安心．例題 必ず覚えておく を随所に設けました．

3 将来にわたって，必ず役立ちます！
各テーマを基礎から応用までしっかり解説．新情報，応用例などを 知っておくと便利 応用知識 でカバーしています．

4 プロの方でも毎日使える内容！
若い技術者のみなさんが，いつも手もとに置いて活用できます．実務に役立つ トピックス などで，必要な情報，新技術をカバーしました．

5 キーワードへのアクセスが簡単！
キーワードを本文左側にセレクト．その他の用語とあわせて索引に一括掲載し，便利な用語事典として活用できます．

6 わかりやすく工夫された図・表を豊富に掲載！
イラスト・図表が豊富で，親しみやすいレイアウト．読みやすさ，使いやすさを工夫しました．

もっと詳しい情報をお届けできます．
※書店に商品がない場合または直接ご注文の場合も右記宛にご連絡ください．

ホームページ http://www.ohmsha.co.jp/
TEL/FAX　TEL.03-3233-0643　FAX.03-3233-3440

(定価は変更される場合があります)